JN067757

コスモス　いくつもの世界

COSMOS

コスモス　いくつもの世界

アン・ドルーヤン

Acknowledgments and Permissions

Page 30: lyrics from "No Woman No Cry" (written by Vincent Ford, performed by Bob Marley) ©1974 Fifty-Six Hope Road Music Ltd & Primary Wave/Blue Mountain Music. Copyright Renewed. All Rights Reserved. Used by Permission. All rights administered by Primary Wave/Blue Mountain Music.

Page 64: "When Spring Returns," from *Fernando Pessoa & Co.*, by Fernando Pessoa, translation copyright © 1998 by Richard Zenith. Used by permission of Grove/Atlantic, Inc. Any third party use of this material, outside of this publication, is prohibited.

Page 64: "When Spring Returns" from *Fernando Pessoa & Co.*, by Fernando Pessoa, translation copyright © 1998 by Richard Zenith. Used by permission of SSL/Sterling Lord Literistic, Inc. Any third party use of this material, outside of this publication, is prohibited.

Page 116: from Anna Akhmatova ["Here the most beautiful girls fight"] in *Complete Poems of Anna Akhmatova*, translated by Judith Hemschemeyer, edited and introduced by Roberta Reeder. Copyright © 1989, 1992, 1997 by Judith Hemschemeyer. Reprinted with the permission of The Permissions Company, Inc., on behalf of Zephyr Press, www.zephyrpress.org.

Page 116: from Anna Akhmatova ["Here the most beautiful girls fight"] in *Complete Poems of Anna Akhmatova*, translated by Judith Hemschemeyer, edited and introduced by Roberta Reeder. Copyright © 1989, 1992, 1997 by Judith Hemschemeyer. Reprinted with the permission of Canongate Books Ltd.

Page 176: excerpt from Carl Sagan, *Broca's Brain*, published by Random House, 1974. Copyright © 1974 by Carl Sagan. Copyright © 2006 by Democritus Properties, LLC.

Page 389: grateful acknowledgment is made to the following publishers for permission to reprint portions of the "Encyclopedia Galactica" from Carl Sagan, *Cosmos*. New York: Random House, 1980; London: Little, Brown Book Group Ltd., 1980. Copyright © 1980 by Carl Sagan Productions, Inc. Copyright © 2006 by Druyan-Sagan Associates, Inc.

これから宇宙に船出するサラ、ゾーイ、ノラ、ヘレナへ

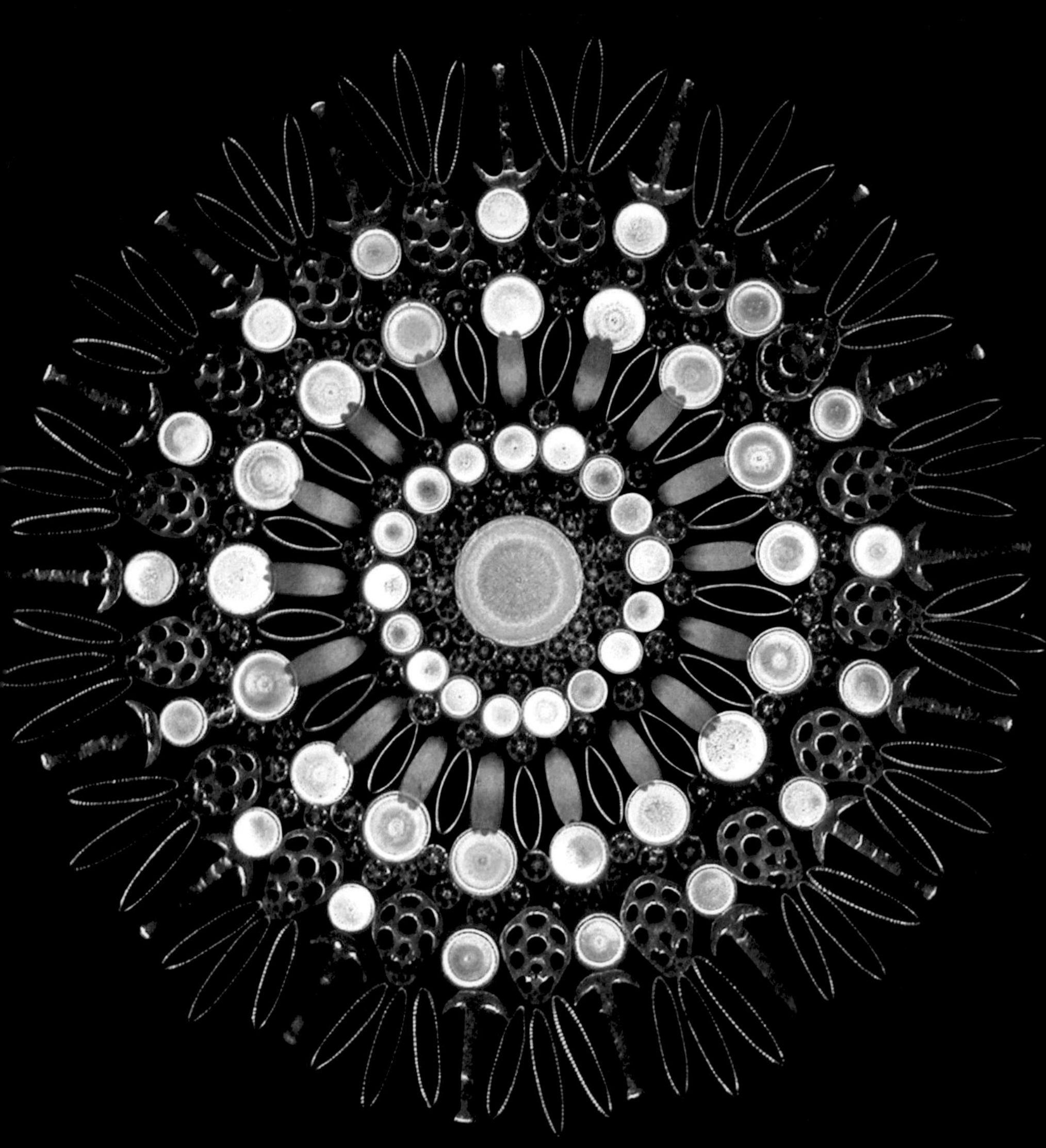

CONTENTS

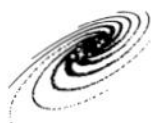

1ページ　地球から約 500 光年離れたケプラー 186f の想像図。
2014 年に発見され、生命存在の可能性がある地球サイズの太陽系外惑星として注目された。
2～3ページ　天の川銀河内にあるイータ・カリーナ星雲。地球から 7500 光年離れた星形成領域。
右ページ　顕微鏡を使って実現するビクトリア朝アート。
この模様では、珪藻（ケイソウ）（二酸化ケイ素の殻を持つ小さな藻）やチョウの鱗りん粉ぷんが配置されている。

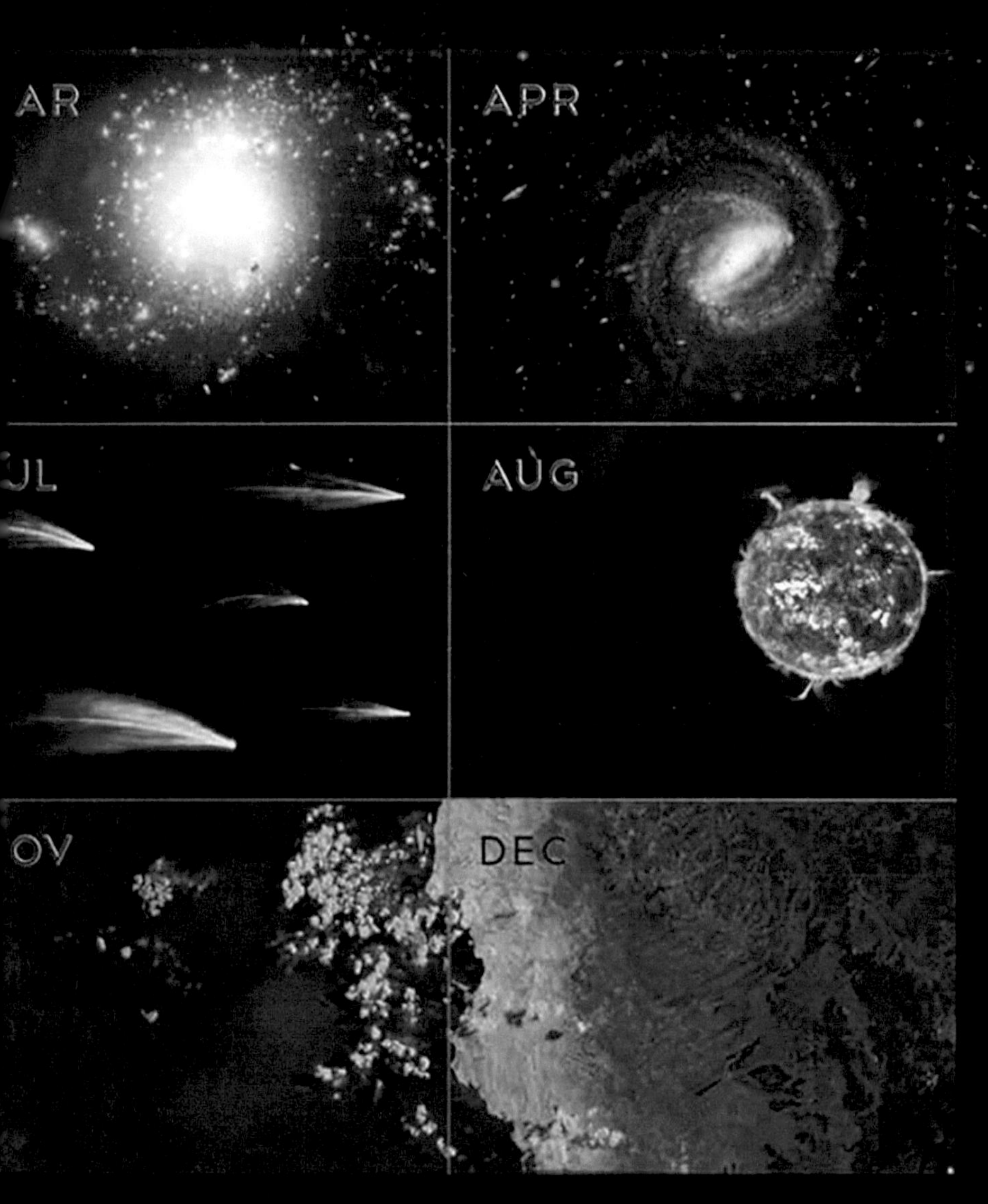

宇宙の 138 億年の歴史を 1 年に縮めて表したもの。カレンダーの1カ月が 11 億年強、
1日は 4000 万年足らず、 1時間が 150 万年、 1秒が 440 年に相当する。

宇宙カレンダー

驚異に満ちた未来世界を楽観的に描き出す 2039 年万国博覧会の想像図。
楕円形の大きな反射池を囲む五つのパビリオンに来場者は圧倒される

2039年万国博覧会

「いくつもの世界」と名づけられたパビリオンの内部。
天の川銀河の形をしており、太陽系が属する腕を進むと、
文明が存在する惑星の概要や彼らが生き延びる可能性を知ることができる。

2039年万国博覧会

プロローグ

私が子どものころは希望の時代だった。科学者になりたいと思ったのは小学校のころ。夜空に浮かぶ光の点が、巨大な星であることを知ったときだ。あんなに小さく見えるということは、ものすごく遠いに違いないと思った。「科学」という言葉を知っていたかどうか定かでないが、そういう壮大な世界に身を置きたかった。輝かしい宇宙に魅了された私は、その仕組みを理解して謎を解き明かし、文字通り新しい世界を探究したい欲求に身動きが取れなくなった。そんな夢が一部でも実現したのは、幸運なことだった。1939 年の万国博覧会で目を見張った日から半世紀以上たったが、科学のロマンは今なお新鮮で、私をとりこにしている。

カール・セーガン

『悪霊にさいなまれる世界　「知の闇を照らす灯」としての科学』

（邦訳は早川書房刊）より

1939 年ニューヨーク万国博覧会のポスター。
シンボルとなった巨大モニュメント、トライロン・ペリスフェアが描かれている。

NEW YORK WORLD'S FAI
THE WORLD OF TOMORROW
193

1939年4月30日、ニューヨークのクイーンズ区。フラッシング・メドウズ・パークに、誰もが見物できる未来の場所が出現した。夕暮れにはあいにくの土砂降りとなったが、ニューヨーク万国博覧会の開会式には20万人が集まった。博覧会のテーマは「明日の世界」。1940年秋に閉幕するまで、アール・デコ様式が花開く会場に4500万人が足を運んだ。

来場者のなかに、5歳の男の子がいた。家が貧しいので両親は紙袋に入れた弁当を持参し、リンゴがおやつ代わりだった。ホイップクリームのかかったチョコレートアイスクリームは20セントもするのだ。青やオレンジのベークライト製懐中電灯やキーホルダーも買ってもらえず、男の子はごきげんななめだった。しかしこの博覧会で、人生の軌道を描く座標軸は定まった。電化生活ホールで、音楽に合わせて赤外線ビームを操作した少年は夢中になった。未来という場所に心を惹かれた彼は、そこに行く唯一の方法が科学だと知った。夢がそのまま羅針盤になったのだ。

野心あふれる未来の世界は、科学的であり、平等主義でもあった。例えば「デモクラシティ」と名づけられたモデル都市に貧民街はなく、代わりにテレビとワードプロセッサーとロボットがあった。人びとはそれを見て、新しい技術が暮らしを変えることを予感した。

開会式では、アイザック・ニュートン以来の偉大な天才科学者の肉声も耳にすることができた。アルベルト・アインシュタインが短い話をしたあと、施設の点灯スイッチを入れたのだ。それを合図に、一糸乱れぬ水中バレエさながらに、自然のさまざまな力を演出する一大イベントが幕を開けた。会場の人工照明は間違いなく史上例のない明るさで、65キロ先からも確認できたという。瞬時にともった照明はなるほど壮観だったが、それ以上に驚異だったのは光をもたらす仕組みだった。

1939年万国博覧会で展示された1960年の未来都市模型。
近代的な道路が交差し、高層ビルには屋上庭園がある。

イースト川を渡った先のマンハッタンでは、米国自然史博物館ヘイデン・プラネタリウムのW・H・バートン・ジュニア教授が機器の調整に励んでいた。宇宙の未知の領域からやってくる謎の稲妻をとらえて、光に変換するためだ。神々の火を盗んで人類に与えたプロメテウスを思わせる。

その数十年前、ビクトール・ヘスという科学者が、宇宙から大量に降ってくる放射線の存在を発見した。多くは陽子などの荷電粒子で、1個につき時速１００キロの野球ボールに匹敵するエネルギーをもつ。この放射線は宇宙線と名づけられた。ヘイデン・プラネタリウムは巨大なガイガーカウンターを3台設置して、万博開幕に合わせて10本の放射線をとらえようとしていた。

ガイガーカウンターに取り込まれた宇宙線のエネルギーは真空管で増幅され、送電線でアインシュタインや観衆の待つ万博会場に送られる。そして夜の会場を昼の明るさに変え、科学が可能にする新しい世界をまばゆい光で満たすのだ。

だがその前に、アインシュタインは宇宙線の何たるかを説明しなければならない。長くて７００語までと指定され、最初アインシュタインは無理だと断った。宇宙線は当時謎の存在だったし、私がこの本を書き始めたときも、まだ科学界ではわからないことが多かった。しかし科学の探究はたゆみない。最終稿が仕上がるころには、宇宙線が天の川銀河内やほかの銀河での、激しい現象（超新星爆発など）で生成されることが判明した。

宇宙線という謎の現象は、７００語では到底説明できない。だが科学者たるもの、常に大衆に語りかける姿勢が大切だ。アインシュタインはそう思って、引き受けることにした。

時は１９３９年4月30日の夜。その後世界は、どんな映画よりも映画的に展開していくことになる。

半年もしないうちにドイツがポーランドに侵攻し、人類史上最も多くの血が流される第二次世界大戦が幕を開けるのだ。５歳のカール・セーガン少年がアイスクリームも万博みやげも買ってもらえなかったのは、かつてない規模で起こった経済恐慌の影響からまだ抜け出せていなかったからで、彼の両親だけでなく、すべての人がそうだった。ハイパーインフレに見舞われた１９３０年代のドイツでは、パンを1本買うのに手押し車一杯の紙幣が必要で、国民の絶望を踏み台に1人の扇動政治家がのし上がっていた。６０００万人の命が奪われ、数千万人が耐えがたい苦しみを味わう運命を目前に、世界は見通しが全く立たない状況だった。それでも人びとが万博会場に詰めかけたのは、ひとえに祝福し、賛美するためだった……そう、未来を。

夕暮れ、アインシュタインがマイクの前に立った。前月に60歳になっていた彼は、物理学におけるかつてない大発見で一躍その名を知られ、時代を象徴する著名人として活動していた。

ギリシャの哲学者デモクリトス以来、世の科学者は２４００年ものあいだ、「原子」という目に見えない基本単位についてさまざまな仮説を立ててきたが、原子が実在することは誰も証明できていなかった。ところが25歳のアインシュタインが、原子とその集合体である分子が存在する明白な証拠を示したばかりか、その大きさまで導き出した。また、彼は当時の主流だった光の波動説に異を唱え、光子という粒子でもあると主張した。さらに量子力学の基礎を築き、絶対零度でも粒子がエネルギーをもつことを発見して、古典物理学を発展させたのである。

重力が光を曲げることを示したアインシュタインの方程式は、科学および数学の最も有名な式として誰もが知っている。ニュートンの万有引力の法則は時空の性質を表現すると考えて、この法則を新しい

1939 年ニューヨーク万国博覧会の開会式で、世界最高の知性が科学への挑戦を語る。

レベルに引き上げた。それによって現代宇宙物理学の扉が開かれ、光が重力に閉じ込められる暗黒の場所への探究が始まったのだ。

アインシュタインはスピーチを始めた。大雨の会場に詰めかけた観衆をはるかに上回る数の人びとが、米国はもとより世界中でラジオに耳を傾けていた。まずオーストリア人物理学者ビクトール・ヘスのことが紹介される。彼は1911年から1913年にかけて危険な熱気球飛行を重ねて宇宙線を発見した。スピーチは700語までと指定されていたが、アインシュタインはヘスも移民であることに触れ、「他の多くの人と同様、この国に逃げ場所を求めて温かく受け入れられた」と述べた。それから宇宙線についてわかっていることを説明し、「物質の最深部の構造」

に迫る鍵になるだろうと話した。

司会者の声がクイーンズの会場に響きわたる。「さあ、遠い宇宙からの使者に明日の世界を開いてもらいましょう。私たちがとらえる最初の宇宙線は、まだ８００万キロメートルのかなたにいて、秒速29・9万キロでこちらに向かっています」。降ってきた宇宙線がガイガーカウンターに記録されるたびに華々しく紹介され、10個目でアインシュタインがスイッチを入れた。配線が持ちこたえられずに一部の電球が割れてしまったが、それでも照明がともるさまは壮観で、未来への扉がついに開いたのだった。

しかし翌日のニューヨーク・タイムズ紙は、アインシュタインの強い訛りとマイクの音響のせいで、来場者は「科学がその責務を偽りなくまっとうすれば、その成果は表面的のみならず内的な意味をもち、芸術のように人びとの意識に深く入っていくだろう」という話の冒頭以外ろくに聞きとれなかったと報じた。

《コスモス》が今まで夢に描き、これからも夢に見るのはこの言葉だ。アインシュタインにしてはあまり知られていないこの一節は、深夜ユーチューブを見ていて偶然見つけた。40年間にわたる私のライフワークが、この言葉に凝縮されている。科学から人びとを遠ざけ、警戒の念を抱かせてきた壁を壊しなさい。お偉い先生がたが難しい用語で語る見識を、誰もがわかりやすい言葉に置きかえれば、多くの人びとは科学を理解し、胸を躍らせながら変化を受け入れるだろう。――アインシュタインはそう訴えていたのだ。

カール・セーガンと私が恋に落ちたのは１９７７年、ＮＡＳＡのボイジャー探査機に搭載する人類のメッセージ、いわゆるゴールデン・レコードを作成していたときだ。カールは巧みな話術や文章で知られた著名な天体物理学者で、ボイジャー探査計画の中心的存在だった。私たちは以前にテレビ番組の企画にも参加したことがあった。番組は実現しなかったものの、このとき一緒に知恵を絞った経験から、ゴールデン・レコードのクリエイティブ・ディレクターをやってくれないかと彼に頼まれたのだ。

ボイジャー1号が、当時太陽系外縁部とされていたところの探査に成功し、海王星の決定的な映像を送ってきたら、今度はカメラを地球に向けるべきだとカールは考えていた。彼はこの案を通すべくNASAで孤軍奮闘していたが、そんな画像に科学的価値はあるのかと反対も根強かった。しかしカールは、人びとの意識を変革する画像になるはずだと確信しており、頑として譲らなかった。ボイジャー1号が惑星の軌道平面から大きく離れたころ、NASAもついに折れた。太陽系の惑星を1枚の画像に収めた「太陽系家族写真」が、こうして撮影された。家族の一員である地球はとても小さく、目をよく凝らさないと見つからない。

そこに写っていた「ペイル・ブルー・ドット（青白い点）」の地球と、カールが寄せた思索的な言葉は、それ以来世界中で愛されている。科学が人びとの意識に入り、アインシュタインの望みがかなった一例だろう。人類は64億キロメートルのかなたに探査機を飛ばし、地球の写真を撮影することに成功した。果てしない暗闇に浮かぶ、画素1個分ほどの地球。その画像を見れば、学位などもたない人でも、宇宙のなかで人類が置かれた状況が瞬時にわかる。4世紀にわたる天文学研究の「本当の意味」を、たちどころに了解するだろう。この写真は科学データであると同時にアートでもある。なぜなら見る者の魂にまっすぐ届き、意識を変える力をもつからだ。優れた書物や映画、あるいは偉大な芸術作品にさえ匹敵する。この写真は、私たちが拒否していたものを壊して現実を受け入れさせてくれる。一部の人が抵抗する。

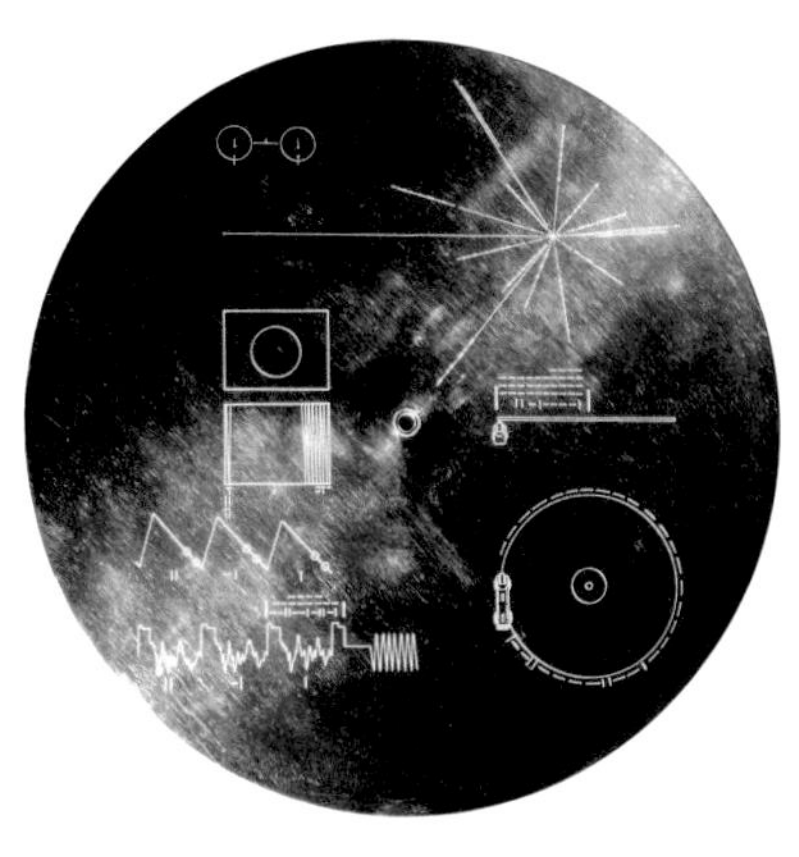

NASAが1977年に打ち上げたボイジャー1号・2号が、天の川銀河の奥深く、
50億年先の未来まで届けようとしているゴールデン・レコード。
表面には地球の所在地と、レコード再生方法が絵文字で刻まれている。

してきた真実をも認めさせる力があるのだ。

こんなちっぽけな地球が宇宙の中心であるはずがないし、創造主の唯一の関心事でもないだろう。ペイル・ブルー・ドットを見ると、原理主義者、民族主義者、軍国主義者、環境汚染者など、寒々とした無限の暗闇に浮かぶ小さな惑星と、そこに暮らす生命を最優先しない人はみんな考えを正すべきだとわかるだろう。この科学的成果がもつ「本当の意味」から、目をそむけることはできない。

1980年、カールと私、それに天体物理学者スティーブン・ソーターも加わって、書籍版《コスモス》の執筆を始めたとき、アインシュタインのこの言葉はまだ知らなかった。あったのは、科学の恐るべき力と、宇宙の謎が明かされる高揚感、そしてカールやスティーブら科学者が人類に発する警告を待ったなしで伝えなくてはという使命感だった。《コスモス》はそんな不吉な予感を含みながらも、希望と自負にもあふれていた。それを支えているのが、宇宙でさまざまな発見をした手ごたえであり、隠されていた真実を白日のもとにさらそうとする科学者たちの勇気だった。

1980年にテレビシリーズと書籍で世に出た《コスモス》は、視聴者・読者合わせて世界中で数億人に上った。米国議会図書館が選んだ「米国をつくった88冊」にも、『コモン・センス』『ザ・フェデラリスト』『白鯨』『草の葉』『見えない人間』『沈黙の春』などとともに選ばれている。

それだけに、カールの死から12年後、スティーブと新シリーズ《コスモス 時空と宇宙》を制作することになったときはとても怖かった。執筆とプロデュースには6年の歳月を要した。カールのことを心から愛し尊敬しているのに、自分の力不足で彼の名前に傷を付けたらどうしようと毎日ずっと心配だった。

そして今回は、「想像の船」の3度目の航海となり、《コスモス》の執筆開始から40年目の節目でもある。過去の旅では、船や宇宙カレンダーだけでなく、内容を的確に伝えるフレーズや逸話、教材がたくさん生まれた。今度の旅でもそれらを持っていくことにしよう。過去のシリーズでカールと私が伝えた考えが再び登場するかもしれないが、今のほうがいっそう切実だ。

今回も優秀な共同制作者に恵まれたが、私自身がはたして適任なのか不安もある。それでも時間に追われて前に進んだ。

未来の姿は現在の投影だ。そう思うとぞっとする。今、目を覚まして行動しないと、想像もしない危険や苦難が子どもたちの世代に降りかかる。気候変動や核の脅威をしっかり意識しなければ、人類の文明だけでなく、ほかの生き物たちまで破滅するかもしれない。空気、水、地球上で続く生命の営み、そ

1980年、ロサンゼルスで《コスモス（宇宙）》を制作していたときのアン・ドルーヤンとカール・セーガン。

して未来――どれも私たちになくてはならないものだ。その価値を理解し、金銭や目先の利便性ばかり考えるのをやめるには、どうしたらいいのか。私たちがあるべき姿に変わっていくには、世界全体が意識を改革する以外にない。

そんな意識改革を実現し、生命を謳歌する一体感を味わうための手段が、愛であり、科学である。科学の自然に対する姿勢は、私が理解する愛と同じだ――自分勝手で幼稚な望みや恐れを相手に投影するのではなく、ありのままを受け入れなさい。そんな揺るぎない愛があればこそ、人は恐れることなくより深く、より高いところを目指すのだ。

科学が自然を愛するやり方も一緒。科学は最終目的地も絶対的真実も求めないがゆえに、神聖なる探究にふさわしい方法なのである。いわば謙虚さを極めようとする終わりのないレッスンだ。宇宙は茫漠としているが、愛があるから耐えられる。だが傲慢(ごうまん)な者がそこに入る余地はない。おまえは間違っているのではないかという内なる声を聞き逃さない者だけが、そこにいることを許されるのだ。信じたいことよりも、現実にあることのほうが重たいはずだ。でもそれをどうやって見分けるのか?

自然体験を不完全なものにしている暗黒のカーテンを開く方法がある。それは科学という道路を走るための基本ルールだ――実験と観察で仮説を検証せよ。検証に耐えた概念だけを積み上げ、そうでないものは排除せよ。証拠をひたすらたどれ。権威を含めてあらゆることに疑問をもて。以上を実践すれば、宇宙(コスモス)はあなたのものだ。

宇宙の中で人類の置かれている状況、生命の起源、自然の法則を理解するために、これまでの何度にもわたる長旅は、魂の探求でなくて何なのか。

私自身は科学者ではなく、物語を探して集める人間だ。私にとっていちばん価値があるのは、暗黒の大洋で針路を見つけた探求者と、彼らが残した光の島々の物語である。

この本に入っているのは、宇宙という無限の大洋に乗り出した探求者の物語だ。彼らが発見した世界――失われた世界もあれば、今も繁栄している世界、これから出現する世界もある――をともに旅していこう。

50年先の未来に向けて記した手紙が、アポロ計画を成功へと導いた知られざる天才の物語。私たちと同じく記号言語を使用する古代の生命体に接触を試みる科学者の物語。物理学や天文学の知識をもち、高度な計算もやってのける彼らが、合意に基づく民主主義を実現している姿を見ると、現代に生きるこちらが恥ずかしくなる。

科学の進歩で息を吹き返した世界、想像に描いたり、訪れたりすることさえ可能になった世界についても見ていこう。ダイヤモンドの雨が降る場所。地球上の生命が始まったと思われる海底の古代都市。長さ1300万キロメートルもの火の橋でしっかりつながった、宇宙で最も親密な二つの星も紹介する。

生き物の王国同士が古代から築いてきた、知られざる陸上ネットワークものぞいてみよう。失われて久しい世界への鍵を見つけ出した、無名に近い科学者についても伝えたい。彼は200年以上前に、世界の現実に論理的な欠陥があることを暴いてみせた。その後アインシュタインがいろいろ試みたものの、いまだ説明はなされていない。

史上最悪の殺人者の手にかかり、ゆっくりと死に向かう道を選んだ人物の心情を思うと、心が締めつけられる。科学の嘘をつけば助かったかもしれないが、それはできなかったのだ。弟子たちも彼を追い、漠然とした存在――次代の人間（私たちのことだ）――を守るために殉教者となった。

いくつもの世界のなかでいちばん胸が躍るのは、今の世界から起こり得る未来だろう。科学は使い方を誤ると文明を危険にさらすが、過ちを正す力もある。二酸化炭素が増えすぎた大気を浄化したり、私たちが無頓着にまき散らした有毒物質を中和したりできる。民主主義の理想を掲げる社会では、意識と意欲にあふれる人びとが、自らの意思で新しい世界を実現できる。

こうした物語に触れると、未来に対して楽観的になれる。科学のロマンと、時空内の一つの座標で今こうして生きている不思議が実感できて、宇宙（コスモス）が身近に感じられるはずだ。

アン・ドルーヤン

1

宇宙の星への足掛かり

LADDER TO THE STARS

私ではなく世界が言っている。万物は一つであると。

ヘラクレイトス　紀元前500年頃

こんな素晴らしい未来の中でも、過去を忘れられない。

ボブ・マーリー　ノー・ウーマン、ノー・クライ

人類は誕生から99パーセントの時代を、狩猟と略奪で過ごしてきた……行く手をはばむのは陸と海と空だけ……自分のふるさとの惑星一つ整理できない私たちが……宇宙空間に飛び出し、いくつもの世界を動かして、惑星を設計し直し、周辺の恒星系にまで手を広げようというのか?……最も近い惑星系に居住できるようになるころ、私たちは変わっているだろう。世代をただ重ねていくだけでも、私たちは変わっているはずだ。必要が人類を変えていく。人間は適応性に富む種なのだ。……どんなに欠点と限界だらけで、誤りを避けられないとしても、人類は偉大な存在になれるはずだ……われら放浪種は、次の100年、次の1000年にはどんな遠くをさまよっているのだろう。

カール・セーガン『惑星へ』

迫力満点の土星の環は、重力がつくり出す虹だ。NASAの土星探査機カッシーニが、14億キロメートル離れた「ペイル・ブルー・ドット（青白い点）」である地球を撮影した。

広漠とした宇宙の中で、私たちは幼い新参者だ。よちよち歩きの赤ん坊のように母なる地球にしがみつき、時折1人で歩いてみるものの、すぐに怖くなって母の懐に戻るのだ。

今から半世紀ほど前、人類は単発的な月旅行を何度か行なった。それ以降は、宇宙探検はもっぱら無人探査機が担っている。1977年に打ち上げられたボイジャー1号は、かつてない長距離を旅しており、太陽風の影響を受ける範囲を抜けて星間空間に到達した。

それでも太陽は地球からいちばん近い恒星にすぎない。ボイジャー1号が時速6万キロメートルで航行しても、次の恒星であるプロキシマ・ケンタウリまでは8万年近くかかる。ただそれも、約数千億の星が重力で集まっている天の川銀河内での移動にすぎない。そしてその天の川銀河も、宇宙におそらく1兆個、矮小銀河まで含めれば2兆個もある銀河の一つにすぎないのだ。

矮小銀河は合体して、天の川銀河のような巨大な銀河になる。数え切れない星があり、想像をはるかに上回る数の惑星の世界が存在し得る所、それが宇宙だ。

それでも私たちが把握できるのはほんの一部。宇宙の大部分は、時間と距離のカーテンの向こうに隠れている。初期に光より速く膨張したせいで、宇宙はとてつもない大きさになっており、どんなに強力な望遠鏡を使っても末端を見ることはできない。しかもこの宇宙全体が、多元宇宙の中のちっぽけな1粒かもしれないとなると、もはやいかなる人智も想像も超えている。圧倒的な現実を前にして、恐怖に震え上がり、人類こそ創造主の唯一の成果であり、世界の中心という幻想にしがみつくのも無理はない。宇宙に浮かぶちっぽけな点の上で途方に暮れる私たちは、どうすれば安心を得られるのか?

人類は昔から暗闇への恐怖をやり過ごす物語を自らに語ってきた。「暗闇」は量ではなく性質だ。夜

チリ、アタカマ砂漠への道。地球から550光年以上も離れている天の川銀河の中で大きめの恒星アンタレスがひときわ明るく輝く。

中の子どもの寝室は、それ自体が一つの宇宙なのである。語らずにいられない私たちは、暗闇を物語に転化させて説明してきた。科学のないころは、物語と現実を突き合わせて確かめる方法はなかった。長年にわたる探索で座標が確立されるまで、人間はここがどこか、今がいつか定かでないまま時空の海を漂っていたのだ。

宇宙の年齢については、欧州宇宙機関がプランク衛星を使ってはじき出した数字がいちばん新しい。プランク衛星は1年以上にわたって全天を観測し、ビッグバンからわずか38万年後、宇宙が誕生して間もない頃に発した熱放射を精密にとらえた。その結果、宇宙はこれまでの値より1億年古い138億歳であることがわかった。

科学が素晴らしいと思うのはこういうところだ。宇宙が少し年上だという証拠が出てきたとき、それをもみ消そうとする者はいない。新しいデータが裏づけを得られたら、科学界はただちにそれまでの理解を改訂する。たえず変革を目指し、変化を受け入れる姿勢が本質にあるからこそ、科学は有効であり続けてきた。

宇宙カレンダー

科学が語る時間の物語は138億年とあまりにも長いので、人間の感覚に置き換える必要がある。宇宙カレンダーは、その物語を地球の1年でわかりやすく表わしたものだ。1月1日のビッグバンで幕を開け、12月31日の真夜中で終わる。1カ月は11億年強、1日は3800万年だ。1時間は200万

オーストラリア、シャーク・ベイで干潮時に姿を現わすのは、
30億年以上前から存在する微生物のコロニーだ。

年ほど、1分は2万6000年、1秒は440年。ガリレオが望遠鏡で人類初の天体観測を行なってから、まだ1秒も経過していない。

宇宙カレンダーに意味があるのはそこだ。宇宙が始まって最初の90億年は、地球は存在していなかった。全体の3分の2を過ぎたあたり、カレンダーでは夏も終わりかけの8月31日に、太陽の周りを回るガスと塵（ちり）の円盤から私たちの惑星が出来上がったのだ。太陽でさえ、宇宙の歴史のなかでは、存在しなかった時代が圧倒的に長い。これでは謙虚にならざるを得ない。

地球は出来てから最初の10億年間、激しい攻撃を受けることが多かった。前半は、小天体との衝突によって成長しながら、軌道上に残る小天体を排除していった。後半は、木星と土星が引き起こした大混乱のあおりを受けた。太陽系の中でも巨大な両者の公転軌道が変化し、その重力の影響を受けた小惑星が惑星や衛星に衝突したのだ。いわゆる後期重爆撃期である。

後期重爆撃期は、地球の海底で生命が芽生え始めたころも続いていた。宇宙にほかの生命体がいるかもと考える人たちにとって、これは心強い。太陽系の惑星の物語が、宇宙全体にも通用するかもしれないからだ。地球に続いた激しい攻撃は、生命の原材料と、生命を誕生させるのに必要な熱を供給していたとも考えられる。

地球上のすべての生命体は、一つの起源から誕生したと考えられている。あとで詳しく触れるが、始まりは宇宙カレンダーの9月15日、荒廃した高層ビルのように岩山が立ち並ぶ、真っ暗な深海の底だったと考えられる。誕生した最初の生命が持っていたのが、仲間を次々と増やすための複写メカニズムだった。それが二重らせんの形をした原子の集まり、DNAだ。DNAは完璧でない点が最大の強みで、ときに複写に失敗したり、宇宙線で傷ついたりする。偶発的に起きるそんな変異が、より繁栄する生命体を生み出すのだ。これがいわゆる自然選択による進化だ。二重らせんのはしごは、横木が増えてどんどん長くなっていった。

単細胞生命が複雑化し、私たちが肉眼で観察できる大きさの植物に進化するまで30億年程度かかった。もっとも私たちはまだ存在していなかったが。単細胞の頃から生物は「おれ、おまえ食べる。おれ、自分食べない」ことを知っており、意識らしきものをもっていたとされている。

人類誕生

原始的な生命がいかにしてヒトになったのか。この物語も同じ延長線上にあるが、宇宙カレンダーを見ると最後の1週間に劇的な変化が起きている。このカレンダーに祝日を設けるならば、12月26日がふさわしい。この日、すなわち約2億年前に哺乳類が出現したのだ。

最初の哺乳類と呼べるのは、トガリネズミに似た小さな生き物だった。体長数センチと本当に小さい。昼間は恐竜などの捕食者が闊歩(かっぽ)しているので、活動は夜間だ。時代は三畳紀、大きくて力のある恐竜が優勢だった。極小の生き物はさぞや不利だったに違いないが、恐竜絶滅後に地球の主役となったのは彼らだった。

哺乳類は、脳に新皮質という部分があった。最初はごく小さな領域だったが、成長と発達の大きな可能性を秘めており、やがて大集団で社会的組織もつくれるようになる。哺乳類はもう一つ新しい特徴を持っていた。授乳、つまり子育てである。だから宇宙カレンダーでは、母の日は12月26日ということになる。

自然選択による進化とは、環境にうまく適応できる者ほど生き残って子孫を残せるということ。知能も——ちゃんと使えば——大きな武器になる。哺乳類

2011年、中国で1億6000万年前の有胎盤哺乳類の化石が見つかった。
復元された姿はトガリネズミに似ている。

の新皮質は、発達して何層にも重なり合い、溝が深く刻まれていくうちに、情報処理や計算能力の領域が広がっていった。

脳は進化に伴って形状も変化し、大きくなって、ひだも溝も増えた。そして12月31日午後7時ごろ、ヒトの祖先と、近い親戚であるボノボやチンパンジーが一緒に枝分かれする。彼らは森で暮らし、お互いに毛づくろいをし、仲間や親族の死を悲しみ、葦（あし）の茎でアリを釣って食べ、子どもにお手本を示し、ともに夕陽を眺めたはずだ。ただし彼らのことはまだほとんどわかっていない。

今の私たちも、遺伝子の99パーセントはボノボやチンパンジーと同じだ。では、両者の違いはどこから来ているのか？　地球上にこれまで出現した50億種類の生き物のなかで、ヒトだけが文明を築き、世界を変え、宇宙旅行にまで行くようになったのはいったいどうして？　火を怖れていたのはそう遠くない昔なのに、今や光の速さでデータをやり取りしている。粒子や原子、細胞の構造を探りあて、時間の始まりまでさかのぼる。何十億光年も離れた、もはや永遠の瀬戸際にいるような銀河の光までとらえてしまうのだ。

すべては、約７００万年前のささやかな出来事が始まりだった。それが、この地球全体に影響し、ほかの星にまで迫ろうという変化になったのだ。ヒトが持つ最大の細胞は卵子だが、目で見てかろうじて認識できる程度。反対に体積がいちばん小さいのは精子で、肉眼では見えない。だがそうした細胞の核内には、二重らせんのはしごの横木、つまり塩基対が約30億個入っており、暗号化されたメッセージになっている。

塩基1個、わずか13個の原子に起きたことが、地球の運命を決定的に変えた。原子13個がどれぐらい小さいかというと、塩1粒の1000兆分の1である。数百万年前、私たちの祖先の1人のDNAで、塩1粒の1000兆分の1の塩基に起きた変異。それが巡り巡った結果、今、あなたはこうしてこの本を読んでいるというわけだ。

人類が学び、築き上げて、自尊心のよりどころとしているすべてのことは、1個の遺伝子の1個の塩基対——長いはしごの30億本ある横木のたった1本——の変化が始まりだった。その塩基対が、新皮質にもっと大きくなれ、もっとひだを深くしろと指令を出したのだ。きっかけは宇宙線の一撃か、はたまた細胞間の伝達ミスか。何にせよ、ヒトに起きたこの変化が、地球上のすべての生き物を左右することになった。宇宙カレンダーでは、大みそかの夕食後ぐらいの出来事だ。

ヒトは大きな集団でも所属意識と関心をもてるし、特定の信念体系に肩入れすることもできる。未来を想像することもできれば、世界を変革し、宇宙を探究して答えを探すこともできる。良い悪いはともかく、ヒトのこうした能力——自らの学名をラテン語で「賢い人間」を意味するホモ・サピエンスにしたことも含め——を考えると、すべてが1本の横木のせいで片づくだろうか。

原人から進化した私たちの祖先は、宇宙カレンダーの最後の1分までは、小集団で狩猟や採集をして生活していた。「行く手をはばむのは陸と海と空だけ」である。

人が強欲や傲慢（ごうまん）、暴力に走るたび、「仕方ない、それが人間の本質なんだから」と肩をすくめて言われると、私は考え込んでしまう。ヒトが登場して20万年以上になるが、そうでなかった時代がほとんどだからだ。原始の狩猟・採集生活を保っている社会に、探検家や人類学者が接触した例は17世紀からあるが、その報告を読めばわかる。もちろん例外はあるし、往々にして人間の最悪の部分は例外に現われる。

それでも、ヒトが基本的には調和を保ちつつ、環境ともうまく共存してきたことに異論はないはずだ。

生存の鍵は集団が握っているから、少ないものを分け合う。移動のじゃまになるから、必要以上の富は価値をもたない。ほかの霊長類は群れを率いるオスが強権で集団を支配するが、ヒトは違う道を選んだ。ヒトの集団は男女が平等で、資源を等しく分配する努力をしていた証拠がちゃんと残っている。ほとんどの社会は、お互いの必要性をしっかり認識していたはずだ。

狩猟・採集生活のなかで重視されるのは謙虚さだった。うぬぼれが過ぎる者は、集団の危険分子と見なされる。獲物を仕留めて得意げな態度が鼻につくと、肉が固くてまずいと言われる。それでも態度が改まらなければ、恐ろしい制裁が下る――無視だ。集団内で、まるで空気のように扱われるのだ。（人気の絶頂にありながら、名誉を失墜して表舞台から姿を消す有名人を見るにつけ、原始時代の名残を感じてしまう。）

そのころ神はどこにいたのか？　どこにでもいた。石や川、木、鳥など、生命あるものすべてに神は宿っていた。20万年ものあいだ、それが人間の本質だった。

芸術の勃興

宇宙カレンダーの12月31日、午後11時56分。言い換えれば、今からおよそ10万年前。世界中のホモ・サピエンス――合わせて1万人ほど――は全員アフリカで暮らしていた。1万人というのは、心配になる数字だ。もし宇宙人が地球の調査に来ていたら、絶滅危惧種と思われただろう。ところが現在は数

最古の美術作品？　南アフリカ、ブロンボス洞窟で出土した約７万年前のオーカー（黄土）片。文化の存在をうかがわせる最初期の人工遺物だ。

十億人にまで増えている。いったい何があったのか。

私たちの祖先は、アフリカ最南端、インド洋岸にあるブロンボス洞窟で大躍進を遂げた。まだ証拠は見つかっていないが、同様の場所はほかにもたくさんあったはずだ。ブロンボス洞窟は、現存する最古の化学実験室だ。ヒトはここで、最大の強みとなる適応能力を身に付けた。身近にあるものを、新しい目的に合わせてつくり変えたのである。

天井が高い洞窟では、数多くの遺物が見つかっている。材料を混ぜるポット、矢じりの組立ライン、オーカー（黄土）加工キット、彫り模様の入った骨、大きさをそろえてつないだビーズ、カメやダチョウの卵殻、骨や石を加工した道具などなど。最古の化学者は、いったいどんな人たちだったのか。あいにくブロンボス洞窟で人骨は見つかっておらず、あったのはヒトの歯が7本だけだ。それを調べると、解剖学的には私たちとよく似ていたことがわかった。でもそれだけだ。

色も大きさも似ていて、同じ場所に穴を開けた巻貝が70個あったのは、ビーズの装身具をつくっていた証拠だ。鉄を豊富に含むオーカーで、化学実験らしきことまでやっていたのには驚いた。彼らはアワビの貝殻を使って、オーカーと炭、それに動物の骨の粉末を混ぜ合わせ、細長いレンガ状に成型していた。オーカーは人やものを赤く色づけするだけでなく、皮の保存剤や薬にもなった。道具を研（と）いだり、虫よけにも使われたりしたようだ。

ここで、地球上にそれまで全く存在しなかったことが始まった。オーカーの固まりに幾何学模様が彫刻されたのだ。芸術である。食べるためではない。身を守るためでも、異性を惹きつけるためでもなく、何かを象徴するためのもの。あるいはただつくりたかっただけ。はっきりと刻まれた網目模様は、はし

スペイン、バレンシア近郊にある紀元前5000年ごろのアラーニャ洞窟壁画。煙の出る壺を持ってハチを追いはらい、蜂蜜を採取する様子が描かれている。壁の穴を使ってハチの巣を描いている。

ご……あるいは二重らせんに見えなくもない。その意図が何であれ、文化の最初の兆候であることは間違いない。明らかに人間の手になるものをつくり出し、何万年も先の未来にいるあなたや私に伝える——中身は謎であるとしてもだ。強力な意思疎通の手段が、ブロンボス洞窟で編み出された。

それから数万年かけて、ヒトの一部はアフリカから世界へと出ていった。彼らは行く先々で、記憶にとどまりたい欲求を形に残している。なかでも印象深いのは、スペインのバレンシア州、アラーニャ洞窟の壁画だろう。人物がロープ、あるいははしごを使って木に登り、煙でハチを追い払って蜂蜜を採る様子が生き生きと描かれている。今でこそ「人」といえば「男（マン）」だと思われがちだが、この壁画の時代には、「マン」が男も女も含むことが人類全体の共通認識だったのではないか。私には、蜂蜜を採っているのは女性に見えるし、壁画のどこを探してもそれを否定する要素は見当たらない。

描かれてから8000年を経ても、壁画のハチは煙を浴びて逃げ惑っている。初期の人類が、私たちの最大の敵——時間——に勝利した何よりの証拠だ。そして宇宙カレンダーで見ると、はるか遠い昔の壁画から現在まで20秒も経過していないのである。

チャタル・ヒュユク

今から数千年前、世界中の人間は強大な力をもう一つ手にした。狩猟や採集、あるいは動物の群れを追って移動する生活をやめ、食物を栽培し、野生動物を家畜化し始めたのだ。これは大転換で、何もかもが初めてだらけの生活になった。一つの土地に定着し、屋内が生活場所になる。大地に種をまき、収

チャタル・ヒュユクの遺跡で発見された女性像の一つ。こうした座像のほか、立像も出土している。豊穣の女神、村で尊敬される長老女性など研究者の解釈は分かれる。

9000年前に栄えた原始都市チャタル・ヒュユクの想像図。街路はなく、住居には玄関もなかった。

穫を得るための新しい道具も考案された。技術の進歩だ。自然との関係も、人間同士の関係も、以前と同じではなくなった。

農業革命——動物を家畜にし、植物を栽培するようになった——は、その後に起きたすべての革命の母だ。その影響は現在にも、さらにその先にも広く及んでいる。そして革命の例に漏れず、偉大な変化と恐ろしい変化をもたらした。「家（ホーム）」という言葉も意味が変わった。放浪生活のころは、どこであれ自分がいるところがホームだったが、地球上の特定の場所を指すようになった。人びとが住みついて生まれた集落は、次第に規模が大きくなる。そして宇宙カレンダーが大みそかの午前0時を迎える約20秒前に、もう一つ大躍進が起きた。

舞台は現在のトルコ、アナトリア平原にあったチャタル・ヒュユクに移る。ここは世界中の都市の母だ。時は9000年前、1日を終えた人びとが我が家に腰を落ちつける。33エーカー（0・13平方キロメートル）の土地に住居が密集したこの場所は、都市の原型のような所だ。ここに、かつてアフリカ全土にいたのとほぼ同じ1万人が生活していた。ブロンボス洞窟で化学実験をしていた時代から9万年、ヒトの暮らしはここまで変わった。

チャタル・ヒュユクが成立した当時、また街路は発明されておらず、建物に窓をつくる発想もなかった。自宅に入るには家々の屋上をつたい、天井の穴に立てかけたはしごで降りるのだ。

チャタル・ヒュユクには街路や窓がないだけでなく、もっと目立つものがなかった。宮殿である。農業を発明した社会は、不平等という苦い代償を払わねばならない。しかしチャタル・ヒュユクには、1パーセントが富を独占し、残りは生きるのもやっとといった少数支配の構造が無かった。狩猟・採集時代の分かち合いの精神がしっかり残っていたのだ。平等主義のチャタル・ヒュユクでは、弱者も強者も同じものを食べていた。出土した骨を分析すると、性別や年齢で栄養状態にほとんど差はないことがわかる。住居もほぼすべて同じ形、同じ大きさだった。だがそれでは味気ないというので、色彩豊かな壁画が描かれ、立派な角をはやしたヨーロッパバイソンの頭部が飾られた。いろいろな動物の歯や骨、皮も装飾の材料になった。

チャタル・ヒュユクの住宅は均一化されており、モダンで実用的だ。天井は丸太の梁（はり）が支えになり、仕事、食事、娯楽、睡眠の場所がきっちり区切られている。1軒の住宅に、7～10人の親族が生活していた。

数十万年前のアフリカで多用されたオーカーは、チャタル・ヒュユクでも室内装飾に活躍した。壁画にはヨーロッパバイソン、ヒョウ、走る人、頭部のない死体をついばむハゲワシ、シカをあおる狩人が躍動している。オーカーは人や動物を描くだけでなく、大切な人の葬儀でも重要な役割を果たした。

チャタル・ヒュユクを出た葬列は、開けた場所に置かれた祭壇に遺体を残していく。ハゲワシが群がって死肉を食べるが、骨は持っていかれないよう見張りがつく。遺体は風雨にもさらされる。時がたち、骨だけになったころに葬列が戻ってくる。骨は赤いオーカーで彩色し、胎児と同じ姿勢に折り曲げた状態で、住宅の居間の下に埋葬するのだ。儀式の一環なのか、床下の墓を開けて頭蓋骨だけ取り出し、手元に置くこともあった。現代と違って、そばに死者がいるのは心安らかなことだったのだろうか。

赤いオーカーはもう一つ重要な用途があった。新しい二つの芸術スタイル――歴史と地図――を描くのに使われたのだ。近くの火山を背景に、丸屋根を結んだ等高線で一つの生き物を描いた絵も残っている。「私の家と火山の位置関係はこうです」とばかりに、時空内の自分たちの位置を初めて二次元で表現したわけだ。画家は煙の筋も何本か描いており、「火山が目を覚ましたとき、私はここにいました」と9000年後にメッセージを送っている。

スピノザ

チャタル・ヒュユクなどにおける原始都市の実験は成功し、それから数千年で世界中に都市が誕生した。異なる文化の人間が一つの場所に集まり、交流すると、新たな可能性が生まれる。都市は新しい発想を呼び起こす一つの頭脳だ。

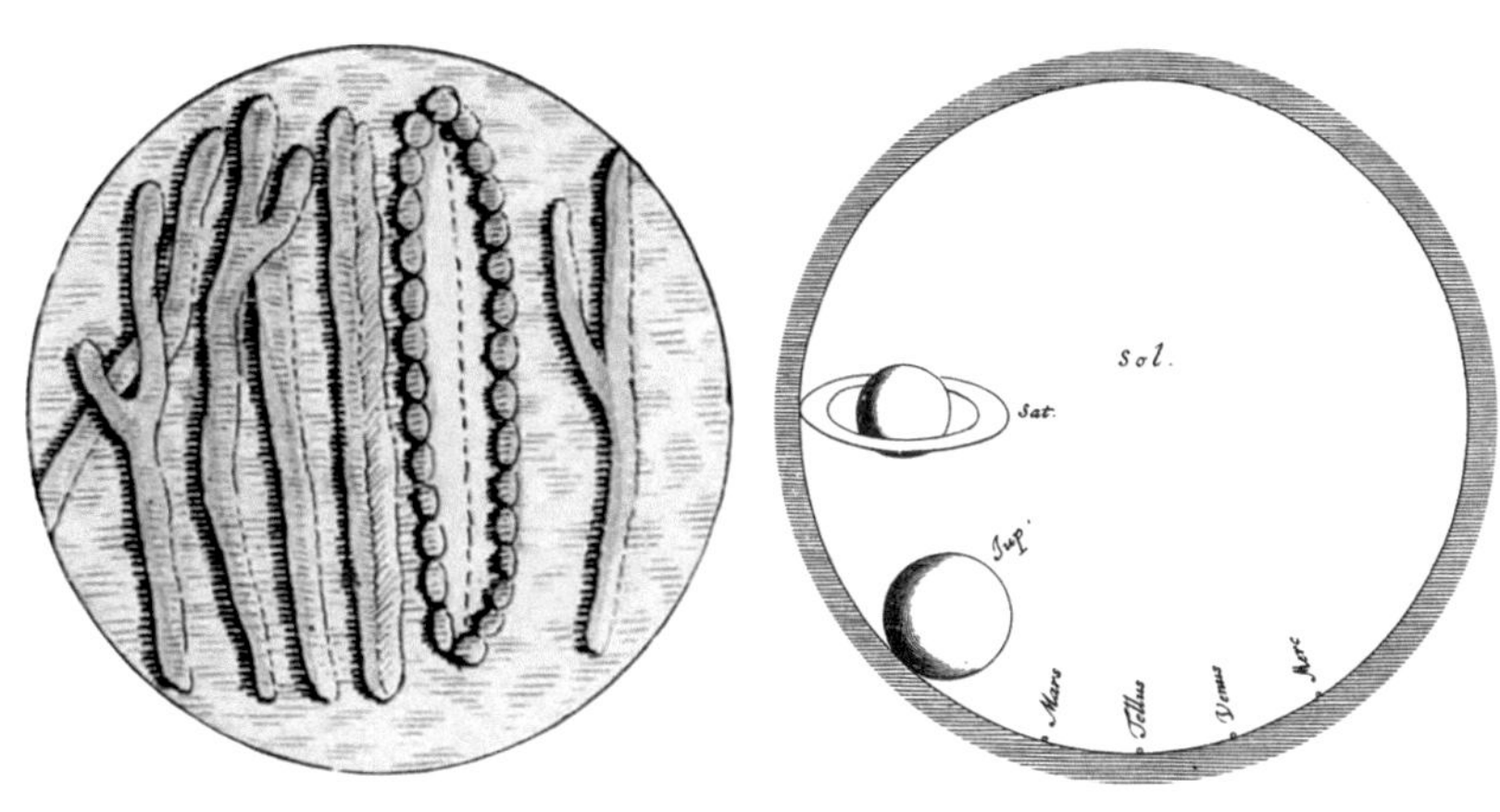

左：オランダの科学者アントニ・ファン・レーウェンフックが、顕微鏡で初めてとらえた生物の姿。
「アニマルクル（微小動物）」と名づけられた。
右：クリスティアーン・ホイヘンスの1698年の著作『宇宙論』に収録された図版。
中央のSolは太陽のこと。その周囲を惑星が回っている。

例えば17世紀のアムステルダム。新世界と旧世界の人間がかつてない形で交わり、科学と芸術の黄金時代が花開いた。イタリアでは、ジョルダーノ・ブルーノとガリレオ・ガリレイが地球と同じような天体の存在を主張し、それゆえに塗炭（とたん）の苦しみをなめた。しかしわずか50年後、彼らと同じ考えを持つオランダの天文学者クリスティアーン・ホイヘンスは華やかな栄光に包まれた。

この時代のモチーフは光だった。思想と信教の自由を象徴する啓発の光だ。自分たちは一つの生命体にすぎないことを、つまずきながらも認識し始めた探究の光。フェルメールに代表される当時の絵画に写し取られた光。そして科学研究の対象としての光。

このころアムステルダムには、光に取りつかれ、一見あり得ない仕事を光にさせる装置を発明した男が3人いた。彼らは、表面がカーブしたガラス片、つまりレンズを使えば、光を集めたり散らしたりできることを知った。精巧なタペストリーの品質検査に使われていた道具が、それまで見えなかった世界への窓になったのだ。

アントニ・ファン・レーウェンフックが1枚のレンズで扉を開いたのは、微生物の宇宙だった。唾液、精液、池の水を顕微鏡で観察すると、存在するとは夢にも思わなかった生き物の世界が現われた。

レーウェンフックの友人であるクリスティアーン・ホイヘンスは2枚のレンズを用いて、恒星、惑星、衛星がよく見えるように望遠鏡をつくった。土星の環が本体に接していないことを突き止め、環の性質を理解した最初の人物でもある。太陽系で2番目に大きい衛星であるタイタンを土星の近くに発見したり、振り子時計を発明したり、さらには幻灯機やアニメーションを考案したりと、数々の業績を残した。ホイヘンスとは、このあと第8章、第9章で一緒にオールナイトで旅をする予定だ。

周回する惑星や衛星を従えた太陽は恒星であり、恒星は太陽以外にも存在する。ホイヘンスはそのことを理解していた。宇宙には無数の惑星があって、生命が息づくものもたくさんあるのでは？　だが神聖なる書物には、地球以外の世界や生き物の言及が全くない。神は間違いなくご存じのはずなのに、我々以外の神の子に触れていないのはなぜなのか？

こうした問いかけは、啓蒙思想の指導者たちの心と頭脳を大いに悩ませたことだろう。しかし、この問題にあえて真っ向から挑んだ1人の男がいた。彼も光の魔術師だ。父親の死後、干し果物を輸入していた家業が傾いたため、男はレンズ磨きで生計を立てた。そして広大な世界と極小の世界の両方を見つけたのだ。

バールーフ・デ・スピノザ、1632年生まれ。10代まではアムステルダムのユダヤ人共同体に属していたが、20代から新しい神のあり方を堂々と語るようになる。スピノザの神は、怒りと失望に燃え、儀式や食べ物、結婚相手にうるさい暴君ではない。宇宙全体をつかさどる物理法則だ。人間の罪に興味はなく、自然が教義だった。

アムステルダムのユダヤ人社会が、スピノザを不敬の輩と見なして憤ったのも無理はない。彼らの多くは、異端尋問の嵐が吹き荒れたスペインとポルトガルからの移住者だった。拷問や強制改宗を経験し、愛する人を目の前で殺された彼らを、アムステルダムは受け入れてくれた。しかしスピノザの過激思想は、オランダでやっと得られた身の安全を脅かしかねない。反逆児スピノザはユダヤ人社会から追放された。狩猟・採集時代の祖先が同様のことを行ったのとは別の理由で、完全にいない者として扱われたのだ。

1656年7月に出された追放命令は、持てるすべてで神を愛せよと説く旧約聖書申命記6章4節および6〜7節を下敷きにしている。子どものころに習ったこの一節を、私は今も覚えている。

イスラエルよ聞け。われわれの神、主は唯一の主である。
きょう、わたしがあなたに命じるこれらの言葉をあなたの心に留め、努めてこれをあなたの子らに教え、あなたが家に座している時も、道を歩く時も、寝る時も、起きる時も、これについて語らなければならない。

ユダヤ教の指導者たちは、「邪悪な見解」「忌まわしい異説」を口にするスピノザへの怒りをこう表現した。「この者は昼であろうと、夜であろうと追放される。寝るときも、起きるときも、外に出るときも、内に入るときも追放される」

不安もわかる。スペインとポルトガルで悪夢を経験した彼らには、平穏と受容が何より大切だった。それでも皮肉な印象はぬぐえない。日常のささやかな行ないのなかで神を思えというのが申命記の教えだ。そのときどきに何をしていようと、あらゆる場所とあらゆるもの、つまりすべての自然に神を見るスピノザは、まさにそれを実践しているのでは？

それゆえスピノザは奇跡を嫌悪した。１６７０年に出版した『神学・政治論』の第６章をまるまる使って、奇跡の意義を容認できない理由を徹底的に論じている。奇跡に神を探すべきではない。奇跡は自然の法則からの逸脱である。神が自然法則のつくり手だとすれば、神の存在は自然法則の枠内で理解するべきではないか？　奇跡は自然現象の誤った解釈にすぎない。地震、洪水、干ばつを自分のこととしてとらえてはならない。神は人間の希望や恐怖の投影ではなく、宇宙の背後に存在する創造的な力だ。神とは自然法則の研究を通じて対峙（たいじ）するべきだ。

農業が発明された直後から数千年のあいだ、人間の宗教観は自然から切り離されていた。人間は世俗と別次元で創造された存在であり、自然のままの姿は罪深いものだから、否定し、抑制せよと教わっていた。しかしスピノザにとって、神への信仰は自然法則を学び、尊ぶことだった。

スピノザはユダヤ人社会の非難と拒絶をおとなしく受けいれた。しかし、ご多分に漏れず彼の神学論に脅威を覚える者もいて、スピノザはナイフで襲われた。幸い外套（がいとう）が切られただけで逃げおおせたが、スピノザはそれをあえて繕わず、布の垂れ下がった外套を名誉のしるしとして着ていたという。アムステルダムを追われ、ハーグ近郊に落ち着いたスピノザは、顕微鏡や望遠鏡のレンズ磨きをして暮らした。

スピノザの『神学・政治論』には、奇跡の否定以上に大胆な主張がある。聖書は神の言葉を文字にしたものではなく、人間が書いたというのだ。国教を定めることは、単に信仰の強制にとどまらない。代表的な宗教では超自然的な逸話が重要な柱となっているが、それは組織化された迷信でしかない。そんな蒙昧な思考は自由社会の市民に危険を及ぼすとスピノザは考えた。

こんな主張を公言するなど前代未聞だ。自由な気風のオランダでも、あまりに過激だとスピノザはわかっていた。しかし米国の独立戦争など、その後に起きた多くの革命は、『神学・政治論』の理念を軸に、教会と分離した民主主義社会の構築を目指したのだった。この本は筆者名も発行場所も記されず、出版者も偽名だったにもかかわらず、書いたのはスピノザだという噂は欧州全体に広まり、彼は悪しき評判にまみれてしまった。スピノザは1677年に44歳で死ぬ。レンズ研磨で出たガラス粉を長年吸い込んだせいで、肺を病んだともいわれている。

スピノザがレンズを磨いたハーグ郊外の質素な作業部屋は、偉大な哲学者の業績を記念して保存されている。1920年11月、光に情熱を注いだ1人の科学者がここを訪問した。新しい物理法則を発見して世界的な有名人となった彼は、神を信じるかと質問されることも多かった。その男、アルベルト・アインシュタインはそのたびにこう答えた。「私が信じるのは、存在する万物が調和したなかに顕現するスピノザの神だ」

花と昆虫

スピノザが恐れ知らずの夢を描いたころに比べると、自然法則の理解は飛躍的に前進した。だが自然との関係は機能不全なままだ。これはどうすれば修復できるだろう？　ここでもう一つ、生命の揺るぎない協調の話をしよう。それには今から遠い昔、宇宙カレンダーでは12月29日までに戻る必要がある。

そのころ二つの王国があった。両国は同盟を組んでいて、そのおかげで豊かな富がもたらされていた。美しい関係が約1億年続いたあと、王国の一つで新しい生き物が進化を始める。その子孫は傲慢で、富を独占し、同盟関係を踏みにじる。この生き物は、二つの王国の存亡を左右するだけでなく、自らの首まで絞めかねない危険な存在になった。

これはつくり話ではない。地球上の生物を大きく六つに分けたうちの二つ、植物と動物の王国の物語である。

植物が緑を茂らせるのも楽ではない。一つの場所に根を下ろしていると、繁殖もままならない。デートは無理。じっとしたまま種を風に乗せるだけだ。文字通り風まかせである。風が運ぶ花粉がめしべにくっついてくれれば儲けものだ。

こんな行き当たりばったりを2億年も続けてきた植物に、愛のキューピッドが現われた。昆虫である。こうして、生物の歴史のなかで特筆すべき共生関係が始まった。昆虫のお目当てはたんぱく質が豊富な花粉だ。当然身体に花粉が付着する。昆虫はそのまま次の花に移動して、花粉をめしべにくっつけて授

黄金色の花粉を全身に付けたクマバチ。

粉するのである。

花も昆虫も得をするこの関係は、さまざまな進化を生みだした。植物は花粉に加えて、甘い蜜を出すようになる。昆虫は花粉の食事のあとデザートまで頂ける。昆虫のほうも身体が丸っこく、毛むくじゃらになった。毎日の花めぐりでより多くの花粉を運べるように、脚に花粉かごまで持つものも現われた——ハチである。

動物王国で、この共生関係の恩恵にあずかったのがヒトだ。私たちの祖先は蜂蜜が大好物だった。煙をたいて蜂蜜採りをするアラーニャ洞窟の壁画をはじめ、証拠はたくさんある。彼らは蜂蜜をそのまま食べるだけでなく、蜂蜜を発酵させた酒で酩酊（めいてい）することも覚えた。

鳥やコウモリも花粉ビジネスに参入を試みたものの、昆虫、とくにハチほどの成功は収められなかった。人間がハチに感謝する理由はたくさんあるが、美もその一つだ。ハチに花粉を運んでもらうために、植物は甘い蜜だけでなく芳香や色彩でも進化を競ったのだ。

ヒトもハチも3種類の光受容体をもっているが、性質が異な

る。ヒトの光受容体は赤、緑、青に反応するのに対し、ハチは緑、青、紫外線に反応する。ハチが赤っぽい色で認識できるのは橙と黄までである。

生存にかかわる切実なところでも、人間はハチのお世話になっている。肉好きの人も含めて、私たちが口にする食べ物の3分の1は、ハチの花粉媒介が関与しているといわれる。ハチが生み出す生物多様性のおかげで、確保できる食料が増え、しかも安定して得られるのである。

この物語は悲しい展開になりつつある。動物王国の新参者が、認識不足のまま目先の欲につられて行動した結果、古代からの共生関係をひっかきまわしてしまった。これから話がどんな方向に進むのか、誰が元凶ということになるのか、読者の皆さんは知っているはずだ。

絶滅種の館

50万年続いた狩猟・採集の生活は、自然と均衡を保ちながら進化していった。もちろん乱獲による絶滅もあったはずだが、地球規模で荒らしまくったりはしなかった。変わったのは今から1万〜1万2000年前、農業が発明されてからだ。ある意味私たちは、PTSDならぬ「PASD（農業開始後ストレス障害）」の深刻な症状を背負っているともいえる。自然と共存し、人間同士が調和して生活する戦略はまだ出来上がっていない。農業革命で食料生産能力が高まったおかげで、人間の数は飛躍的に増えた。それは恵みだけでなく苦しみをもたらし、現在私たちが直面している危機を招くことになった。

ハチの目に映るベルガモットの花。紫外線誘発可視蛍光（UVIVF：紫外線を照射したときに被写体が発する蛍光をとらえる手法）で撮影された。

生命の木で、伸びることなく途中で折れてしまったたくさんの枝。それをしのぶ記念館がどこかにあると私は想像する。絶滅種の館と呼ぶことにしよう。生命の気配のない荒れ地の向こうにそれはある。大きくて簡素な建物は窓もなく、寂寞とした周りの風景が悲劇的な運命を際立たせる。天井の円形窓が差し込む寒々とした光は、花こう岩の円形の小部屋に差し込み、砂だらけの床を照らす。館の入口は全部で六つ。それぞれ独立した通路に続き、過去に起きた6度の大量絶滅で死滅した生物のジオラマが展示されている。どれも地球が死の星になりかねない大規模なものだった。

実は数年前まで、こうした大量絶滅は過去5回と考えられていた。だから館の入口も、アーチに名前が刻まれているのは五つだけだ——オルドビス紀末、デボン紀後期、ペルム紀末、三畳紀末、白亜紀末。地殻変動や大気の化学反応、隕石といった要因が複雑に絡み合って、生物の大量死を引き起こした地質時代にちなんでいる。ただし6番目の大量絶滅が起きた時代だけは、人新世（Anthropocene）となっている。Anthropoはギリシャ語で「人」、ceneはやはりギリシャ語の接尾辞で「最近の」という意味だ。つまり現代は、人間が原因の大量絶滅時代なのである。

アインシュタインの予言

だが絶滅種の館に入るのは、今は遠慮しておこう。人類は発見の旅のなかで、多くの逆転劇を演じてきた。最近でも、アインシュタインが不可能と断じたことを実現している。彼は人間の能力を低く見積もっていたのだ。その轍を踏むべきではない。

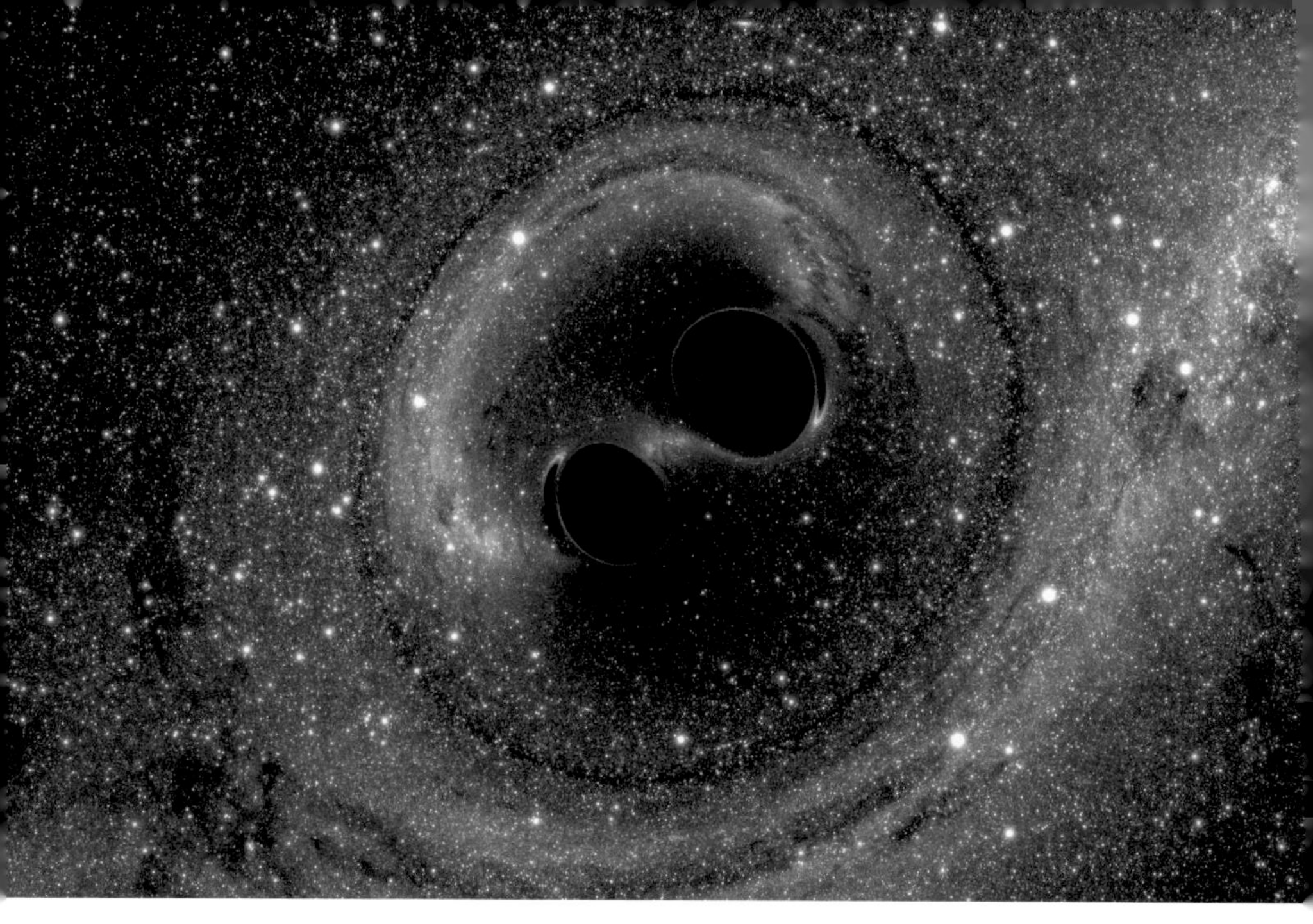

合体しかけている二つのブラックホールの想像図。
2017年、LIGO（レーザー干渉計型重力波検出器）は11億年前に
ブラックホール同士の衝突で生じた重力波をとらえることに成功した。
この衝突で、太陽の質量の20倍という、一つの巨大なブラックホールが誕生した。

宇宙を時空の海に見立てたのはアインシュタインが最初だ。物質がつくり出すさざ波は、時空を伝わっていくと彼は考えた。そして１９１６年、宇宙のはるかかなたで起きる星の大爆発などが、時空のゆがみであるさざ波、重力波をつくり出すと仮説を立てた。

だがアインシュタインにしては珍しく、想像はここで止まった。重力波の存在を立証する実験は、実現不可能だと切り捨てたのだ。それは遠い銀河から、地球にいる人間の髪の毛１本の幅を測るようなもの。広大な宇宙を渡ってくるあいだに、重力波は弱くなって検知できなくなると考えたのだ。

それから１００年、理論物理

学と実験物理学の世界では、重力波の存在を裏づける決定的な証拠を見つけようと奮闘を続けた。目指す証拠はとにかく小さい。どれぐらい小さいかというと、原子よりも、素粒子よりも小さい。陽子1個の直径の1万分の1だ。そんな小さな粒が、10億光年離れた場所で起きた2個のブラックホールの衝突で生まれたのである。

1967年、科学者と技術者が一つのプロジェクトに着手した。米国のレーザー干渉計型重力波検出器（LIGO）である。10億光年以上離れた所の変化も検知できる超高感度の検出器2台を使って、時空を揺るがす大イベント、例えばブラックホール同士の衝突をとらえるのだ。二つのブラックホールがぶつかると、時空のツナミが発生して空間が全方向に拡張する。時間も進み方が遅くなり、その後いったん加速してまた減速するを繰り返す。

LIGOは長さ4キロメートル。かすかな音を聞きとるには、大きな耳が必要なのだ。雑音と区別して正確にとらえるために2台目も用意され、ルイジアナ州リビングストンと、ワシントン州ハンフォードにそれぞれ設置された。波が到達するわずかな時間差をもとに、ブラックホールの衝突が起きた場所をはじき出す。

重力波も海の波と同じで、移動とともに弱くなる。アインシュタインが画期的な予言をした1世紀前、重力波はまだ地球から約100光年離れた所で、天の川銀河内の黄色い恒星HD 37124とその惑星や衛星に押し寄せているところだった。それを地球上で確認できるなんて、当時誰も思わなかった。

かつて強大だった重力波も、LIGOに届くころには微弱になっていた。それでも重力波の存在を立派に証明し、ブラックホールの存在を初めて直接裏づけることができた。この功績が評価されて、中心となった科学者3名は2017年にノーベル物理学賞を受賞した。

50年の歳月をかけて成果を得たLIGOのように、科学には世代を継いで行なわれる野心的な試みがいくつもある。それは天を衝く大聖堂の建設にも似ている。人類全体の大事業のために、個を捨てて献身する人たちがいると思うと、私の心に希望が湧いてくる。

ブレークスルー・スターショット計画

この本を書いている今、太陽から最も近い恒星を探査する人類初の試み、ブレークスルー・スターショット計画が始まっている。これに関わる科学者、技術者は、おそらく生きているうちに実現を見届けることはないだろう。

重さ1グラム程度の小型探査機1000機が発射されるのは、おそらく20年後ぐらい。宇宙船は帆を張り、レーザー光線を受けて進む。個々の探査機はエンドウ豆1粒ぐらいの大きさだが、搭載される機器は惑星探査機ボイジャー1号、2号を上回る。この小さな探査機は、お隣の恒星を回る惑星のあらゆる予備探査を行ない、画像や科学データを地球に送ることになっている。

ボイジャー1号は時速6万キロメートルというものすごい早さで、40年以上飛行を続けている。最初の年、木星の重力を使った加速が最初で最後で、そのまま進み続けているのだ。しかし、ボイジャーの飛行距離に比べると、銀河1個の大きさは気が遠くなるほど大きい。夢のなかで全力疾走しているようなもので、どんなに速く走ってもどこにもたどり着かない。

時速１億 6000 万キロメートル以上の速さで超小型宇宙船を飛ばすブレークスルー・スターショット計画。実現すれば、太陽系から最も近い恒星系プロキシマ・ケンタウリまで約 20 年で到達できるという。

スターショット計画の小型探査機は、ボイジャーにたった4日で追いつく計算だ。それでも光速のたった20パーセントである。恒星間の距離は遠く、いちばん近いプロキシマ・ケンタウリさえも４光年離れている。片道20年の長旅だ。

プロキシマ・ケンタウリには、液体の水が流れ、生命が存在していてもおかしくない惑星がある。同様の星は、これからもっと見つかるかもしれない。そんな新世界の話は電波に乗せられ、光速で４年かかって地球に届けられるはずだ。今から約40年後、どんな事実が判明するのだろう？

読者のなかには、自然科学の本に加えられた新しいページを目にする人もいるはずだ。

ブロンボス洞窟から、光に乗ってよその星を訪ねるまで、宇宙カレンダーではたった数分。私たちは今、人類の歴史のなかで存亡をかけた重要な分岐点に立たされている。とはいえ遅すぎはしない。人間は偉大な知性をもって常識はずれの発想を実現し、乗り越えてきた。過去や未来に「あったかもしれない」世界、果敢に挑戦を続けた探究者の偉業をこれから見ていきながら、人間の大きな可能性を確かめよう。私たちは未熟な技術をうまく手なずけ、ささやかな我が家を守りつつ、時空の海を安全に航海できるようになるはず。もはや陸と海と空さえも、私たちの行く手をはばむことはできない。

2

ハビタブルゾーンのはかない恩寵

THE FLEETING GRACE OF THE HABITABLE ZONE

春が戻ってきたとき、おそらく私はもうこの世にいない。いま私は、春が女性ならいいのにと思う。そうすれば唯一の友を失ったことを知って、私のために泣く姿が思い描ける。でも春は事物ではない。話すそぶりだ。花や緑の葉も戻ってこない。あるのは新しい花、新しい緑の葉。新しいうららかな日。すべてが偽りのない本物だから、戻りも繰り返しもないのだ。

フェルナンド・ペソア「春が戻ってきたとき」

今度の休暇は太陽系外惑星に行こう―― 赤色矮星 TRAPPIST-1 を公転する七つの惑星のうち、4 番目の TRAPPIST-1e を訪ねる未来の宇宙旅行だ。

PLANET HOP FROM
TRAPPIST-1e
BHZ
VOTED BEST "HAB ZONE" VACATION

私たちが住む天の川銀河で、ほかの惑星からはるか遠くを目指す宇宙船がある。ただし私が想像するのは、映画に出てくるような異星人の宇宙船ではなく……もっと生物学的なものだ。必要に迫られてつくったというより、宇宙旅行の長い伝統のなかで進化していったもの。それが星から星へと旅をして、生命が存在する惑星を探している。そこには予測もつかない特徴をもった生命体がいるかもしれない。

そんな異星人の宇宙船が探査計画を遂行中だとしよう。表面には切り離し可能なさまざまな小型探査機がまるでそばかすのようにくっついている。融解し、変形した惑星に接近した宇宙船から離れた小型探査機はそれぞれ高度を下げ、煮えたぎる大気のすぐ上を飛びながら分析を実行する。地表は白熱し、炎の筋が縦横に走る。もしも地獄のようなこの光景を私たち自身が見た場合、生命が存在する見込みありと判断するだろうか。子犬が駆け回り、ランの花が咲く未来図を描くだろうか。小型探査機が次々と戻ってきては母船に接続する。母船は煉獄（れんごく）を思わせる惑星から離れ、向きを変えて太陽のほうに飛んでいった。

生まれてまもないころの地球には、将来どうなるという見込みはないに等しかった。40億年以上前の地球を探査しても、金星のほうがよっぽど有望という結論だったはずだ。当時の金星は青い海と広大な大陸があり、おそらくだが生物もいた。ハビタブルゾーンに属する繁栄の時代だったのだ。金星に限らずどの惑星でも、太陽との関係で、熱すぎず冷たすぎず、生命を育んで維持できる時代がある。だが惑星は永遠に同じではいられない。ハビタブルゾーンの恩寵を受けられるのも、ほんのつかの間だ。

今、私たちは太陽のハビタブルゾーンのいちばん内側にいるが、1年に約1メートルの割合で外側にずれている。ハビタブルゾーンで最も快適な範囲にいられる時間のうち、70パーセントは既に使ってし

ありきたりの黄色い恒星を回る第３惑星を探査する異星人の宇宙船の想像図。
外側は宇宙線が飛び回って透明な被膜をつくっている設定だ。

今から10億年後の太陽——黄色い恒星のままではあるが、
中心部で水素燃料の枯渇が始まり、表面温度が高くなっている。

まった。とはいえ心配には及ばない。残りはまだ数億年あるから、脱出戦略を練る時間はたっぷりある。太陽がほかの惑星に心変わりしたら、地球はもう生命の園ではなくなる。そうなったら、私たちはどこへ行けばいい？　天の川銀河内のはるか遠くの島々目指して、出帆するしかないのか。宇宙で起きる変化は避けようがなく、安全な隠れ家にいられるのもせいぜい数億年までだ。

顔を上げて、身近な所にある地球の美を眺めてみよう。それもいつかは、自然の法則がつかさどる「誕生↓破壊↓

再生」のサイクルに飲み込まれる。宇宙は美しいものを紡ぎ出しては、それを粉々に打ち砕き、残骸から新しいものを創造する。輝く黄金だって中性子星同士の衝突で生まれたのだ。この宇宙で生き残りたいなら、惑星間、さらには恒星間の大量輸送を可能にすることが不可欠だ。

でも、どうやって？　これまで宇宙について学んだわずかな知識から、未来を垣間見ることができる。未来といっても、人間の活動が引き起こす異常気象が文明を脅かすといった短期的なことではない。二酸化炭素を大気中に捨てるのを今すぐやめれば、あと数千年、数百万年、数十億年は大丈夫だ。その先はわからないが、わからないなりに考えてみるとしよう。

赤色巨星

私たちと同じで太陽も老いる。今から50億～60億年後には、中心部にある燃料の水素を使い果たすだろう。すぐ外側で水素の核融合反応が起こるようになるが、反応部分が時間とともに少しずつ外に移動し、温度が約1000万度まで低下する。やがて内部で起きていた核融合反応も終了となる。それから何億年もかけて、ヘリウムを豊富に含む中心部が自己重力で収縮する。今後は水素の燃えかすであるヘリウムが燃料となって、核融合反応の第2ラウンドに入る。これで数億年は延命できるはずだ。そこで生成される炭素や酸素も燃料に使って、太陽はまだ輝き続ける。

黄色い太陽は赤色巨星へと変化する。外層部は大きく膨らみ、中心から遠くなったガスが重力の束縛から逃れ宇宙空間に流出する。太陽の重力が弱まり、金星と地球は、しばし安全な距離に遠ざかる。真っ

35 億年前の火星。カセイ峡谷の向こうに太陽が沈む。今日確認できるクレーターや浸食痕は、水が流れていた証拠だ。太陽が老いるにつれて、こんな光景が再び出現するかもしれない。

赤に膨張した赤色巨星の太陽は、まず水星を飲み込み、燃やし尽くすだろう。ハビタブルゾーンの境界はどんどん外に移動していく。私たちも、手持ちのカードを正しく使えば生き延びることが可能だ。太陽の進化を止めることはできなくとも、新居探しの時間が10億年程度ある。それだけあれば、引っ越し先の惑星も見つかるはず。そのころには人類も進化を遂げて、今とは違う生命体になっているだろう。ひょっとすると私たちの遠い子孫は、太陽の運命そのものを制御し、抑制できるかもしれない。

太陽の進化は、地球のお隣の

火星にも変化を起こす。しかし、火星表面が液体の水に恵まれるのは、その時が初めてではない。今から30億〜40億年前には、火星表面に液体の水があった。海岸に波が打ち寄せ、夜は蒸し暑かった。空には白い雲が細くたなびき、赤っぽい土と青い海が広がる風景は、妙に地球っぽかった。北半球のてっぺんには、小さな氷冠が格好良く鎮座していたのだ。

はるか昔の火星は地球によく似ていて親しみやすい――あくまで人間にとってだが。しかし弱点があった。大きさが決定的に足りなかったのだ。直径が地球の半分ほどしかないため、中心部の鉄を溶かすだけの熱がなく、生命を守るのに必要な磁場ができない。太陽風をまともに浴びて、雲や海水はひとたまりもなく宇宙空間に吹き飛ばされた。こうして残った砂漠の星が、今の火星なのだ。

火星が生命向きの星だったのはせいぜい2億年とされている。そのあいだに生命が根づいたかどうかわからないし、仮に存在したとしても、太陽が若かった大昔の話だ。しかし太陽が中年期の終わりに差しかかれば、再びチャンス到来となる。今から10億〜20億年後の火星は、太陽の恩寵を受ける第二の黄金期に入るだろう。続くのはせいぜい数億年だから、複雑な生命体が進化するには時間が足りないが、移住先を探す人類の子孫がとりあえず拠点をつくるには十分だ。とはいえ、ここにも長くはいられない。太陽の老化とともにハビタブルゾーンも遠ざかり、火星は熱にあぶられて人が住める所ではなくなる。放浪する私たちの遠い子孫は、ここにきてまた放浪を強いられるのだ。

太陽の大気圏はますます広がり、真っ赤に燃え上がって火星に迫る。表面が焼き尽くされた火星は、ひび割れて炭になるだろう。次はどこに行けば？

このころには、膨張する太陽のすさまじい光と熱は木星系にも届いている。アンモニアと水の雲が蒸発して、派手な上層に隠れていた地味な下層が初めて露出する。木星の凍った衛星のどれかを、次の住みかにできないだろうか。太陽光は数千倍の強さになり、エウロパやカリストを覆っている厚い氷も融けて、液体の海が顔を出す。その水も蒸発して、温室効果が加速するはずだ。

同じく氷の塊であるガニメデの表面にも亀裂が入る。内部の水が1000メートル近い高さまで噴き上がり、雨となって降り注ぐ。ガニメデの地表は水で満たされ、薄かった大気も濃度が増していく。そこに生命が出現すれば、数が増えて進化する可能性も出てくる。ガニメデは生き物の星となるかもしれない。太陽から十分な距離を取りたい人類にとっても、好都合な場所だ。

土星はダメだ。憤怒する太陽に環をはぎとられ、見る影もない。衛星のタイタンも水と大気を奪われた。天王星と海王星も雲に覆われ、容赦ない落雷攻撃で大荒れになる。

もうだめかと思った矢先に現われるのが、海王星の衛星トリトンだ。名前の由来は、ローマ神話の海神ネプトゥヌス（ネプチューン）の息子である。あくまで人類の都合ではあるが、トリトンは赤色巨星に変貌した太陽から多大なる恩恵を受けるだろう。今はメロンに似ているが、太陽の膨張とともに雪が積もった高山の様相を呈する。赤色巨星になった太陽は今の7倍の大きさで、その光が雪をピンク色に染めるだろう。凍りついていたトリトンもアンモニアと氷が太陽の熱で融かされ、大きな海ができている。

人類がトリトンまでたどりつくことができたら、生活のリズムは今とは大きく変わるはずだ。トリトンの1日は144時間もあり、厳しい冬は50年近く続く。それでも、今から数十億年先のトリトンは、空気と水があり、生命の存続を可能にする化学物質もそろっていて、申し分のない生活場所だろう。確かに寒いことは寒いが、1月のニューヨーク州北部に比べたらまだましかも。スキーは1年中楽しめる

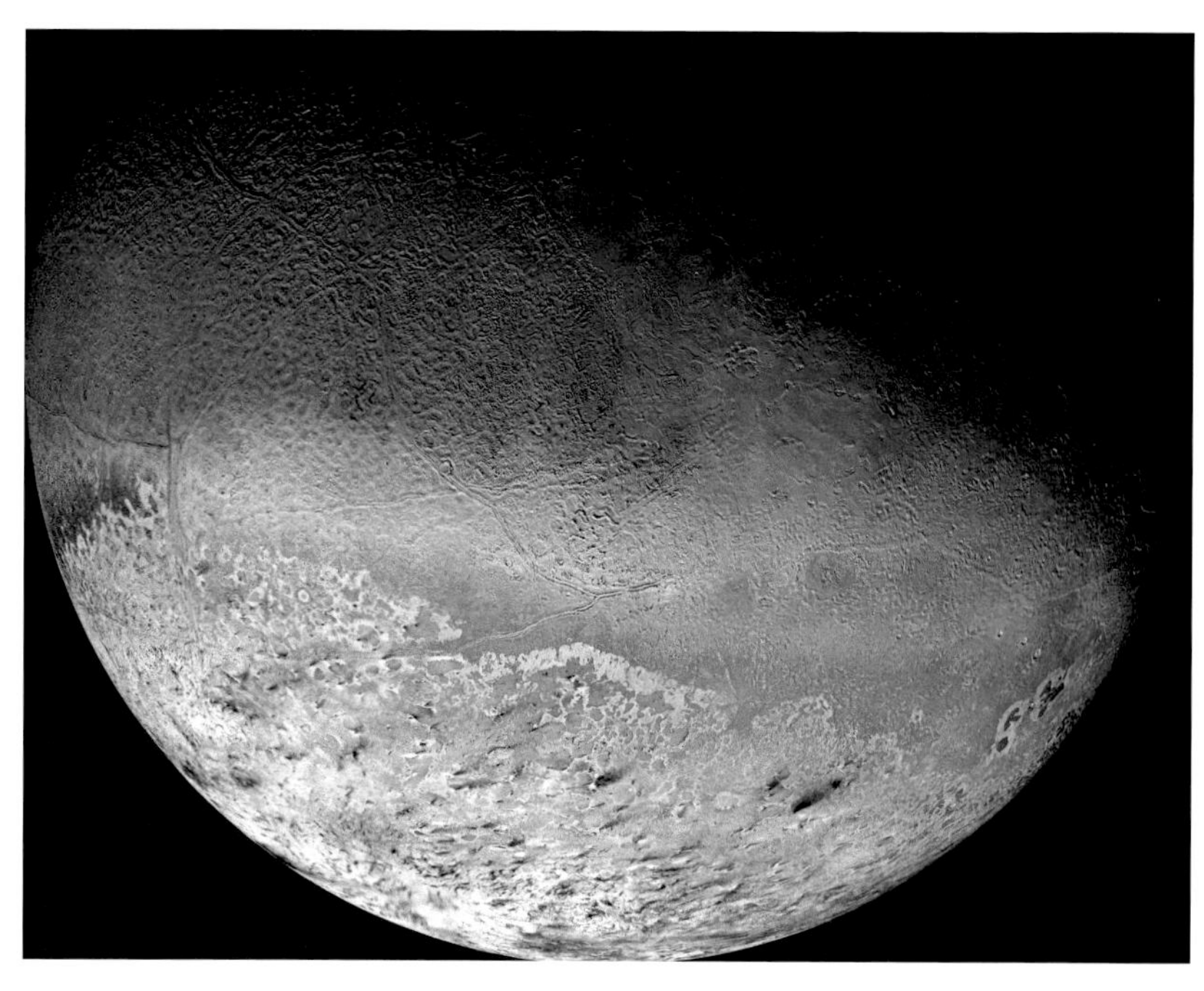

ボイジャー２号が海王星最大の衛星トリトンを通過した時に送信した画像。
ゴツゴツした表面にある「氷の火山」は、窒素や塵、メタン化合物でできていると考えられる。

し、重力が小さいからジャンプ競技は記録ラッシュだ。

太陽はやがて力尽き、移動を続けてきたハビタブルゾーンも消滅する。灼熱の赤色巨星の段階を過ぎた太陽は、内側に隠れていた白色矮星がむき出しになる。生き残った子どもたちを暖めるエネルギーはもはやなく、太陽系外縁部の衛星は再び氷に閉ざされる。

2億年ごとに引っ越すのはいやだ、もっと長くとどまりたい――そう思うなら、太陽系を出てしまって、恒星間空間の果てしない海を探索するしかない。

そんな遠くの星を本当に目指す？　よちよち歩きで月まで行ったはいいが、母なる地球の懐にあわてて逃げ帰った私たちが？　恒星間空間の旅は、どんなに近くても月までの距離の1億倍はある。人間がつくるちっぽけな宇宙船なんて、未知の深淵に吸い込まれて終わるだけでは？

そう思われるのは承知の上で、それでも可能だと私は思う。なぜなら、人類は同じことを既にやってきたからだ。

ボイジャー人

光の帆に光子を受け止めながら天の川銀河内の惑星から惑星へと渡り、帰還不能な距離まで到達する。そんな航海を夢見ている。それは私たちが既に通った道でもある。その昔、未知の領域をあえて選択した集団があった。あらゆる危険を承知で、海図のない海に漕ぎ出したのだ。彼らの勇気は報われ、楽園を見つけることができた。彼らはラピタ人と呼ばれる。ただしこれは、遺物の土器片が初めて見つかったときの誤解から生まれた呼び名だ。ラピタよりも、ボイジャーと呼ぶほうがふさわしいだろう。およそ1万年前、中国大陸南部で人口が急増したとき、彼らは南下して現在の台湾に移住した。それから数千年、この場所が混み合ってくるまで定住生活を続けたとされる。

宇宙の中で、地球に住む私たちは一種の隔離状態にある。ほかの惑星系について知りたい、実際に行ってみたいと望んでもなかなか難しい。遠い祖先もまた、ある意味陸地の外に出られずにいた。遠い距離を移動するにはひたすら歩くしかなく、最後には水辺に行く手をはばまれる。その後中東のフェニキア人、クレタ島のミノア人といった海洋民族が登場するものの、岸にしがみついている時代がほとんどだった。漁や交易で航行するのは、陸地が見える範囲まで。それが彼らの宇宙の境界だった。

ボイジャー人たちが不可能に思える冒険に乗り出した理由はわからない。彼らがもといた地域は構造プレート上にあり、地震や火山活動が活発だった。地球が何をしでかすか信用できなくなったのか。それとも隣人の敵意に耐えられなくなった？　気候の変化で生活が難しくなったり、人口圧力が高まったり、動物や魚を獲りすぎたりしたのかも。あるいは、向こうに何があるのか知りたいという内なる欲求だった？　いかなる危険も顧みず、未踏の距離を制覇したいと思ったのだろうか。きっかけはどうあれ、彼らは恐怖心に打ち勝って冒険の旅に出発することにした。

それはかつてない旅だ。老いも若きも準備に励む。男たちは樹皮をはぎ、丸太を組んでひもで縛り、葦（あし）を編んで帆をつくる。女たちは骨や石から釣り針をこしらえる。村人全員が海辺に集まり、波打ち際には双胴のカヌーが20隻ほど並んだ。乗せるのはイヌ、ブタ、ニワトリといった小型の家畜に、種もみの入った壺、パンノキ、サツマイモ、それにかごに入れたグンカンドリのひなだ。

東の空が白んできた。水平線に太陽が顔を出すしるしだ。これを合図に人びとは舟に乗り込み、海へと漕ぎ出す。老人をはじめ、村に残ることを選んだ者たちは、誇らしげに手を振り、励ましを送る。舟が帆を大きく広げた。そこには、刺青で肌に彫ったり土器に入れたりしているのと同じ幾何学模様が描かれている。帆に風をはらませた舟は意気揚々と沖に出て、水平線のかなたに見えなくなった。

陸が見える!

数週間後、波に揺られる小舟の数は15隻に減っていた。見渡す限り海しかない。渇きと飢えでやせ細った人びとに、太陽が容赦なく照りつけた。舟の舳先には航海士が立ち、大きく広げた手の指を六分儀代わりに星を観測する。カノープスという明るい星を人差し指で示し、親指の爪を水平線に向けて現在位置を読み取ったら、デッキで海図を参照する。細い骨を平たく編み、貝殻と小石を配した海図で、進む方角を判断するのだ。

雲が垂れ込めて星が見えない夜は、航海士の表情も暗かったことだろう。かごのグンカンドリにちらりと視線を落とす。ひなはずいぶん大きくなった。

数日たっても陸地の気配はない。日焼けと渇きで、ボイジャー人たちの唇に水ぶくれができている。それでも稲妻の光とともに、ようやく恵みの雨が降ってきた。土器をかき集めて雨水を受け止める。やがて海は荒れ始め、激しく上下する波に舟は翻弄(ほんろう)された。3隻が視界から消え、二度と姿を現わさなかった。

嵐が過ぎて、海は静けさを取り戻した。残った舟は12隻。水瓶は粉々に割れ、食料もあらかた流された。陸はまだ見えてこない。骨の釣り針を海にたらす者、骨の針と植物の繊維からつくった糸で帆をつくろう者。船べりから手を伸ばして水に浸し、流れや温度の変化を確かめる者もいる。かごのグンカンドリが時折跳びはね、それに気づいた航海士は何か考えている様子だ。突然、海面が山のように盛り上

ココナッツの繊維と貝殻で島の位置を示した太平洋の海図。貝殻は島と環礁を表わし、
棒が交わる所は波が高く、流れが強い場所だ。水先案内人はこの配置を頭にたたき込み、
海図は置いていく。海上では記憶が頼りだ。

がった――シロナガスクジラだ！　噴気孔から盛大に噴き上がる水柱は恐ろしかったが、それもつかの間、クジラはすぐに深い海に戻っていった。

1週間が経過した。グンカンドリをじっと観察していた航海士は、ついに決断した。かごを持ち上げると、グンカンドリは浮かれたように跳びはねる。かけがねを外して鳥を両手でつかむと、「道を教えてくれ！」と声の限りに叫んで空に放した。全員のまなざしがグンカンドリの行く先を追う。

ボイジャー人たちの祖先が観測を積み重ね、子孫に伝えてきた航行の知恵は今も役に立つ。季節ごとの渡り鳥の動きは当時の

翼を広げると2メートルを超えるグンカンドリは、陸地に一度も降りることなく何カ月も飛び続けることができる。太平洋を初めて航海したラピタ人やポリネシア人は、グンカンドリを頼りに陸地を見つけた。

GPSだ。指先で海流を感じたり、雲からメッセージを読み取ったりすることもできた。彼らは立派な科学者であり、大自然が実験室だった。

だが今や残る船は8隻だけになった。生き残ったボイジャー人たちは、もう望みはないとあきらめてぐったりと横たわっていたに違いない。そのとき、1人の女が遠くの空に浮かぶ雲に気づいた。私たちからすればありふれた光景だが、雲の真下がわずかに緑色になっていることを彼女は見逃さなかった。一瞬言葉も出なかったが、すぐに声を上げて知らせた。「陸が見える！」　無気力だった仲間たちははじかれたように立ち上がり、すぐに帆の向きを調整して、雲のほうに向かって必死に櫂（かい）を漕ぎ始めた。緑豊かな陸地が近づいてくる。それはフィリピン諸島北端に位置するマブリス島だった。

ボイジャー人たちは小舟を砂浜に引き上げる。フィリピン諸島が最初の定住地だった。ここに1000年ほどとどまったあと、彼らは再び帆を上げた。新世代のボイジャー人であるポリネシア人は、インドネシア、メラネシア、バヌアツ、フィジー、サモア、そしてマルケサス諸島への航海に挑戦し、見事成功した。さらには地球上で最も陸地から遠いハワイ諸島、タヒチ、トンガ、ニュージーランド、ピトケアン諸島、イースター島まで到達したのだ。5200万平方キロメートルの範囲にわたる遠洋航海を、彼らは方角を指す針や、位置を知るための機器を使うことなくやり遂げた。

しかし時代とともに、島々の交流は薄れていく。ポリネシア人の言葉は独自の進化をとげた。変わってしまった単語も多いなか、太平洋全体に共通する言葉が一つだけある。それはライヤル——帆という意味だ。

太平洋を巧みなわざで渡った祖先のように、宇宙を航海できるとしたら。私なら特定の惑星ではなく、太陽から800億キロメートル離れた何もない空間に行ってみたい。

重力レンズ望遠鏡

私たちは光を1000年前から、重力を数百年前から研究してきた。アインシュタインは、何かが別の何かに与える影響について、優れた考察を行なった。重力が光を曲げる現象を利用すれば、太陽を含むすべての星を宇宙のレンズとして使うことができる。長さ８００億キロメートルという長大な重力レンズ望遠鏡が出来上がるわけだ。現在運用されている宇宙望遠鏡は、いちばん強力なものでも、太陽系外の惑星は小さな点にしか見えない。しかし重力レンズ望遠鏡なら、そうした惑星の山や海、氷河、ひょっとすると都市まではっきりとらえることができるかもしれない。

重力レンズ望遠鏡の仕組みはどうなっているのか。はるかかなたから飛び込んでくる光を検出器が集めて地球に信号を送るのだが、この検出器が接眼レンズ（アイピース）、空でいちばん明るい星である太陽が対物レンズになる。全体としては、銀の環と黄色いダイヤモンドを中央に配した1個の宝飾品のように見えるだろう。透明でもない星をどうやってレンズにするのだろう。遠い惑星からの反射光が太陽のすぐ近くを通ると、太陽の重力でわずかに曲がる。光が収束する所は焦点と呼ばれ、対象がくっきり見える。

長さ８００億キロメートルの重力レンズ望遠鏡を使えば、見られないものはない。ガリレオ自作の望遠鏡は倍率30倍がせいぜいだった。木星が30倍近く見えるということだ。しかし重力レンズ望遠鏡だと１０００億倍拡大されて見える。しかも検出器は太陽の周りを３６０度回転するから、あらゆる方向に狙いを定めることができる。ただ一カ所、天の川銀河の中心だけは明るすぎて見えないが、これまであきらめていた場所の観測が可能になるのだ。

はるか遠くにある惑星の大気の成分を分析して、生命の兆候があるかの判定もできる。分子は特定の色（波長）が目印になっているので、光を色ごとに分解してくれる分光器を使って、大気を構成する分子を特定できるのだ。もし酸素やメタンがあれば、生命の存在が期待できる。重力レンズ望遠鏡は遠く離れた惑星の表面全体を映し出すことも可能だ。

重力レンズ望遠鏡は可視光線をとらえる光学望遠鏡だけではなく、電波望遠鏡にもなる。つまり、光だけでなく、電波信号も1000億倍拡大できる。ライオンや水牛が集まってくる水場を水の穴（ウォーターホール）と呼ぶが、天文学の世界にも水の穴がある。スペクトル中の酸素と水酸基（OH）の輝線が現れない領域だ。酸素も水酸基も水（H_2O）の構成要素で、それらの輝線がない穴場だから水の穴。ちょっとしたダジャレだ。ここは物質が発する電波がほとんどないので、計算処理能力を最大限に使って解読できれば、未知の文明同士のかすかなやり取りも盗み聞きできるかもしれない。水素原子……共鳴周波数1420メガヘルツ……助けてくれ……3・1415926……ようこそ……プラズマ密度……よろしく……恒星フレア警報……ランデブー位置座標163、244……

重力レンズ望遠鏡は過去が見える。宇宙を遠くまで見渡そうとすると、過去の遺物がどうしても目に入る。光の速さが有限だからだ。朝見上げる太陽は、8分20秒前の太陽だ。それ以外の太陽を見ることはできない。太陽の光が1億5000万キロメートル離れた地球に届くには、それだけの時間がかかる。

では例えば地球から5000光年離れた別の文明が、重力レンズ望遠鏡を使ったとしよう。天文学者たちは、エジプトでピラミッドが築かれる様子や、ポリネシアのボイジャー人たちが勇躍太平洋へ漕ぎだす光景を目撃するに違いない。だが私たちにとって重力レンズ望遠鏡の最大の目的は、次の地球を見つけることだ。

仕組みもつくり方もわかっていて、技術もあるのに、なぜ重力レンズ望遠鏡はまだ実現していないのだろう。私たちの未来はいつ始まるのか。

アルクビエレ・ドライブ

ほかの惑星を見つけてそこに移住し、新しい我が家をつくるのは壮大な夢だが、問題は移動手段だ。人間を乗せて超長距離を航行できる船が必要になる。太陽系からいちばん近い恒星、プロキシマ・ケンタウリでさえ距離は4光年と少し。約40兆キロメートルだ。NASAの探査機ボイジャー1号は時速6万キロメートルと快速だが、それでも8万年近くかかる計算だ。それが天の川銀河に約1000億個ある恒星のなかで、地球から最も近い星なのだ。

人間が、予測される地球の運命より長く存続したいのなら、ポリネシア人と同じことをしなくてはならない。自然から多くのことを学び、風ではなく光に乗って進む船をつくるのだ。第1章で紹介した豆粒大の極小宇宙船ではなく、マストが数キロメートルにもなる巨大帆船で船団を構成する。船は極薄の巨大な帆に光子を受ける。真空の宇宙空間では、光子がぶつかったわずかな力でも推進力となり、光の速度の数分の一ぐらいまで加速するだろう。太陽がはるか遠くになったら、強力なレーザー装置をブイのように船外に放出する。船体は揺れるが、原子力エンジンを使って安定させる。そこから発射されるレーザー光線は、一直線に帆を目指すだろう。宇宙空間の光のショーだ。恒星から距離が離れて光が弱くなったら、レーザー光の出番だ。

この方法なら、プロキシマ・ケンタウリまでは20年で着く。赤色矮星プロキシマ・ケンタウリには、

水をたたえた惑星プロキシマ・ケンタウリbの想像図。
遠くに光るのはケンタウルス座アルファ星AとBだ。

ケンタウルス座アルファ星A、Bという兄弟星がある。さらに少なくとも惑星が1個あることが確認されており、それがプロキシマ・ケンタウリbだ。プロキシマ・ケンタウリbはハビタブルゾーン内ではあるが、生命を維持できるかどうかは不明だ。生命の進化を見守ってくれる磁場は存在するのか。地球の2000倍という強い「太陽」風に負けず、表面を覆う大気があるのか。

プロキシマbは親星であるプロキシマ・ケンタウリにとても近く、1年がたった11日しかない。それでも赤色矮星は太陽に比べると発する熱が格段に少ないので、生命にとっては近いほうが好都合だ。ただし磁場が弱かったり、断続的だったりすると厳しい。さらにプロキシマbは潮汐固定されているから、プロキシマ・ケンタウリにいつも同じ面を向けている。反対側はずっと夜のままだ。

赤色矮星は宇宙でいちばんありふれた星で、地味だが寿命はとてつもなく長く、あと数兆年は健在だ。宇宙そのものが誕生して約140億年だから、その100倍以上は生きることになる。赤色矮星が続く限り、惑星たちもハビタブルゾーンの恩恵に浴す

アルクビエレ・ドライブ方式の図解。
宇宙船の背後の空間を膨張させ、前方の空間を収縮させることで、光より速く進むという。

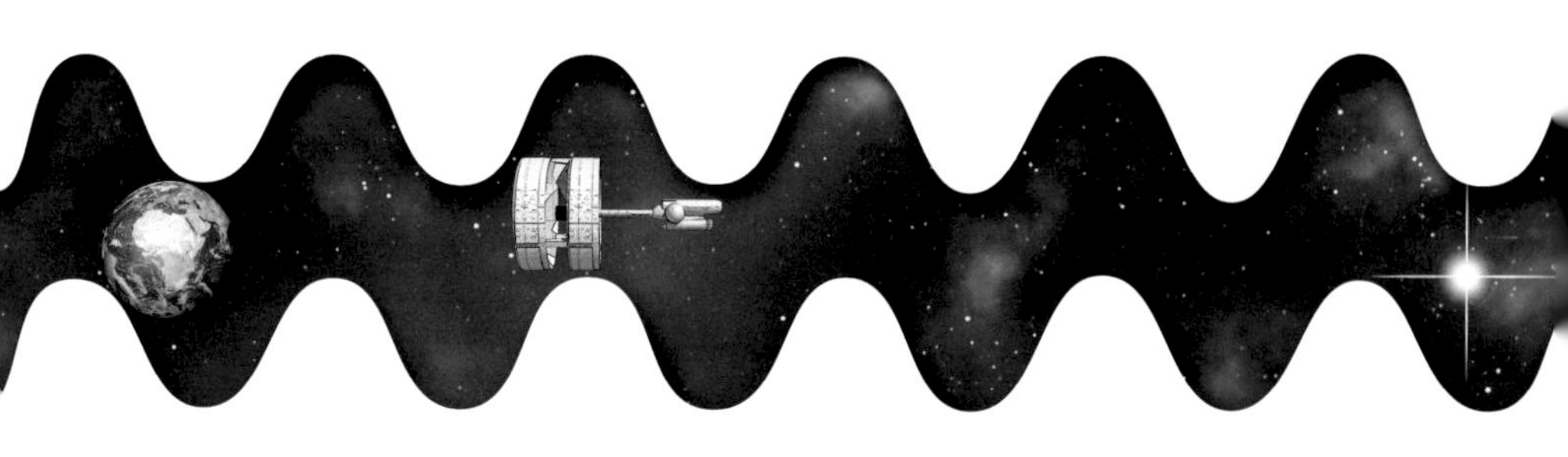

るだろう。そこに文明を築けば、何兆年という長きにわたって持続し、発展できるはずだ。

潮汐固定された星には、昼でも夜でもなく、常に「たそがれ」の一帯ができる。プロキシマｂで生命が活動できるとすれば、そんなトワイライトゾーンだけだ。先住の生命体だっているかもしれないし、私たちの子孫がとりあえず基地をつくるのもそこだろう。プロキシマｂの重力は地球より10パーセントほど大きいだけなので、さほど問題ない。軽めの負荷をかけて運動するようなものだ。

いちばん近い恒星といわず、もっと遠くに旅をするのなら、さらに高速の船がほしい。１００光年離れた所に、居住できそうな惑星が複数存在する惑星系が見つかったとしよう。光子を利用する帆船では、行くのに５００年かかる。宇宙の制限速度を突破できる船はできないものか。

メキシコ人の数理物理学者ミゲル・アルクビエレが、テレビドラマ《スタートレック》にヒントを得て構想したのは理論的に光速を超える方法、通称アルクビエレ・ドライブだ。うまくいけば、太陽からその恒星系までたった1年か、それ以下で行ける。でもちょっと待って。「光の速度を超えるべからず」は科学の絶対原則なのでは？　もちろんそうだが、アルクビエレの言い分はこうだ――船が動くのではなく、宇宙のほうが動くのだ。宇宙船それ自体は時空バブルのなかに閉じ込められており、いかなる物理法則にも反しない。ただしすさまじい量のエネルギーを要するなど、問題点もある。米国の物理学者ハロルド・ホワイトはそうした欠陥を修正して、光速を超える恒星間宇宙船は、少なくとも理論的には可能だと結論づけた。それでも私たちにはちんぷんかんぷんだ。

アルクビエレ・ドライブ方式の宇宙船はつまるところ重力波発生装置だ。宇宙船自体は静止しているように見えるが、前方の時空を圧縮させて波立たせ、後方では膨張させる。銀河を疾走するジェットスキーが、100光年をひとっ飛びするのだ。気がつけばはるかかなたの惑星系にいる。中心の恒星の名前をホクとしよう。その周りを岩と氷の巨大な惑星がいくつも公転しているのだ。新しいふるさとと呼べる惑星もある。今はまだ想像上の重力レンズ望遠鏡で半径100光年の範囲をくまなく観測して、これと思う恒星をあぶりだしたのだ。

ホクが従える惑星は7個。どれも水星と太陽の距離より近い。いちばん外の軌道を描くハウミアは、北半球・南半球ともに高緯度ほど緑が濃い。中緯度地帯は緑色が薄くなって、白く細長い雲が東西に伸びている。ハウミアはハビタブルゾーンのはずれに位置しており、緑の色彩に心惹かれるが、あいにくそれはメタンとアンモニアがつくり出したもので、森林ではない。距離はたった4300万キロメートルなのに、ホクはエネルギーが弱すぎてハウミアを十分に暖められないのだ。

右手に浮かぶのは、常に嵐が吹き荒れる巨大なガス惑星のタウヒリ。左手には黒い砂岩の地表に鉄のマグマが血管のように走るオロ。ここは恒星ホクのハビタブルゾーンのど真ん中だ。正面に青みがかった緑色の惑星が見えてきた。大きな大陸が二つある。これが惑星タンガロア。人類が演じる壮大な叙事詩は、ここが最終章の舞台となる。高度を下げるにつれて雲が散り、樹木と河川があり、なだらかな緑の丘陵が広がる地球のような風景が姿を現わした。生命の気配がなかったこの星を、人類が住めるよう整えるのに数百年かかった。今は地球と変わらないくらい空気もおいしい。集落もたくさんあるが、周囲の自然にすっかり溶けこんでいて、ほとんどそれとわからない。

壮大な旅

天の川銀河を渡る壮大な旅のなかでは、恒星ホクはインドネシアへ行くようなものだろう。さらに先にはもっとたくさんの島々がある。光より速い宇宙船が実現する夢の未来では、重力レンズ望遠鏡を使ってうんと遠くから地球を眺め、古代の様子を目の当たりにできるかもしれない。そのとき私たちは、未知の大海に漕ぎ出した名もなき祖先たちに初めて会えるのだ。

3

失われた生命都市

LOST CITY OF LIFE

だがこの海の美しい謎を誰も知らない。穏やかで崇高にたゆたうさまは、底に隠された魂について語っているようだ……この広い海の牧場、大きくうねる水の草原、四大陸の共同墓地で、波が立ってはおさまり、潮は満ち引きを繰りかえす。混ざりあった無数の色と影、おぼれた夢、夢遊と白日夢がここにある。私たちが生命や魂と呼ぶものすべてが、じっと横たわって夢を、夢を見る。ベッドで熟睡する者のように寝がえりを打ち、躍動する波は一瞬たりともじっとしていない。

ハーマン・メルビル『白鯨』

米国の画家エリュー・ベッダーが海の神秘を描いた「記憶」(1870)。

私たちが住む天の川銀河は、若いときは実に多産で、現在の30倍もの星々を爆発的に誕生させていた。今から90億年ほど前、年齢が数十億歳だった頃のことだ。

太陽が誕生したのはもっと後、それから50億年後のこと。そのおかげで私たちは存在している。先に生まれた重い星々が死に、重元素を後世に残したのだ。太陽と、太陽系の惑星や衛星が重元素を取り込んで誕生した。私たちの体も星々の残骸からできている。

生まれたばかりの星々を、ピンク色に輝く水素ガスが包み込む。重力の働きでガスから星々が生まれたのだ。星団の中で明るく輝く青白い星々が周りの塵（ちり）やガスを照らし、水素がピンク色に光る。そのような星団同士が集まり、より大きな星の集団、天の川銀河へと成長していった。

宇宙の中で銀河が生まれ、銀河の中で恒星が生まれる。

そんな恒星の一つが超新星爆発を起こし、その衝撃波がガスと塵の雲にぶつかる。衝撃を受けた雲の一部が収縮し、回転して瞬（また）く間に円盤ができる。円盤の中心が十分に高温高密度になると、核融合反応の強烈な光が発生する。太陽が生まれたのだ。

恒星が高速で噴出するエメラルド色の宇宙ジェットは、雨のように円盤に降り注ぐ。こうしてダイヤモンドやかんらん石といった、物語の主役でもある貴重な鉱物が周囲にもたらされる。

回転を続ける円盤の中にいくつもの同心円状の溝ができる。その一つで塵が集積して成長し、そこにガスが集まり大きさを増していき、やがて巨大な惑星となる。これが太陽系の中で最初にできた惑星、木星だ。

恒星の周りで惑星、衛星、彗星が生まれる。

3台の望遠鏡でとらえた散開星団NGC 602の合成画像。天の川銀河を周回する小マゼラン雲（SMC）にある若い星の集団で、地球からおよそ20万光年の距離にある。ガスや塵、星が少ない上に重元素も少なく、宇宙初期の星形成の環境に似ていると考えられている。

ほかの溝でも、自動車激突レースのように塵の衝突と合体が繰り返され小天体となる。これらはほかの小天体を集めて雪だるま式に成長し原始惑星となり、太陽を巡る軌道から残された小天体は姿を消す。こうした原始惑星やその衛星には、有機分子、つまり生命の材料が豊富に含まれている。先に死んだほかの恒星から受け継いだ重元素でできた分子だ。

生命の起源

恒星や惑星は自然の成り行きで出来上がったが、生命も同様にすんなりと誕生したのだろうか？　それを確かめるために、時計の針を大きく戻して、鉄分で真っ赤な海の底に思い切って飛び込むとしよう。

今から40億年以上前、地球がまだ若かったころのこと。高さ15〜30メートルの塔が林立する海中都市があった。海底にしっかり根を下ろした塔が、この高さになるまで何万年もかかっている。当時の地球に生命は存在していなかった。では、この海中摩天楼は誰がつくったのか？　答えは自然だ。母なる自然が、貝殻や真珠と同じ成分である二酸化炭素と炭酸カルシウムでこしらえた。

休むことなく大地が割れて、灼熱のマントルに冷たい海水が流れ込む。緑色のかんらん石をはじめ、さまざまな有機分子や鉱物が海水に溶け出す。海水の温度が上昇して激しく荒れ狂い、後に摩天楼となる炭酸塩の岩石の孔にも入り込んだ。孔の内部で有機分子や鉱物はどんどん濃くなり、孵化器のような役割を果たした。生命の最初の住まいは岩石だったといわれるゆえんだ。宇宙に比べるとほんの小さな私たちの地球で、鉱物と生命の関係はこうして始まった。

失われた生命都市か？　トゥファという多孔質の石灰岩の塔が立ち並ぶカリフォルニアの風景。1000 年ほど昔に湖が干上がり、湖底から姿を現わした。

水と二酸化炭素が化学反応を起こし、生命の材料となる有機分子ができるとき、水素とメタンも生成された。蛇紋岩（じゃもんがん）に見られる蛇のような紋様（もんよう）がその証拠だ。ほかの惑星で生命の手掛かりを探す研究者が「水をたどれ」と言うのは、水は生命にとって最も不可欠な物質だからだ。彼らは「岩をたどれ」とも言う。蛇紋岩ができる過程は、生命の出現を可能にする化学変化と密接に結びついているのだ。

だが始まりはどうだったのか？　科学はミケランジェロの「アダムの創造」に匹敵するような、劇的で美しい生命誕生の場面を描けるのか。生命の材料である有機分子は、海中の石塔に開いた微小な孔に入り込む。あなたや私の体も含めてすべての物質がそうだが、有機分子も原子でできている。有機分子の中で素早く動いているのが、陽子という光るエネルギーの点だ。

無生物である分子に生命を吹き込むにはエネルギーが必要だ。石塔に閉じ込められたアルカリ水と、海洋の酸性水が反応して発生したエネルギーで、自己複製できる分子が誕生したと考えられている。RNAやDNAの前身となる分子だ。石塔の孔の内壁には、ほかの分子がすき間なく並んだ。それが後に脂質となり、細胞膜を形成していく。

熱水作用でできた石塔は多孔質で、時間とともに崩壊していった。だがそこで生まれた複雑な分子は生き残り、地球最初の細胞となった。それが進化を遂げて、繁殖できる微生物になった。

生命の起源を説明する科学的な創造の物語として、この説はいちばん説得力がある。長らく分かれていた科学の4分野——生物学、化学、物理学、地質学——の大統一が求められる仮説だ。

シアノバクテリア

岩石の中で生命が誕生したという説は有力だが、生命は出現第一日から脱出の名人で、すぐにその場を離れて新しい世界の征服に乗り出した。大海原でさえ、生命をとどめておくことはできなかったのだ。

原始的な生命が現われたころの地球は、今とは完全に別世界だ。鉄分で真っ赤な海がほとんどを占め、空は青ではなく、黄色がかったオレンジ色でぼんやりしていた。月も現在よりもっと近くにあっ

米国のイエローストーン国立公園にあるグランド・プリズマティック・スプリング。深い空色をした中心部は水温65度で、生物はいない。周縁部は、ミネラル分が豊富な水のおかげでバクテリアが多重に繁殖してマットのような状態になっており、黄色やオレンジ色に染まっている。

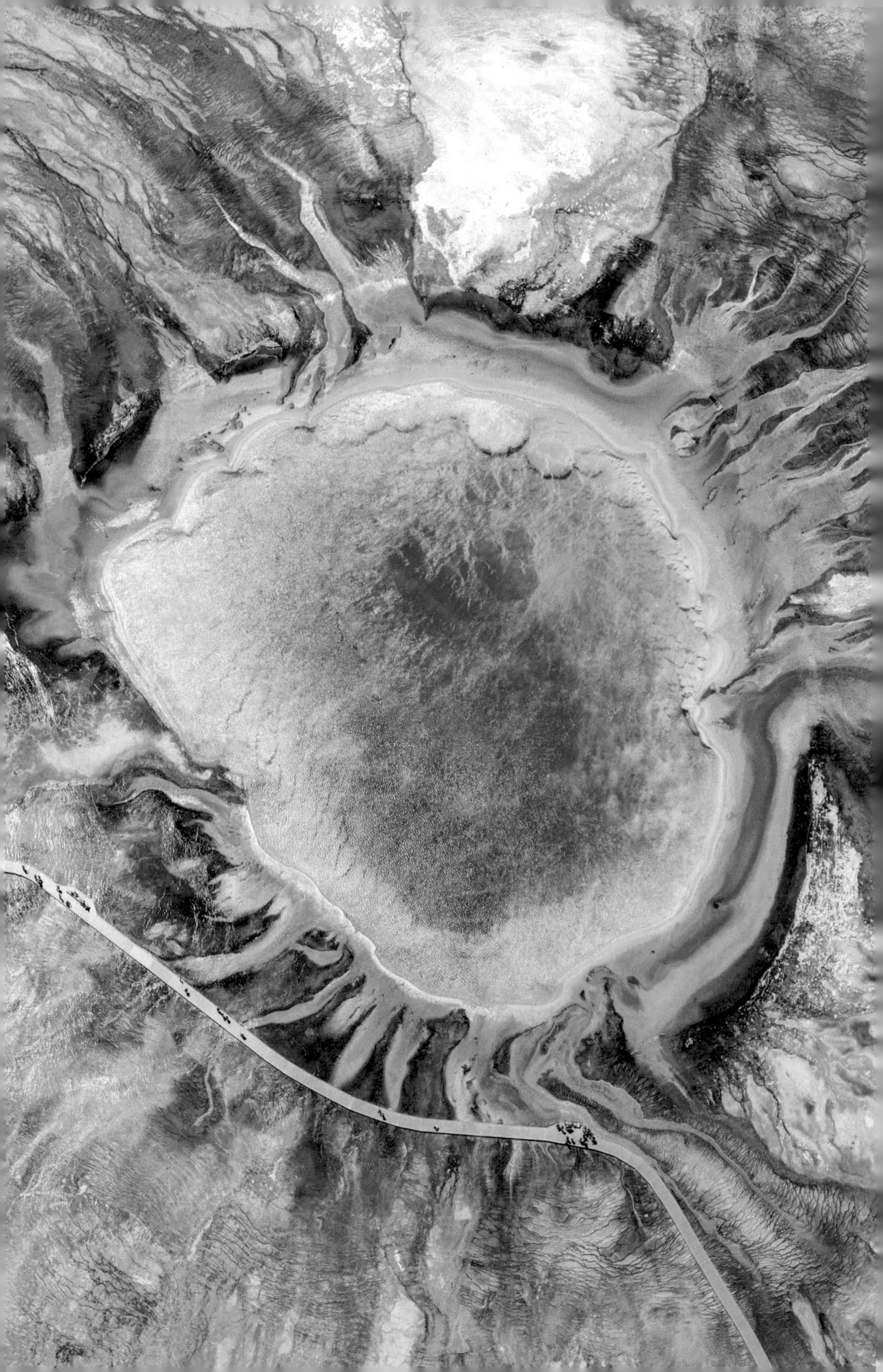

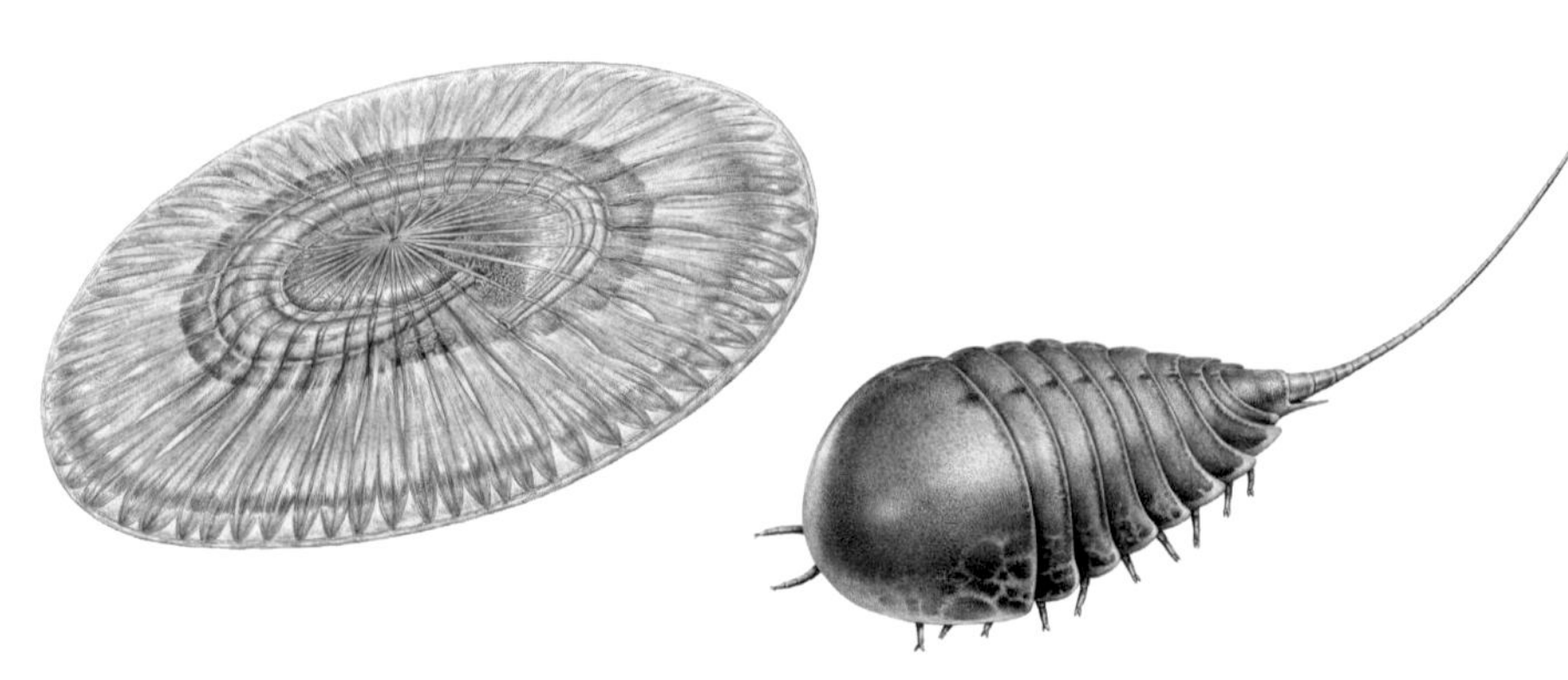

た。大気は炭化水素のスモッグで、呼吸できる酸素もなければ、酸素を呼吸する生き物もいなかった。陸地は火山でできたカルデラが広がるだけで生命の気配は無し。時折、火山が噴火する。そんな海と空と陸を変えていったのが生命だ。ただし生命の行動は、必ずしも自分最優先ではなかった。その結果、生命は危うく自滅しかけることになる。

地球の歴史上、特筆すべき大変動の時代を振り返るために、宇宙カレンダーをもう一度開いてみよう。宇宙が始まってから30億年ほどは、たいしたことは起こらなかった。3月15日に天の川銀河が形成され始め、60億年たった8月31日、太陽が華やかな表舞台に登場する。その後まもなく、木星や地球などの惑星も形づくられていった。それから約2週間後の9月15日、海底の岩の孔や割れ目でひそかに生命が誕生したと考えられる。さらに4週間後には、陸上でも海中でも火山活動が激しくなり、噴火が大陸をつくり始めた。

生命が意欲的に地球を形づくっていった過程は、まだ研究が始まったばかり。生命が地球を変えたと聞くと、緑豊

約5億年前のカンブリア爆発で出現した生き物の数々。
カナディアン・ロッキーのバージェス頁岩（けつがん）で見つかった化石から復元した。
左から右：三葉虫（Pagetia bootes）、ミクロミトラ（Micromitra burgessensis）、エルドニアの一種（Eldonia ludwigii）、節足動物（Molaria spinifera）。

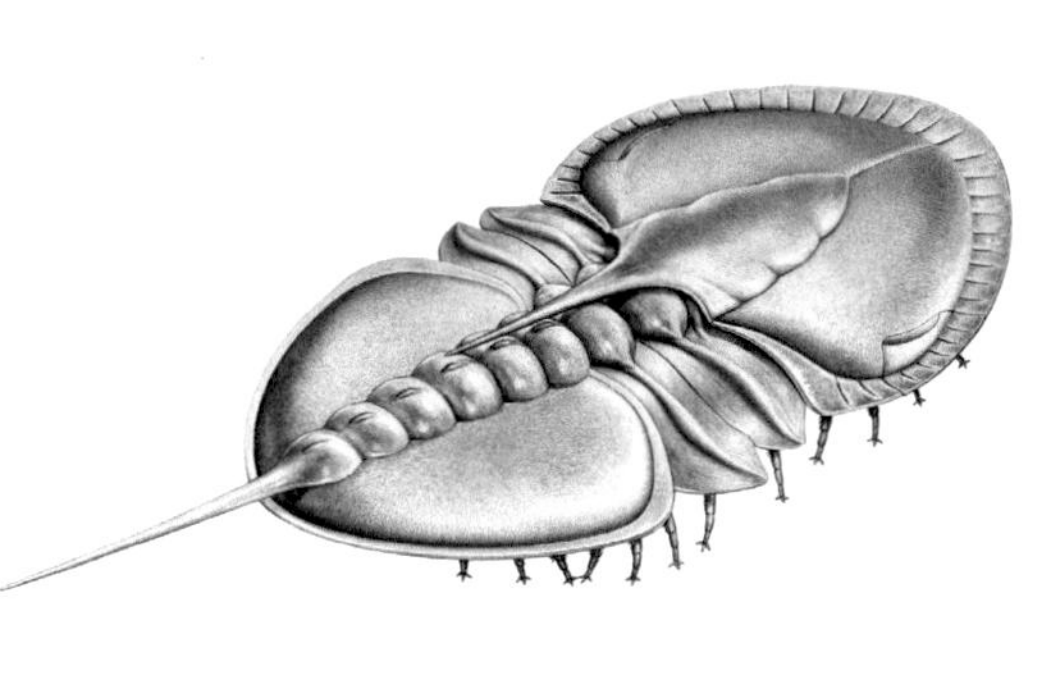
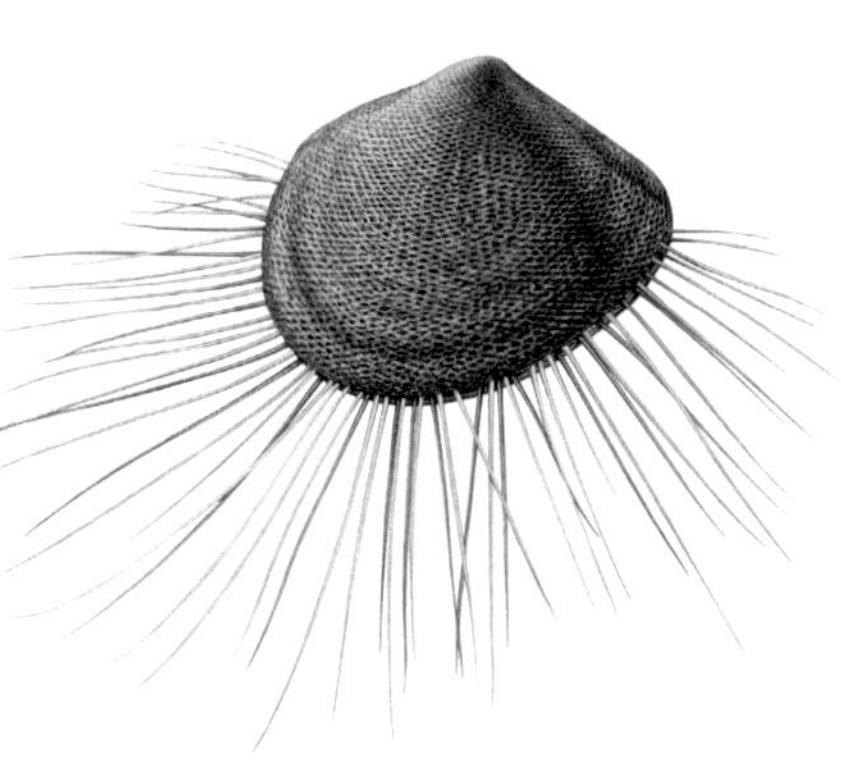

かな森林とか、大都市の発展を思い浮かべるが、もっと遠い昔から生命は地球のあり方を変質させていた。海底の岩石で生命が発生してから10億年後、現在に至るまで無敵を誇る生き物――シアノバクテリア――によって、生命は地球全体を左右する一大現象になった。

シアノバクテリアは藍藻(らんそう)とも呼ばれ、約27億年前からは淡水、海水、温泉、塩鉱などどんな場所でも生きていけるようになった。シアノバクテリアは錬金術師だ。私たちが科学と技術を総動員してもできないことをやってのける。日光から糖を生成し、光合成で自分の食べ物をつくり出す。

出現から4億年のあいだ、シアノバクテリアは大気中の二酸化炭素を取り込み、酸素を吐き出し続け、そのおかげで黄色だった空は青色になった。海と空を青くしたシアノバクテリアは、岩石にも入り込んでその性質を変えた。酸素は腐食性がある。シアノバクテリアが放出する酸素は地面をさびつかせて、鉱物にも魔法をかけた。地球上に存在する鉱物5000種類のうち3500種類は、地球が酸素で満たされた結果生まれたものだ。

地球はシアノバクテリアの惑星だった。およそらしからぬ微小な単細胞生物がこの星を支配して、行く先々で大混乱を引き起こし、風景や水や空を変えていたのである。それが23億年前、宇宙カレンダーでは10月下旬のことだった。

当時の地球には、ほかにも生き物がいた。シアノバクテリアよりも早くから活動していた嫌気性細菌だ。彼らにとって酸素は毒なのだが、シアノバクテリアはお構いなく酸素を放出した。嫌気性細菌をはじめ、地球にいたほぼすべての生き物にとっては世の終わりを意味する。嫌気性細菌は、堆積物に遮断されて酸素が届かない深い海底に逃げ込んで、かろうじて生き延びた。

少し前に出てきた蛇紋岩は、海底でひび割れて水素とメタンを放出した。メタンは強力な温室効果ガスで、地球の気温が下がらないように維持していた。しかし生命体がつくり出す酸素が、ここでも波乱を巻き起こす。酸素はメタンを飲み込み、二酸化炭素を放出した。二酸化炭素も温室効果ガスだが、力不足だ。つまり大気中の熱をため込む効果が弱い。こうして地球はどんどん冷え、緑は死んでいった。極冠（きょっかん）は低緯度地帯にまで拡大し、ついに地球は雪と氷の巨大な球体となった。シアノバクテリアは少しばかりやりすぎた。地球を支配していた生命体は、自らを絶滅寸前へと追いこんだのだ。今の生態系を振り回している生き物にとっても、他人事ではない話だろう。

カンブリア爆発

地球全体が雪と氷に覆われた最初の冬。それは今から22億年ほど前に訪れ、約2億年続いた。宇宙カレンダーでは11月2日から6日までである。その後大規模な火山活動が起きて氷を吹き飛ばし、溶岩が地表に流れ出した。脱出の名人である生命体は、地球を閉じ込めていた氷からまんまと逃げだす。氷は極地へと後退していった。

シアノバクテリアの死骸で地球全体の二酸化炭素量は増えていった。それが火山の噴火で大気中に供給されたことで、地球の気温は上昇し、氷が融けていったのだ。それから数十億年、生命体と岩石は複雑なダンスを踊りながら、地球を凍らせては融かすサイクルを繰り返した。

5億4000万年前——宇宙カレンダーの12月17日——、すてきなことが起こった。このころの地球は海も空も青く、二つの大陸と連なる島々ができていた。それまで細菌など単細胞生物ばかりだった生命体に足や歯が生え、目やえらができてきたのだ。進化の速度も上がって、生き物の多様性がぐっと広がった。カンブリア爆発である。よろいを着た三葉虫、殻に覆われているのにえらがある古中動物、頭がなくとげだらけのハルキゲニアなど、奇妙な生き物が地球にあふれかえった。

多様化が急速に進んだ要因は明らかではないが、有力な仮説はいくつかある。例えば、火山活動で海水に溶け込んだカルシウムを取り込んで、脊椎（せきつい）や殻を形成していったというのだ。こうして生命体は大型化し、いよいよ未知の領域へと踏み出した——陸上だ。

シアノバクテリアがつくった天蓋（てんがい）に守られて、生き物が多様化したという説もある。シアノバクテリアが大気中の酸素濃度を高めたおかげでオゾン層が形成され、太陽の紫外線の直撃が無くなった。それで生き物は海から上がり、陸で生活を始めたというものだ。それまで何十億年も、じりじりとはうことしかできなかった生き物が、ようやく泳いだり、走ったり、跳躍したり、空を舞ったりできるようになった。

あるいは、生き物同士が進化の軍拡競争を始めたのかもしれない。例えば巨大なエビのようなアノマロカリスは殻で身を守り、長いはさみで獲物の三葉虫をひっくり返し、弱い部分を攻撃するようになった。これが大当たりだったが、やがて三葉虫も守備戦術を獲得した。甲羅が縦横に細かく分割され、内側に丸くなると全身が甲羅で覆われるようになったのだ。攻撃を免れ、生き延びた三葉虫は多くの子孫を残したが、アノマロカリスは食べ物にありつけず絶滅した。

ウイルス説もある。ウイルスというと生命の大敵と思われがちだが、実際はそれほど極悪ではない。飛散するウイルスは、宿主から宿主へと移動しながら自らのＤＮＡを残していく。そのＤＮＡに助けられる形で、宿主が環境に適応していったかもしれない。

カンブリア紀に始まった空前絶後の生命の多様化では、こうした仮説がすべて実際に起きたのかもしれないし、まだ私たちの知らない要因があるのかもしれない。いずれにせよ、生命体はどんな制約も上手にすり抜けた。彼らを閉じ込めておける刑務所のような場所は、地球上には存在しない。そしてカンブリア爆発から数億年後、生命は地球からも飛び出すことになる。

ゴルトシュミット

生命の旅をさかのぼり、いちばん始めにまで行き着くには、異なる分野を統合する新しい科学が必要だった。それを切り開いた人物は、はからずも自身が脱出の名人だった。彼は執拗な殺人者に幾度も生命を脅かされながら、そのたびに冗談めかして軽々と危機をかわした。

彼の名はヴィクトール・モーリッツ・ゴルトシュミット。早くから才気にあふれていた彼は、試験も学位もすっ飛ばしてオスロ大学の研究職に採用された。1909年、21歳のときだ。3年後には、ノルウェーで最も権威あるフリチョフ・ナンセン賞を授与された。

ゴルトシュミットは、地球を一つのシステムとしてとらえた最初の科学者の1人だった。全体像をつかむには、物理学、化学、地質学のすべてを理解する必要がある。このころ元素の研究はまだ初期段階であり、周期表でウランより先の超ウラン元素はまだ発見されていなかった。

化学物質の性質と特性については、19世紀になって格段に理解が進んだ。化学物質の基本構成要素が元素であり、元素はそれ以上分割できない原子からできていることは、既に研究者の共通認識となっていた。異なる種類の原子はそれぞれ異なる化学的性質を有していて、ほかの原子と反応し、結合して分子をつくる。そうやって、この世界を構成するすべてのもの——大気、水、金属、鉱物、たんぱく質など——が出来上がる。水のように単純な分子もあるが、原子の数が何百万個という恐ろしく複雑なたんぱく質分子もある。それでもこの宇宙に存在するすべての物質は、結合の形や数が違うだけで、突き詰めれば数十種類の元素の組み合わせということになる。

1860年代、ロシアの化学者ドミトリ・メンデレーエフが元素同士の関係にパターンがありそうだと考えた。元素を原子量の小さい順に並べたところ、化学的性質（反応性や可燃性、毒性など）ごとに八つのグループに分けられることがわかった。これを表にすると、空欄がいくつもできる。そこには未発見の元素が入るはずだとメンデレーエフは予測し、一部については化学的特質まで予言してみせた。

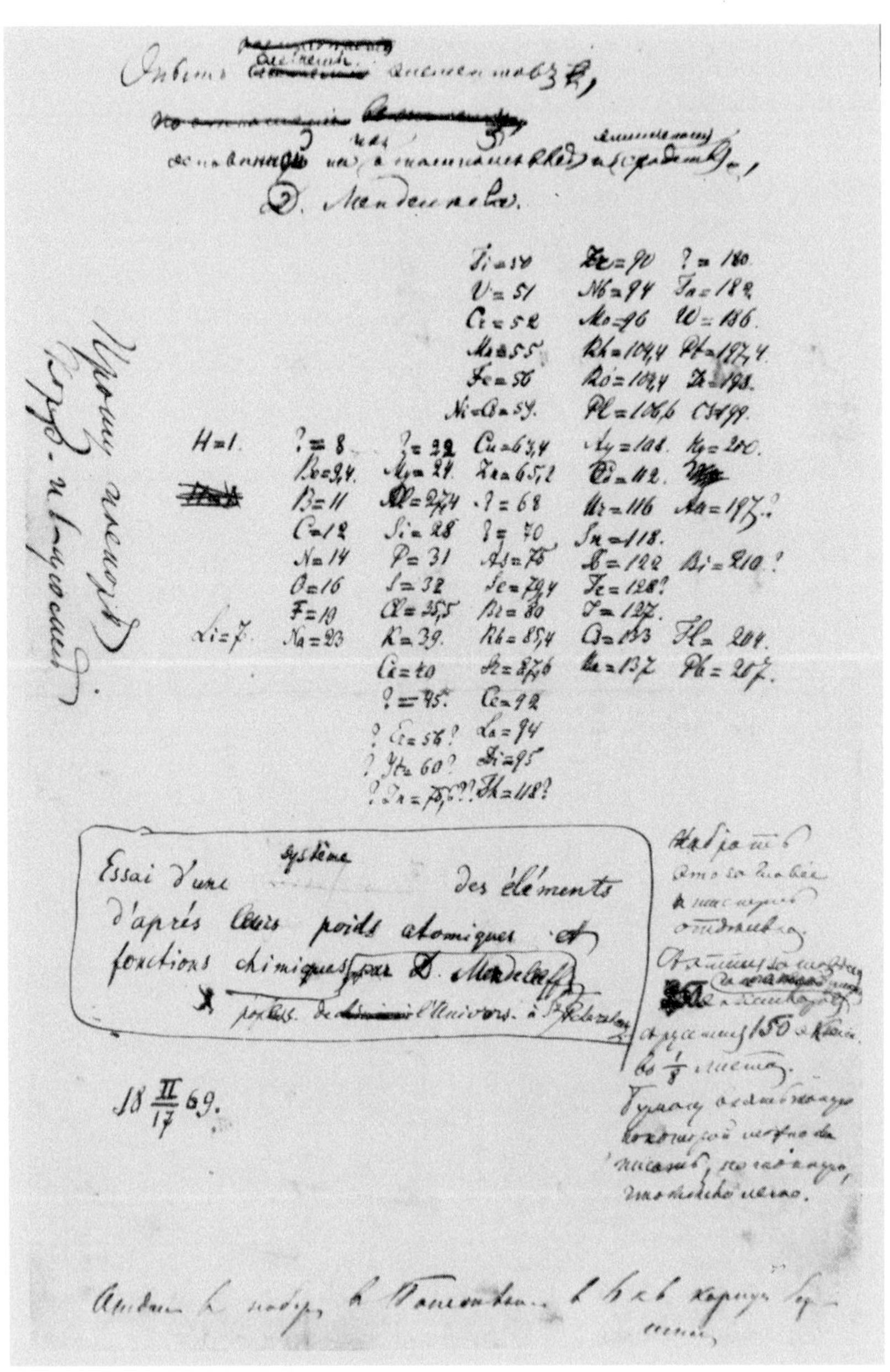

ドミトリ・メンデレーエフの 1869 年 2 月のノート。彼は生涯にわたって周期表の改良を続け、数々の予測を的中させて物質理解の枠組みを科学界に示した。

ゴルトシュミットはメンデレーエフによるこうした新しい知見をもとに、今日でも使われている独自の周期表を作成した。それは、教室や研究室の壁にかかっている古い周期表と交換することが目的ではない。結晶や複雑な鉱物が、基本的な元素からどう形成されていくのか。地球上の目を見張るような地質構造――ヒマラヤ山脈、ドーバー海峡の白い崖、グランドキャニオン――はどんなふうに出来上がるのか。その仕組みに光を当てるのが、ゴルトシュミットの周期表だった。彼は地球化学の基礎を見出し、物質が山脈へと変化していく過程を解き明かしてくれたのだ。

1929年、ゴルトシュミットはゲッティンゲン大学が彼のために新設した研究所に迎えられる。周囲も認めていたように、この時代の彼は最も幸せだった。1933年、アドルフ・ヒトラーが政権の座につくまでは。

ゴルトシュミットはユダヤ人だが、熱心なユダヤ教徒ではなかった。しかしヒトラーの出現で彼の立場は激変し、地元のユダヤ人社会と歩調を合わせるようになる。ヒトラーはすべての国民に数世代前までの家系を調べさせ、ユダヤ人の有無を報告させた。収容所送りになることを怖れ、ユダヤ人だった祖父の存在を隠そうとする者もいたが、ゴルトシュミットは先祖は全員ユダヤ人と調査票に堂々と記した。ヒトラーと、秘密警察ゲシュタポを創設したヘルマン・ゲーリングが面白かろうはずがない。1935年、2人はゴルトシュミットに個人的な書簡を送り、大学の職をただちに解任すると通告した。ゴルトシュミットはわずかな着替えだけを持ってノルウェーに戻った。

ゴルトシュミットはかんらん石の研究に力を注いだ。太陽系が誕生したときの超高温に耐えて今に残る美しい緑色の鉱物だ。その強さに魅せられたゴルトシュミットは、生命の誕生をおぜん立てしたのは

かんらん石ではないかと仮説を立てた。かんらん石は磨きをかければペリドットと呼ばれる宝石になるが、ゴルトシュミットは別の用途として炉や窯の内壁に使ってみた。のちには原子炉やロケットの耐熱素材としてうってつけであることが判明する。

かんらん石は宇宙全体に存在しているのではないだろうか。ゴルトシュミットのそんな疑問から、宇宙化学という新しい分野が始まる。だがそのころ彼の身に差し迫っていたのは、従来の化学のほうだった。ナチスドイツのノルウェー侵攻直前、ゴルトシュミットは青酸カリのカプセルを自作して、肌身離さず持っていた。ゲシュタポに踏み込まれたときに飲むつもりだったのだ。仲間の研究者に自分も欲しいと頼まれたゴルトシュミットはこう答えた。「この毒物は化学教授専用だ。きみは物理学者だからロープを使いたまえ」

ナチスは本当にやってきた。1942年のある真夜中、親衛隊が家の扉をたたく。ゴルトシュミットはポケットにカプセルをしのばせたまま、ベルクの収容所に入れられた。その後移送される予定だったアウシュビッツは「あまりお勧めできるところじゃない」という冗談を、彼は顔色ひとつ変えず友人に語った。

ゴルトシュミットは、青白くやせこけた千人のユダヤ人の1人として、港でそのときを待っていた。ドイツ軍兵士の一団が彼の方にやってくる。ゴルトシュミットはポケットに手を入れて、青いカプセル

かんらん石。生命の起源と化学的進化に重要な役割を果たした。

を確かめた。だが、これを飲むのは今ではない。彼はチャンスに賭けてみることにした。

ナチスにとって、科学者ゴルトシュミットは死なせるには惜しい人材だった。そこでドイツのために科学で奉仕することを条件に、収容所外で暮らすことを許可する。彼は科学知識を武器にひと芝居打ち、敵を翻弄（ほんろう）した。ありもしない鉱物が戦争遂行に不可欠な資源だと信じ込ませて、軍にその探索までさせたのだ。いつ嘘がばれてもおかしくないし、そうなったら死は免れなかった。

１９４２年末、いよいよゴルトシュミットが危険な状況にあると考えたレジスタンスの手引きで、夜陰に乗じてスウェーデンに出国した。ゴルトシュミットは終戦までスウェーデンと英国に滞在し、連合軍に協力した。身体が弱く、戦争の苦難で健康を害した彼は１９４７年に死去する。だが晩年には、地球の生命の起源につながると思われる複雑な有機分子について論文を書いている。論文に盛り込まれた概念は、今も生命の誕生を巡る共通理解を支えている。本人は知る由もないが、後の世代の地球化学研究者にとって、彼こそがこの分野の創始者なのだ。

遺体は火葬にして、生命の素として愛してやまなかったかんらん石の骨壺に収めてほしい。ゴルトシュミットの最後の望みはこれだけだった。

惑星保護方針

宇宙の中で銀河が生まれ、銀河の中で恒星が生まれ、恒星の周りで惑星が生まれる。宇宙の中には、失われた生命都市がほかに存在するのか？「夢の中で責任は始まる」――これはアイルランドの詩人

W・B・イェーツの言葉で、米国の作家デルモア・シュウォーツにも同名の短編がある。私の脳裏に響き続けているこの言葉は、天の川銀河に存在し得る世界を探究する夢にことさら当てはまる。

宇宙市民であるためには、相応の責務を果たさねばならない。私たちも宇宙空間に出ていく以上、訪れる星を汚さず、危険な異星人を知らずに連れて帰ることのないよう注意を払う必要がある。

スプートニク1号が打ち上げられた直後の1958年、カール・セーガンとノーベル賞学者のジョシュア・レーダーバーグは、惑星保全の基本原則を国際法にしてはどうかという議論を始めた。生命の起源の答えを見つけるための惑星探査の際に、地球物質による汚染を防ぐことが最大の目的だった。それと同時に、欧州が世界の大陸を征服していった悲劇的な歴史も意識していたに違いない。ほかの科学者たちは宇宙探査の実現で頭がいっぱいで、基本的な問題を軽視していた。それでも2人を支持する声は次第に強くなる。NASAが惑星保護方針の策定にようやく乗り出したのは2005年。だがその内容はあくまで探査ありきで、宇宙での探査活動が生命誕生の研究にどう影響するかという視点になっている。地球も含めて、惑星にいる生命の保護は二の次なのである。

NASAはこの条約で五つのカテゴリーを設定し、さらに追加や修正のためのサブカテゴリーも設けている。例えば地球の衛星である月は生命の気配が全く無く、「化学進化、すなわち生命の起源の理解に直接関わらない」ため、接近飛行、軌道周回、着陸とすべての探査が可能となる。これがカテゴリー1だ。

カテゴリー2は、生命起源の研究と「重大な関連」があるものの、汚染の危険が比較的低いのですべての探査が可能とされる惑星だ。金星は人間が到底生きられない環境であるため、このカテゴリーに入る。

カテゴリー5は、生命が脱出の名人であることを踏まえて、最も厳しい制約が課せられている。生命が生まれている可能性がある惑星、すなわちかつての生命都市が海底に存在するか、していた可能性がある惑星から、サンプルを持ち帰る探査が対象だ。

火星はカテゴリー5に属するが、さらに細かいサブカテゴリーもある。「地球上の生命が生存できる可能性がある天体については、そこを目標とする宇宙船は厳重な洗浄・殺菌を行ない、操作も大幅に制限する」というのがNASAの規定だ。だが火星に着陸してあちこち移動する無人探査機は、外に出て新しい居場所を見つけずにはいられない生命体をある意味象徴している。

NASAが打ち上げた木星探査機ジュノーは、数年にわたる観測を終えたところで死を迎える予定だ。木星の大気圏に突入したジュノーは摩擦で明るく輝き、火の玉と化して分厚い雲の中に消えていく。自己破壊させないのは、将来の探査を損ねるようなことが万が一でもあってはならないからだ。大気圏突入であれば、機体に付着した地球の微生物も、下降途中ですさまじい高温に焼き尽くされるだろう。木星本体はカテゴリー2だが、現時点で79個ある衛星に制限つきカテゴリー5が一つだけある。エウロパだ。太陽系でカテゴリー5指定は、エウロパを入れて3個しかない。ジュノーが誤って衝突したら大変なことになる。

地球と同じく木星にも磁場があり、電波望遠鏡を使えば確認できる。木星の磁場は地球よりはるかに強力で、体積では100万倍大きい。太陽風として飛んで来る荷電粒子は木星磁場に捕まり、地球と同様、北極や南極に流れて不気味に光るオーロラを発生させる。木星の太陽風はエウロパにも届き、ト

ラが爪でひっかいたような独特の地形の上空で激しく渦を巻く。

エウロパのような衛星から見ると、木星はひときわ大きく見える。ちっぽけな衛星たちが、惑星の王たる木星のすぐそばで暮らすといったいどうなるか。巨大な木星の重力にがっちり捕まっているエウロパは、40億年ものあいだ木星から顔をそむけることができない。さらに重力にひっぱられて皮膚も裂ける。リネアと呼ばれる傷口は長さ1450キロメートル、幅20キロメートルにもなり、隆起と沈降を絶えず繰りかえす。地面のきしみが聞こえてきそうだ。

重力によるこの拷問は、エウロパが木星から受ける重力の大きさが場所ごとに異なるために生じる潮汐作用が原因で、実はほかの衛星からも影響を受けている。エウロパが木星の軌道を一周するのに3日半かかるが、地表の最も厚い氷層はそのたびに30メートル隆起する。エウロパと太陽の距離は約8億キロメートルで地球の5倍だ。太陽の熱はなかなか届かないが、周期的な隆起のせいで内部は熱い。制限つきカテゴリー5に分類されている理由の一つがそれだ。大変動が続く表層の下には、地球の海の最深部より10倍も深い海が広がっている。

エウロパのリネアの一つから海に潜ってみよう。誰か泳いでいるだろうか。そうした探査も実は不可能ではなく、科学者たちがNASAに提案しているところだ。細い裂け目に飛び込んだ宇宙船が、青い氷の壁を何キロメートルも降りていき、しぶきをあげて大海に着水する。そして画像などのデータを地球に送るのだ。

木星の衛星エウロパの傷だらけの表面。NASAの木星探査機ガリレオが撮影した。
赤く強調してあるのがリネアと呼ばれる裂け目や隆起で、その下は広大な海になっている。

エンケラドスの海

太陽系で制限つきカテゴリー5に属する3番目の天体はどれでしょう?

答えは土星ではない。土星の帯状の雲に入ったが最後、地球の生命体が助かる見込みはない。だから土星はカテゴリー2になる。最上部の雲はアンモニアの氷でできており、その下が水蒸気だ。土星内部は熱く、遠く離れた太陽から受ける熱の2倍以上のエネルギーを放射している。

土星の衛星であるタイタンもカテゴリー2だ。そこに生命が存在して、私たちが接触する可能性は限りなくゼロに近い。こちらの想像を超越した生命体があれば別だが、それでも地球上の生命が彼らに危害を及ぼすことはないだろう。

だが土星には62個の衛星があり、そのなかの一つが制限つきカテゴリー5だ。それはこれまで見た衛星と大きく異なる。南半球全体から青い氷の粒子を噴出していて、それが土星のいちばん外側の環をつくっているのだ。この衛星を発見したのは、宇宙という大海の深い部分に初めて目を向けた人物だった。

ウィリアム・ハーシェルは1738年にドイツに生まれた。その後英国に移住し、音楽家・天文学者として活躍する。1781年には天王星を発見し、当時の君主ジョージ3世にちなんで「ジョージ」と命名することを提案したが、この名称は定着しなかった。それでも国王は大いに喜び、ウィンザー城からすぐのスラウという町に、当時世界最大の望遠鏡を設置してハーシェルに与えた。

ハーシェルの妹カロラインにとって、兄は人生の中心だった。故郷ハノーバーでじりじりと待っていたカロラインを、バースにいたハーシェルがようやく呼び寄せてくれた。最初は2人とも音楽家として活動していたが、後年はともに天文学者として名を上げることになる。英国政府から正式な地位を与えられ、報酬を支払われた最初の女性がカロラインだ。彼女は科学者として収入を得た世界初の女性でもある。10歳のとき発疹チフスにかかったせいで、身長は130センチメートルから伸びず、左目の視力も悪くなった。それでも彼女は、時代のさまざまな制約をはねのけながら精いっぱい生きた。

カロラインは天文学の重要な発見をいくつも行ない、研究成果を『星雲目録』として出版した――ただし筆者は兄ウィリアムになっていた。1802年のことだから、いたしかたない。ウィリアムの息子でカロラインの甥にあたるジョンも長じて天文学者となり、カタログを拡張していった。カタログはその後『ニュージェネラルカタログ』(NGC)と改題され、数多くの天体にNGC番号が割り振られている。

ウィリアム・ハーシェルは土星の新しい衛星を発見して、土星2号と呼んだ。(命名のセンスはなかったようだ。)父から命名権を与えられた息子のジョンは、ギリシャ神話で大地の女神ガイアと天の神ウラノスのあいだに生まれた巨人エンケラドスにちなんで名づけた。エンケラドスは世界の覇権を巡って女神アテナと戦って敗れている。3番目のカテゴリー5であるエンケラドスは、太陽系のなかでも反射率が抜群に高い。表面を覆う淡水の氷はなめらかで、クレーターが点在するだけだ。こうした詳細は、NASAのボイジャー2号の探査で判明した。

地球はどこもかしこも生命であふれかえっている。宇宙生物学の専門家でなくとも、見ればすぐにわかるはずだ。生命の出現で、地球は隅々まで変貌した。地球が制限つきカテゴリー5であることは、生

テレビ番組《コスモス》より、土星の衛星エンケラドスの海底探索の想像図。
鉱物が蓄積した巨大な石塔を宇宙船のライトが照らす。

命を尊重し、宇宙を目指す文明としては当然だろう。だがエンケラドスは秘密を奥底に抱え込んでいる。

エンケラドスの赤道から南では、氷と水蒸気が何百キロメートルもの高さで噴き出している。地球からの無人探査機が到達すれば、カメラを通じて私たちも見ることができるだろう。間欠泉のように湧き上がる氷と水蒸気は時速2000キロメートルにもなり、その圧力で地殻を割って宇宙空間に飛び出すのだ。それが土星のいちばん外側にあるE環をつくっている。エンケラドスの噴出物には窒素、アンモニア、メタンも含まれている。メタンのある所には、かんらん石があってもおかしくない。

エンケラドスは少なくとも1億年前

から今の状態だったし、今後90億年は氷と水蒸気を噴出し続けるだろう。その水はいったいどこから来るのか?

エンケラドスは岩石質の核を青い海が囲み、表面を氷が覆っている。南半球は氷が薄く、厚さが3キロメートルほどしかない。地下に広がる海を目指すならここからだろう。地下深くで衛星全体を覆う海、氷と水蒸気の噴出、表面の奇妙な雪――すべて現実の話である。カッシーニ探査機による複数の観測結果が、エンケラドスのありのままの姿を教えてくれる。

もし私たちが、エンケラドスの内部に潜ることができたら? 高温の霧を抜けた先に口を開ける真っ暗な割れ目は、内部の熱で発生した蒸気で満たされている。真空の宇宙空間に出た途端、水が蒸気に変わるのだ。さらに降下すると、大きなアーチ形を描く氷の天井が現われ、その下は海だ。海面は赤や緑の有機物の浮きカスで覆われているに違いない。

そんな浮きカスこそが生命の材料、有機分子だ。この海の中には、何があるのか? エンケラドスの海は、地球の海洋の10倍ほどの深さがある。海水を高性能の顕微鏡で観察したら、有機炭素や水素の分子が確認できるはず。これらの分子がふんだんに存在していれば、生命が見つかる期待が高まる。海底に生命都市だってあるかもしれない。エンケラドスの重力は地球よりずっと弱いので、摩天楼は高く伸びるが、海流が速くて折れてしまうかも。蛇紋岩やゴルトシュミットのかんらん石が存在して、生命が誕生する場所を提供してくれるだろうか。出現した生命体は十分定着できるだろうか。

私たちは、人間だけが物語の主人公だと思っている。宇宙の中心であり、最も重要な存在だと信じて疑わない。しかし人間もしょせんは地球化学の作用の副産物にすぎず、同じような現象は宇宙全体で起きているのだ。銀河の中で恒星が生まれ、恒星の周りで惑星が生まれる。そしておそらく惑星と衛星が生命をつくっている。

こんな話は興ざめだろうか。それとも生命の驚異がさらに増していく？

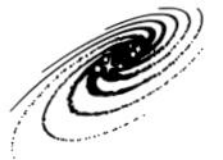

4

バビロフ

VAVILOV

ここではとびきり美しい娘たちが死刑執行人の妻になる名誉をかけて戦う。ここでは夜になると正しい者を拷問にかけ、屈しない者を飢えで弱らせる。

アンナ・アフマートバ

哲学には明日の良心、未来への働きかけ、希望の確信があってしかるべきだ。さもなければ知識もないに等しい。

エルンスト・ブロッホ『希望の原理』

小麦の新芽に光る朝露。

かつて栄華を誇ったあまたの文明が飢饉(ききん)に屈した。マヤ文明、エジプト古王国、13世紀に米国南西部に栄えた古代プエブロ文明……アフリカのキンシャサから北京まで、世界のあらゆる地域で人間は飢えに苦しんできた。

最初の人類は野宿の放浪生活で、食べ物は野草や野生の動物に頼っていた。そんな時代が20万年ほど続き、今から1万～1万2000年前に、私たちの祖先はあることに気づいた。採って食べる植物の中に小さな粒が隠れていて、それが育つとまた植物になる――「種(たね)」の発見だ。人類は運命を決する選択を迫られた。このまま小さな集団で放浪を続け、野生動物を追いかけ、森の恵みに頼るのか。それとも森に住み人間とは異なるものを食べているブタなどを家畜化するか。一つの場所にとどまって、小麦や大麦、豆、亜麻などを育ててもよいではないか。もちろん犠牲もある。労働はきつく、長期にわたるのに、見返りはすぐには得られない。それでも人間は未来を見越した生活を始めたのである。

もちろん、放浪から定住へと一気に切り替わったわけではなく、何世代ものあいだに少しずつ移行していった。現代の私たちには、狩猟・採集生活ははるか昔のことに思えるが、宇宙カレンダーで見れば25秒ほど前のこと。こうして約1万年前、人間は動物を家畜化し、作物の栽培を始めた。食料獲得の方法が大転換したことで、自然との関係も変わった。それまでは鳥やライオンや樹木と一つの家族だったのに、ほかの生き物と一線を画す存在と自らを位置づけるようになったのだ。

放浪者たちはついに腰を落ち着け、動物を飼育し、大量の食糧を貯蔵するようになった。栄養源を絶えず探し続ける必要がなくなり、ほかのことに時間を使うことが可能になった。建物をつくるにしても、一つの季節で終わりではなく、遠い未来を見越して長く使うことを想定した。出来の良いものは、1万

エジプト新王国（紀元前1539～同1075年）時代、ファラオの穀物計量官を務めたウンスの墓の壁画。
下から種まき、刈入れ、脱穀の様子。

年近くたった現在でも残っている。

飢饉

エリコの塔には世界最古の階段がある。どれぐらい古いかというと、エジプトのピラミッドより5000年も昔だ。あまりに古いので、地球がゆっくりと少しずつ飲み込む時間は十分にあった。かつては22段上って最上段に出れば、ヨルダン川とその周辺が一望できたはずだが、今は地中深くに埋まっている。

エリコの塔は侵略者から町を守るための監視塔だったのか。あるいは夜空の星にもっと近づくための手段？ いずれにせよ、建設にのべ1万1000の労働日数を要したという大工事は、農業が生み出す余剰食糧がなければ不可能だった。この塔に上れば、300世代にわたる人間の足跡をたどれる。放浪生活を終えるか終えないかという時代に、これほど持ちこたえる建造物をよくつくったものだ。一説には初期のテル・エッ・スルタン時代（新石器から旧約聖書の時代）に建てられたともいわれるが、多くは謎だ。

アナトリア平原のチャタル・ヒュユクと同様、エリコの塔をつくった人びとも死者の頭蓋骨を自宅居間の床下に埋葬し、いつでも取り出せるようにした。しっくいで生前の顔を復元し、貝殻の目を入れ、小石の入れ歯もはめる。いったい何のために？ 頭蓋骨は崇拝の対象なのか、芸術作品なのか、それとも「ここで死んだ祖先に守られているのだから、この土地は私のもの」という斬新な宣言なのか？ そ

1600年にペルーで起きたワイナプチナ火山の噴火は、地球の反対側のロシアに大飢饉を引き起こした。
ニコライ・カラムジン著『ロシア国家史』(1836年)全12巻の挿絵には、
飢えで自暴自棄になった人びとが描かれている。

の可能性があるということは、誰のものでもない場所がいくらでもあった時代から、既に土地所有の意識が芽生えていた証拠かもしれない。

エリコとチャタル・ヒュユクは、歴史のなかで同じ時代に繁栄した。だがエリコには、チャタル・ヒュユクにはない危険があった。小さな町に大勢の人間が暮らすと病気が蔓延(まんえん)しやすい。収穫や城壁も足かせとなる。新しい生活様式は、階級間の闘争や性差別を助長した。出土した骨や歯を分析すると、奴隷や身分が低い者には栄養不足が見て取れる。早くも格差が生まれていた。狩猟・採集生活では、食べ物の幅が植物や昆虫、鳥などの動物と広かったが、農業によって数種類の穀類が中心の炭水化物食に切り替わった。
日照りやイナゴの襲来、カビによる病害は、飢饉を引き起こす。ときには地球の反対側で起きた自然現象が原因となることもあり、そうなると防ぐ手立てはない。１６００年2月19日午後5時、ペルー南部でワイナプチナ火山が噴火した。記録に残る限り南米で最大級の噴火だ。火山から勢いよく吐き出された石、ガス、塵（ちり）は大気中に吹き上がった。対流圏、成層圏も過ぎて、ダークブルーというよりほとんど真っ黒な中間圏に達したところでようやく降下を始めた。大量の硫酸と火山灰は太陽光線を遮り、冬がやってきた――火山の冬だ。

ロシアは6世紀ぶりの猛烈な寒さとなり、それから2年間は夏でも夜は気温が零下になった。大飢饉が発生し、当時の人口の3分の1にあたる２００万人が死んだ。人びとは凍える顔にぼろ布を巻いて巨大な穴を掘り、死体を埋めたという。ツァーリ（君主）だったボリス・ゴドゥノフの治世は終焉（しゅうえん）を迎えた。すべては1万３０００キロメートル離れたペルーの火山のせいだった。「地球は一つの有機体である」という表現は、多くの人が感傷的な言葉のあやととらえるが、れっきとした科学的事実なのだ。

18世紀のインドでは、度重なる干ばつで飢饉が発生し、英国の植民地運営の不手際も手伝って１０００万人が死んだ。中国では19世紀に何度も起きた飢饉で1億人以上が死んだという。（最も近い銀河までの距離もそうだが、この数字も大きすぎて実感が湧かない。）19世紀のアイルランドで起きた大飢饉は、またしても英国の植民地運営が一因であり、１００万人が餓死し、２００万人が国外へ脱出した。ブラジルで１８７７年に起きた干ばつと疫病もすさまじく、一つの州では飢餓と、免疫力が低下した人がかかる日和見感染で人口が半分以下に減った。20世紀に入ってからも、エチオピア、ルワンダ、それにサハラ砂漠の南では大きな飢饉が頻発しており、死者の数はいまだ確定していない。記録に残っているだけでも、この2000年間に地球のどこかで必ず大量の餓死者が発生していた。近代科学は目覚ましく発展し、新たな発見や技術の進歩のおかげで、人びとの暮らしは完璧なものに近づきつつあった。ならば農業も科学の一分野となって、ニュートン力学の重力と同じぐらい確かな交配予測理論を確立できないだろうか。そうすれば干ばつや病気に負けない品種を生み出せるはずだ。

メンデル

作物でも家畜でも、丈夫な個体を選んでかけ合わせるとさらに強い個体が生まれる。この事実は1000年ほど前から知られており、人為選択と呼ばれている。ただし、強く好ましい形質がどのようにして次世代に受け継がれるかは、全く謎のままだった。生き物が自然選択で進化する仕組みをチャールズ・ダーウィンが解明したあとも、わからないままだったのだ。

1859年、ダーウィンが『種の起源』を出版して世界を新たな光で照らすと同時に激しい怒りを買ったそのころ。現在のチェコ共和国、ブリュンの聖トマス大修道院の司祭グレゴール・メンデルは科学教師を目指していた。しかし資格試験に2度も失敗し、代用教員にしかなれなかった。メンデルは職務の合間にエンドウマメの研究に取りかかる。異なる種類をかけ合わせながら数万株を栽培してはスケッチし、それぞれの背丈のほか、さやと種子と花の形状、色を細かく記録していったのだ。背丈の高いものと低いもの、豆が緑色のものと黄色のものをかけ合わせたらどうなるのか。それを正確に予測できる交

資格試験に落ちて代用教員をしていたグレゴール・メンデルは、
エンドウマメの交配実験によって遺伝の隠された暗号解読に道を開いた。

配法則を見出そうとしたのである。

緑豆の株と黄豆の株をかけ合わせても、黄豆しかできない。黄豆が緑豆をしのぐわけだが、それを表現する言葉はなかったのでメンデルが考案した。「顕性（優性）」である。さらにメンデルは、その次の世代で何が起こるか予測できた。黄豆の入ったさやが3個続いたら、4個目のさやは開くまでもなく緑豆なのだ。

エンドウマメは4株のうち1株は緑豆が実る。かけ合わせた次の世代でひょっこり出現するこの形質をメンデルは「潜性（劣性）」と名づけた。エンドウマメ自身が、特性を生み出す隠れた「因子」をもっている。ニュートンが重力を公式にしたように、メンデルは因子の働きを単純な式で表した。生命が次世代にメッセージを送る法則が見つかったのである。代用教員は全く新しい科学の分野を切り開いた。しかし世間がそのことに気づくのは35年もたってからだった。

エンドウマメの交配実験の論文は1本だけ。メンデルは、科学史最大の貢献者の1人という後世の評価を知ることなく世を去った。彼の業績は1900年に再発見された。英国の動物学者ウィリアム・ベイトソンが、動植物の新品種開発にメンデルの公式を活用している。メンデルのいう「因子」は遺伝子という別の名前を与えられ、ベイトソンはこの新しい分野を遺伝学と命名した。

ベイトソンは科学と自由は不可分という信念の持ち主で、サウスロンドンのマートンにあるジョン・インズ園芸学研究所にある自分の研究室には、ケンブリッジ大学ニューナム・カレッジ出身の女性研究者を数多く登用した。女性たちに混じって、ロシアから客員で来ている若い植物学者がいた。彼は飢饉のない世界、飢えで死ぬ者のいない世界を科学でつくりたいと夢見ていた。

バビロフ

ニコライ・イバノビッチ・バビロフ。1887年、貧困から抜け出す戦いに勝利した両親の下に生まれる。父親は成功した織物商人だった。一家はモスクワのお屋敷で、ロシア全土で起きていた干ばつと飢饉とは別世界の暮らしをしていた。だが窓の外では、飢えで自暴自棄になった人びとが凄惨(せいさん)な光景を繰り広げていた。4歳にして早熟だったニコライは、それを目の当たりにしたのかもしれない。その衝撃が彼の運命を決めた。

1891年は冬の訪れが早く、凶作だった。数百万人が飢えているのに、商人たちは儲け優先で穀物を海外に輸出する。皇帝アレクサンドル3世も腰が重く、苔や海藻、樹皮、殻皮を混ぜた粗末な「飢饉のパン」を配っただけだった。モスクワの広場で配給されるこの代物を、飢えた人びとが血相を変えて奪い合う光景を、幼いニコライは見ていた可能性がある。この冬だけで50万人が死んだが、コレラなどの日和見感染の犠牲者がほとんどだった。栄養不足で弱った身体は、病原菌に抵抗できなかったのだ。一方、貴族や金持ちは、南フランスから取り寄せた新鮮なイチゴに、英国産のこってりしたクロテッドクリームをかけて賞味していた。この冬の飢饉が26年後のロシア革命への長い導火線となったことは、多くの歴史家が認めるところだ。

バビロフ家の子どもたちはみんな科学に興味を示した。弟のセルゲイは著名な物理学者になり、妹のアレクサンドラは医者になった。もう1人の妹リディアは微生物学を専攻したものの、天然痘に倒れた。暴力に直面したときの兄と弟は対照的で、それを物語る少年時代の逸話がある。兄弟が決まりを破ったときのこと。怒った父親はこれみよがしにベルトをはずし、お仕置きをするから上階に来いと命じた。セルゲイは階段を上りながら、小さなクッションをズボンのお尻にちゃっかり詰めた。弟がお芝居で上げる絶叫を聞き、ニコライは3階の開いた窓のそばに飛んでいった。そして父親にこう言いはなったのだ。「それ以上近づいたら飛び降りてやる!」

そんなニコライも大人になった1911年。ロシアは世界最大の穀物輸出国でありながら、農業は時代遅れで、近代化への議論が巻き起こっていた。遺伝学という新しい領域で、食料生産の近代化を研究できるところはペトロフスキー農業大学しかない。植物学者への道を歩んでいたバビロフは、農家の実際的な経験と、何世代も受け継がれてきた知恵を軸に、科学の予測力で強化するべきだと考えた。形質の顕性・潜性は農民にはわからない。農業はルーレットみたいなもので、形質予測の勝敗は平均的なギャンブラー程度だった。

しかしメンデルの法則を使えば、勝率はもちろんのこと、どのポケットにボールが入るかまでわかる。メンデルが実験で得た知見を数学的に記述した瞬間、農業は科学になったのだ。世界の空腹を効率よく解消できるとしたら、科学的な方法しかない――バビロフの信念は揺るがなかった。ペトロフスキー農業大学時代の仲間が後年回想しているが、バビロフは昼食の席で、議論に熱が入るあまりデザートを先にたいらげたりしたという。またペットのトカゲが胸ポケットから出てきたのに気づかず、首を登りだしてやっと捕まえたこともあった。彼はあわてず騒がずトカゲをハンカチでそっと包み、ポケットにしまった。

ラマルク

バビロフが科学者として成長していたこの時期、教授たちの一部は18世紀の生物学者で勇敢な闘士だったジャン＝バティスト・ラマルクの理論に固執していた。どの人物を、どんな形で記憶にとどめるかという選択において、時に歴史は残酷だ。哀れラマルクは、10代のときの英雄的行為や生物学での重要な貢献よりも、誤った学説で有名になった。

1760年、ラマルクの父親が死んだとき、彼は馬を手に入れてフランスを駆け抜け、現在のドイツであるプロシアとの戦争に参じた。戦場での勇猛ぶりで名を上げたものの、仲間と悪ふざけをして大けがを負い、軍人の道は断たれた。モナコで療養中、ふと手に取ったのが植物学の本。進む道はこのとき決まった。

　生き物は明解な自然法則に従って進化する。この考えを早くから支持していたのがラマルクだった。彼は数千種類の動植物を命名・分類して、科学研究の対象に加えていった。また昆虫とクモは同じ分類とする従来の誤りに終止符を打ち、さらに「無脊椎動物」という名称を考案した。それ以前の神秘主義と、自然の神秘を排して科学に徹する態度のあいだに位置し、両者の橋渡しをしたラマルクこそ、科学史の殿堂入りにふさわしい。近年新たに評価されている部分もあるが、やはりラマルクといえば、かの有名な「獲得形質の遺伝」だろう——動植物が後天的に獲得した形質が子孫に伝わるというものだ。これに従うなら、キリンは高い木の葉っぱを食べるために首が伸び、その特徴が子孫に「継承」されたことになる。

　ラマルク、ダーウィン、メンデルは遺伝子の発見に至るまでの道筋をつけた。生命のメッセージや失敗を伝えるひそかな手段が遺伝子だ。バビロフは彼らの研究を土台に、小麦や米、ピーナツ、ジャガイモといった基本的な作物の未来が開けると夢見た。エリコの時代から人間を苦しめてきた飢饉をなくそうと、バビロフと師のベイトソンをはじめ、多くの研究者が最新の科学知識で解決策を探っていったのだ。彼らの手で、遺伝学という科学分野の礎が築かれた。

　１９１４年、第一次世界大戦が勃発する。バビロフと新婚の妻カティア・サハロバはロシアに帰国した。結婚早々、夫婦は離ればなれになる。謎の病気を解決するために、バビロフがペルシャ戦線に派遺されたからだ。そこでは兵士がふらついて奇妙な行動を取り、頭もぼんやりしてまともな思考ができなくなっていた。バビロフは、犯人はパン用小麦についたカビとにらんだ。問題を解決したバビロフは、銃弾が飛び交う戦場で現地の植物採集に励(はげ)んだ。トルコ軍が軽砲を従えて攻め込んできたとき、バビロフは薄いパラフィン紙に標本を挟み、丁寧に折って胸ポケットにしまった。これが後に、世界最大級の植物標本コレクションを構成するのだ。死ぬか生きるかのときにも、本来の目的を果たす沈着さと意志の強さ。これはバビロフが一生涯持ち続けた特質だった。ほかの者があわてふためいているのに、バビロフだけは超人然としていた。

１９１８年、カティアは息子オレグを産む。しかし結婚生活はまもなく終わりを迎えた。そのころ同僚に送った手紙には、人生の真の目的が熱く記されている。「私は心の底から科学を信じている。科学は私の人生そのものであり、生きる目的だ。ほんのかけらでも科学の成果を得られるなら、喜んで生命を投げ出そう」

ロシア参戦から１９１７年のロシア革命へと激動が続くなかでも、バビロフは全力を研究に注いでいた。革命を機に、金持ちの子弟だけでなく、誰でも教育が受けられるようになるとバビロフは考えた。科学者にだってなれるのだ。科学的才能が自由に活動して、自分の研究にも加わってくれたらありがたい。そのころバビロフは、近代の食料作物の系統をたどり、野生種だったころや、だだっ広い荒れた畑で初めて人為的に栽培されたころまでさかのぼりたいと考えていた。

１９２０年、サラトフで開かれた全国植物育種家会議で、バビロフは新たな自然法則を提唱して研究者としての地位を確立した。発表した論文「遺伝的変異の相同系列の法則」のなかで、種類が異なる

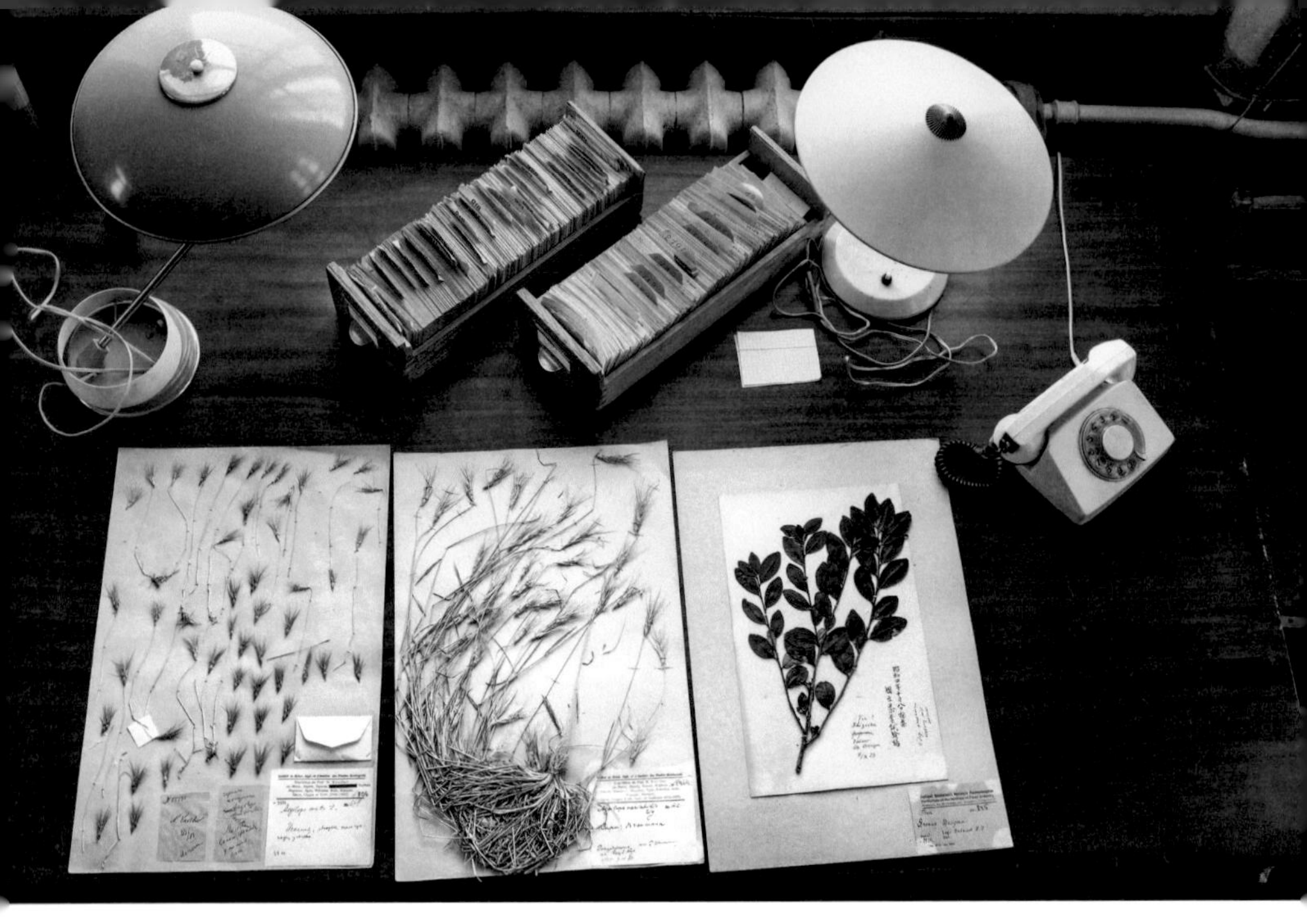

研究所に今も残る小麦の近縁野生種、学名エギロプス・オバタの標本。ニコライ・バビロフや仲間の植物学者たちが、種子や茎、葉を丁寧に保存し、分類した様子がうかがえる。

植物でも、同じ遺伝子は同じ機能を果たすと主張した。種類が全く異なる植物なのに、葉の形状が似ているのは、共通の祖先から受け継いだ同じ遺伝子をもっているからだ。進化を正しく理解し、植物の品種改良を科学的に進めるには、世界最古の農業国を訪ねる必要がある。そこでは、植物の共通の祖先がまだ生息しているかもしれない。

バビロフは生物多様性の重要さを最初に認識した1人だ。小さな苗にも、その種固有のメッセージが詰まっている。内容は種によって変わるが、使われている言葉は共通だ。その言葉が解読されるまで、まだ何十年とかかるだろう。生命に伝わる謎の古代文字をあまさず保存することが、未来への確実な道筋となる——そう考えたバビロフは、斬新な構想にたどり着いた。戦乱にも自然災害にも影響されない世界種子銀行だ。それは人びとの苦しみを科学で救う試みでもあった。食料植物の起源種が生きた標本として保存されていれば、そこに書かれた生命のメッセージを分析し、解読して、どう変化してきたか調べられる。そして今度は新しいメッセージを書き込んで、病気やカビや害虫に強く、日照りにも負けない種をつくり出せるはずだ。

こうしてバビロフは、世界を巡る植物ハンターになった。費用対効果が見込める有用な植物の原産地を訪ね、種子銀行のための標本を採集したのだ。五つの大陸すべてを訪れ、科学者が行ったことのない奥地まで足を運んだ。大河のデルタ地帯で農業が始まったという従来の説に、バビロフは疑問を抱いていた。デルタ地帯のように人の往来が多い所で、農業をやろうとするだろうか？　むしろ山あいのひっそりとした場所のほうが、略奪の心配もなくて農業に適しているのでは？

バビロフは研究の傍ら、ソ連全土に４００もの研究所を設立して、農家や労働者の子どもたちを科学者に養成した。そのなかにはバビロフの片腕となり、悲劇的な運命までともにした者もいた。

１９２６年、エチオピアを訪れたバビロフの調査隊は、首都アディスアベバで奥地に入る許可を待っていた。そこに舞い込んだのが、摂政で未来の皇帝ハイレ・セラシエ1世となるラス・タファリからの招待状だ。バビロフは2人きりの夕食の様子を日記に書いている。2人ともフランス語が話せるので通訳は必要なかった。ロシアと革命の状況を詳しく知りたがるラス・タファリに、バビロフはレーニンが死去し、ヨシフ・スターリンが政権の座に就いたことを教えた。さらに、20年前スターリンがトビリシで銀行強盗を働き、革命資金３００万ドルを奪って民衆の英雄扱いされたことも話した。ラス・タファリから国内を自由に移動する許可をもらったバビロフは早速、成果を上げた。あらゆる品種のコーヒー

の元祖となる木を発見したのだ。

調査隊がテケゼ川のほとりで野宿したときのこと。その夜はバビロフが不寝番だった。テントの中では、みんなぐっすり寝入っている。コーヒーで眠気を飛ばした彼は、ライフルを立てて身体を預け、ランタンのちらつく光のそばで日記を書いていた。ヒョウの鳴き声が聞こえても意に介さない。そのときテントの床全体が動いていることに気づいた。ほかの者も起きだして悲鳴をあげる。見るとばかでかい毒グモとサソリが何匹もはい回っていた。バビロフがとっさの機転でランタンをテントの外に出すと、侵入者たちも光を追いかけて出ていった。

サハラ砂漠を移動中には、乗っていた複葉機が墜落した。バビロフとパイロットはなんとか脱出したものの、たちまち腹をすかせたライオンに囲まれてしまった。2人は機体の残骸をライオンに投げつけ、救助が来るまで身を守ったという。

アフガニスタンの山岳地帯は地図も道路もなく、部族間の衝突など危険だらけだった。そこに現代のヨーロッパ人として初めて入ったのがバビロフだ。中国ではケシやショウノウ、サトウキビを、日本ではチャノキ、イネ、ダイコンを、朝鮮半島ではさまざまな種のダイズとイネを見つけている。スペインの産地ではエンバクを、ブラジルではパパイヤ、マンゴー、オレンジ、カカオを手に入れた。ジャワ島ではキナノキを、中南米ではアマランサス、サツマイモ、カシュー、ライマメ、トウモロコシを見つけている。こうして集めた種子は25万種類以上にもなった。

バビロフは1926年、新設されたレーニン賞の第一回受賞者に名を連ねた。その年カティアと離婚。その後、研究仲間のエレーナ・バルリナとの事実婚は死ぬまで続いた。科学者として、また命知らずの

ニコライ・バビロフは世界五大陸を巡って植物標本を採集した。

探検家としてバビロフの名声は高まるばかりだったが、本人はあくまで謙虚だった。「私は特別でも何でもない。すごいのは物理学者である弟のセルゲイだ」とよく話していたという。

だが、革命によって階級と重労働の牢獄から解放された若者のなかに、バビロフを破滅させ、ロシアの生物学を40年間荒廃させる男がいた。

ルイセンコ

1927年8月、共産党の機関紙プラウダに一つの記事が載った。アゼルバイジャンの29歳の農夫が育てたエンドウマメが、ロシアの冬に耐えて実ったことを称賛する内容だった。彼は科学者ではなく、ウクライナはポルタバの農家に生まれた根っからの農夫で、13歳まで読み書きもできなかった。彼の名はトロフィム・デニソビチ・ルイセンコ。「ハエの毛むくじゃらの脚」を顕微鏡で観察するのは時間の無駄だと思い、大学に進まなかったという。プラウダ紙は彼を「裸足の科学者」と持ち上げた。

一帯の生き物を殺し尽くす病害虫と同じで、ルイセンコも最初は地味で無害に思えた。だがルイセンコは、この世から飢餓をなくそうとするバビロフに容赦ない徹底攻撃を仕掛けたのだ。ルイセンコが引っ張り出してきたのは、「獲得形質は遺伝する」という歴史に埋もれていたラマルクの説だった。遺伝学は、食料作物の交配を繰り返すことで、厳しい冬や自然の脅威に強い新種をつくり出そうとしていたが、ラマルク主義者は即物的な手段を選んだ。エンドウマメや小麦を冷水に浸して、耐寒性をもたせようというのだ。こうした処理は春化（バーナリゼーション）と呼ばれる。この対策が本物なら、慢性的な食料

「われらの集団農場に僧侶とクラークの居場所なし」1930年のソビエトのポスター。
富農であるクラークは労働者階級の敵とされた。

В НАШЕМ КОЛХОЗЕ
НЕТ МЕСТА
ПОПАМ и КУЛАКАМ

不足は一気に解決する。史上最も深刻な飢饉の入り口に立っていたソ連にとって、冬場に新鮮なエンドウマメが食べられるというのはこの上ない魅力だった。科学への反発と、ペテンさながらの春化処理の採用。この二つはいわばソ連の自傷行為であり、食料自給能力は大幅に落ちた。そしてさらに、ソ連は目も当てられない傷を負うことになる。

ロシアの農奴は主人の許可なしに結婚もできなかった時代がおよそ70年続いたが、１８６１年、皇帝アレクサンドル2世による農奴解放令で自由を獲得した。そして、クラークと呼ばれる富農階級が誕生した。そして１９１７年のロシア革命。ウクライナのクラークと彼らに共鳴する市民から、共和国を打ち立てて独立する気運が高まる。だが5年間の激しい戦いで力尽き、ウクライナはソ連に取り込まれた。中央に歯向かう態度は、厳しく懲らしめないとよそに飛び火する恐れがあった。

ウクライナはソ連最大の穀倉地帯だ。スターリンは十分に時間を稼いでから、死の鉄拳を振り下ろした。１９２９年、クラークは生産性の高い農場から追放され、工場のような集団農場に送られた。表向きは農業の近代化が目標だったが、現実にはウクライナで大勢の人間の生命を奪い、苦難を背負わせただけだった。これは「飢饉による殺戮（さつりく）」という意味でホロドモールと呼ばれた。最初は知識人や政治活動家が標的だったが、やがてクラークという階級も消滅させるよう命令が下り、彼らの土地や収穫物、家畜が没収された。

ルイセンコにはこの悲劇がチャンスだった。オセロに耳打ちするイアーゴーのように、でっち上げのバビロフの不忠、科学界の危険性、そして自らの飢饉対策をスターリンに吹き込む。地位を求めてやまず、そのためには欺瞞（ぎまん）も追従（ついしょう）もいとわないルイセンコは、スターリンの妄想にぴたりとはまった。

そのころバビロフは本国の動向も知らず、中央アジアでエデンの園を探していた。リンゴの原種がこの地域にあることを発見したのだ。1932年にようやくレニングラードに戻ったが、そこは楽園とは似ても似つかない、飢饉に苦しむ都市だった。革命の高揚感はどこへやら、恐怖と絶望が漂い、道行く人もやせ細り、みすぼらしい姿だ。舗道に死人が転がっていても、誰も見向きもしなかった。

スターリン

バビロフの運命は、クレムリンでは既に方向が定まっていたのかもしれない。ただ決定打となったのは、因果の糸が絡み合って起きたささいな出来事だった。電車に乗り遅れたとか、新聞を買うのに少し手間取ったとか、ちょっとトイレに寄ったとか、その程度のことだ。

調査旅行から帰国したバビロフは、報告のためにクレムリンに出向いた。「やることが多すぎて時間が足りない」が口癖だった彼は、このときもクレムリンの廊下を大急ぎで歩いていた。手に持ったかばんも、訪れた国の農業事情をまとめた報告書や資料で膨れ上がっている。勢いよく角を曲がろうとしたとき、反対からも誰かがやってきた。正面衝突した2人は床にひっくり返り、かばんの書類も散乱した。バビロフの目に飛び込んできたのは、恐怖におびえきった相手の顔だった。それを見てしまった以上、長くは生きられない。バビロフは覚悟した。なぜなら相手はスターリンだったからだ。

バビロフは知る由もなかったが、独裁者スターリンは絶えず暗殺の恐怖におののいていた。ついにそのときが来たか——衝突の瞬間、スターリンの脳裏をそんな考えがよぎった。これまで数えきれないほ

ウクライナ、オデッサ近郊の集団農場で小麦の粒を計測するトロフィム・ルイセンコ（右）。ルイセンコは、種子を冷水に浸して耐寒性を持たせるという根拠のない「春化処理」を主張し、実践していた。

どの乱暴を働いてきたが、ついに自分がされる番になった。あのかばんには爆弾が仕込んであるに違いない。しかし相手はただの不器用な学者バビロフだった。それでもスターリンのむき出しの恐怖を目の当たりにしたとき、バビロフの運命は決まった。

衝突事件の直後からバビロフの様子が変わり、研究にいっそう拍車がかかったことは、友人たちも証言している。勢いを増すルイセンコとエセ科学のせいで、ソ連の穀物生産は打撃を受けていた。ロシアの冬を生き抜く小麦の品種を、一刻も早くつくる必要があったのだ。

パブロフスク研究拠点の実験農場。小麦と大麦が植えられた一画は、種類ごとに色分けされた標識がケシの花のように風に揺れていた。綿密な観察を続けるバビロフに、弟子のリリヤ・ロージナは当局の監視の目を盗んで進言した。遺伝学の実験はあきらめてください。ルイセンコが、飢饉の元凶はバビロフだと触れ回っています。

だがバビロフは意に介さなかった。何があっても研究は続けなくてはならない。急がなくては。時間を惜しんで働き、結果を正確に記録するのだ。尊敬するマイケル・ファラデーのように。もし自分がいなくなったら、きみが代わりに進めてくれ。大切なのは科学を正しくやり遂げること。飢饉は今だけでなく、将来また必ず起きる。それをなくす手段は科学しかない。

「でも同志、あなたは逮捕されますよ!」ロディナは食い下がる。

「ではなおのこと研究を急がなくては」それがバビロフの答えだった。

スターリンに引き立てられたルイセンコは、ソ連の最高指導部に食い込んでいく。共産党中央委員会の委員に選出され、スターリンの片腕として恐れられたビャチェスラフ・モロトフやラブレンチー・ベリヤと肩を並べるまでになった。反バビロフの根回しも怠らず、彼の非科学的なたわごとがソ連の農業を破壊し、スターリンの地位を危うくしていると中傷を繰り返した。バビロフを調査したKGBファイルをマーク・ポポフスキーが英訳したものがある。そこには、事実だけを頼みとする人間が民衆扇動者に対していかに無力であるかが克明に記されており、読むのもつらい。

バビロフは研究の進捗状況を報告するため、党の委員会に召喚された。バビロフは見るからにやつれ、落胆した様子だった。飢えに苦しむ国家を心強く励ます言葉を、用意できなかったからだ。バビロフは、自分の研究所の生化学者たちは、レンズマメとエンドウマメを含有タンパク質で識別することもまできないと述べた。はったりや空手形の気配はみじんもない、控えめながら正確無比な報告だ。

偉大な科学者が自ら公開処刑に出向いたのだ。ルイセンコの喜ぶまいことか。彼は席から立ち上がりもせず、こう言いはなった。「レンズマメとエンドウマメの違いなど、食べてみれば誰でもわかる」

演壇のバビロフは落ち着いていた。正しい主張はおのずと勝利するという科学のあり方を信じていたのだ。「同志、これは化学的に識別できないという意味です」

やつは万事休すだ。ルイセンコはとどめを刺すべく椅子から立ち上がり、芝居がかったしぐさで、大きな講堂の端から端まで見渡した。「食べてみればわかるものを、化学的に識別する意味がどこにあるのかね」満場の拍手が起こった。

扇動者の敵意は大きく実り、収穫のときを迎えていた。出席していた下級役人たちは、科学者にやり込められたり、難解な専門用語に戸惑ったりした経験がある。飢えと恐怖におびえていた彼らは、世界的に名を知られた研究者でかつ、鋼鉄の意志を持つ冒険家に一気に優越感を覚えてあざ笑った。

これ以上バビロフを相手にする必要はないと判断したルイセンコは、バビロフをただちに逮捕して、警察国家の餌食にするようスターリンに依頼する。だがこれほどの人物が消息を絶つと、必ず騒ぎになるとスターリンは二の足を踏んだ。勇敢で着想力のあるバビロフは科学界で尊敬されている。彼が国外に出られないならと、国際遺伝学会議の開催地をモスクワに変更しようとするほどだ。だめだ、まだ機は熟していない。そこでルイセンコは、スターリンが手を下すのを待たずしてバビロフを葬り去ることにした。舞台はレニングラードにあるバビロフの植物生産研究所だ。そこにはバビロフが収集した植物の種子が大量に保管されていた。

不屈の闘志

1939年のその日、ルイセンコの支持者と、数は減りつつあるが熱心なバビロフの擁護者で講堂はあふれんばかりだった。あらゆる種類の種子を冷水に浸せば、祖国の空腹は満たされるというおとぎ話をルイセンコが語れば、お追従の拍手が響き渡った。喝采が静まったところで、バビロフは立ち上がった。

話はそれだけですか――バビロフは真正面から切り込んだ。それのどこが科学なのか？　根拠は？ルイセンコの主張は、ある種の宗教のように頭から信じなくてはならないのか？

だがバビロフの支持者はほとんど残っていないではないか。ルイセンコは怒鳴るように言い返した。

「春化処理によって、冬の収穫量も莫大になる。みんなそう言っている！」

バビロフは1939年3月に自分の研究所で会議を開いて、ソ連の農業政策を現実に引き戻そうとした。それは自らに死刑宣告を下すようなものだったが、ソ連の農業政策を現実に引き戻すためには、誰かがやらねばならなかった。科学者は人民に対して神聖な義務を負っている。たとえ恐ろしい結末が待ち受けていようとも、その義務を果たすべきだ。会議は最初から最後まで、科学を守り抜こうとするバビロフの不屈の闘志がみなぎっていた。「火刑台に上げられ、火を放たれても、私は絶対に信念を曲げない！」

最悪の事態を見越していたバビロフは、研究員が火の粉をかぶらないよう、ほかの研究所に異動願を出すことを強く勧めた。そのために自分を悪者にしても構わない。しかし十数名が異動を拒否して研究所に残ることを選択した。彼らはこの先何があろうと、ここで種子標本の研究を続ける覚悟だった。

それからしばらくは何ごともなく、調査のためレニングラードを出る許可さえ降りた。心配は思い過ごしだったのか——そんな思いもよぎったに違いない。

しかし1940年8月5日の夜、バビロフがいたウクライナ西部の実験農場に1台の黒い車がやってきた。バビロフはモスクワに連行され、NKVD（内務人民委員部）秘密警察のルビヤンカ刑務所の中でも、奥まった区域に収容された。

最初のうちバビロフは、科学的な見解の相違だけで罪は犯していないと主張した。だが国家保安委員会のベテラン将校アレクサンドル・グリゴリエビチ・フバートは、こういう頑固な容疑者の扱いには長けていた。まずは10時間、12時間ぶっ通しの尋問だ。夜中にベッドからたたき起こすのも当たり前だった。拷問もあったと思われる。両足が腫れて歩けず、引きずられて監房に戻ったバビロフは、床に倒れたまま動けなかった。400回以上、1700時間に及ぶ尋問で、ついにバビロフは力尽きて供述書に署名した。逮捕から1年後、銃殺刑が宣告された。

1941年秋、モスクワのブトイルカ刑務所の死刑囚棟。バビロフは独房で執行を待つ日々だった。その年の冬、独房の扉がついに開いて看守に引き出された。ところが処刑は行なわれない。ドイツ軍機甲部隊がモスクワに迫っているので退避するというのだ。ヒトラーはスターリンと結んだ不可侵条約を反故にして、戦車を含む大軍勢でソ連侵攻を開始していた。ドイツ軍がモスクワの手前まで接近するころ、バビロフたち囚人はさらに内陸へ移送されていた。

モスクワの空は黒い煙に覆われ、ドイツ軍機の巨大編隊が市街地に影を落とす。爆撃の音は鳴りやむことがない。ただそれでも、史上最大の激烈な市街戦となったレニングラード包囲戦に比べれば何ほどでもなかった。バビロフの植物生産研究所は中心部の聖イサアク広場にあり、爆風に備えて窓はすべて板で覆われていた。暗くて寒く、天井からほこりが舞い降りてくるような建物に、農業が始まってから1万年ものあいだ、遺伝子を受け継ぎながら人類の生命を支えてきた世界中の植物の種子が保存されていた。その計り知れない価値を知っていたのは、スターリンではなくヒトラーだった。

この建物の地下に、バビロフの忠実な研究員が集合した。ゲオルグ・クリエル、アレクサンドル・シチューキン、ディミトリ・イワノフ、リリヤ・ロージナ、G・コバレスキー、アブラハム・カメラズ、A・マリギナ、オルガ・ボスクレセンスカヤ、エレナ・キルプだ。彼らは寒さに震えながら、バビロフは自分たちにどうしてほしいだろうと考えた。バビロフの生死はわからないが、彼ならどうしただろう。それは研究を続けることだ。バビロフが尊敬してやまないマイケル・ファラデーのように。包囲戦が長引けば市民は飢える。この研究所には食用の標本がたくさん保管されているのだ。世界が正気を取り戻すまで、種子を最後のひと粒まで守り抜く手段を考えなくては。

1941年のクリスマス、ドイツ軍によるレニングラード包囲は既に100日を超え、餓死者は4000人に上っていた。気温は零下40度で、都市基盤は崩壊している。もう時間の問題だとヒトラーは思ったに違いない。この状態で長く持ちこたえられる都市などない。

ヒトラーは祝勝会の招待状を印刷し、晩餐のメニューまで考えていた。会場は聖イサアク広場に面したレニングラード随一のアストリアホテルと決め、広場は標的にしないよう爆撃機のパイロットに指令を出していたのだ。レニングラードにはエルミタージュ美術館があり、ミケランジェロやレオナルド・ダ・ビンチ、ラファエロなど古今の名画を所蔵している。それを案じたスターリンは人員を投入し、作品を鉄道で避難させたのだ。バビロフの種子標本はスターリンに見向きもされなかったのだが、ヒトラーが欲しかったのはむしろそちらだった。パリのルーブル美術館を手中に収めているから、絵画はもう十分。それよりバビロフの財宝の方が、はるかに価値が高いと考えたのである。

何カ月にも及ぶ作業で、研究員たちは、日に日にやせ細り、寒さで青ざめていった。それでも大きなテーブルに集まっては、ろうそくの光を頼りに、白い息を吐きながら種子や木の実、米を分類し、目録を作成していく。

ヒトラーは、生きた財産である種子標本を押収し、第三帝国で利用することを見据えて親衛隊に特別部隊まで編成していた。引き綱を放たれるのを待ち構えるドーベルマンのように、部隊はいつでも出動できるよう待機している。一方、研究員は1日にパンを2切れという乏しい配給に耐え、仕事を続けていた。

ある意味、研究員にとって町の外側を固めるドイツ軍は脅威ではなかった。ある日、種子を入れた皿がずらりと並ぶ作業台にネズミの一群が上がってきた。研究員たちはぎょっとしたが、すぐに金属の棒を振り回して追い払おうとした。エレナ・キルプは部屋を飛び出し、自動小銃を持ってきてネズミに発射した。整然と分類されていた種子や木の実や米が、作業台の上で無残に散らばる。作業は一からやり直しだった。バビロフがいてくれたら……。彼の不在が重くのしかかる。同志よ、バビロフはもうこの世にいない。つらいけど受けいれなくては。研究員たちはそう言ってお互いを励ました。

だがバビロフは生きていた――かろうじてだが。サラトフの刑務所に移送されていて、1942年のクリスマスもどうにか迎えることができたが、骨と皮ばかりになって、壊血病にもかかっていた。このころ、狭い独房で残る力を振り絞って嘆願書を書いている。「私は54歳で、植物交配の分野では豊富な経験と知識を有しております。国のために尽くすことができれば幸せに存じます……たとえ初歩的なものであっても、自分の専門分野で仕事をさせていただきたい。ぜひともお願いします」

だが回答はなかった。飢饉と飢えをなくそうと誰よりも尽力した男に対して、国家は銃殺ではなく、もっと残酷な運命を用意していた。バビロフは意図的に時間をかけて餓死させられたのである。

スヴァールバル世界種子貯蔵庫

1943年のクリスマスが来た。特殊部隊にはまだ攻撃命令が下りない。土のうを積み上げ、大砲を乗せた陣地で待機が続いていた。

レニングラード市民は包囲の中で3度クリスマスを迎えた。市民の3人に1人、80万人が既に餓死していたが、それでも容赦ないドイツ軍の攻撃に懸命に耐えていた。バビロフの研究所では、1日パン2切れの乏しい配給もとっくに途絶えていた。凍えるほど寒い暗い建物の中で、研究員たちは作業台の前で次々と息絶えていった。気高い彼らは、大量に保存されていたピーナツ、エンバク、エンドウマメの標本には一切手を付けなかった。全員が餓死したけれども、残った標本はすべてが完璧に分類され、記録されていた。

スヴァールバル世界種子貯蔵庫。
オーロラの下に広がる北極圏の青一色の世界で、入口だけが明るく光る。

バビロフの宿敵トロフィム・ルイセンコはどうなったのか？　彼はその後20年間、ソ連の農業と生物学の発展をはばむ足かせとなった。しかし１９６７年、ロシアにまたも大飢饉が起きたのをきっかけに、著名な科学者3名がルイセンコのエセ科学とその他の罪を公に非難した。

スターリンが死去し、ルイセンコが国に与えた損失が認識されるにつれて、バビロフの名がようやく話題に上るようになった。植物生産研究所はバビロフの名前が冠され、現在も活動を続けている。一方、最近のロシアの世論調査で最も偉大な人物を尋ねたところ、ウラジーミル・プーチンをわずかな差で抑えてスターリンが1位になった。

２００８年、ノルウェーとスウェー

デン、フィンランド、デンマーク、アイスランドが共同でスヴァールバル世界種子貯蔵庫を開設した。バビロフの種子標本の現代版である。場所はノルウェーと北極のあいだに浮かぶ島で、かつては石炭採掘が行なわれていた。現在この貯蔵庫には100万種近い種子が保存されている。ただ最近になって、気候変動で永久凍土層が急速に融ける危険があることがわかり、ノルウェー政府は地下貯蔵庫の断熱強化など対応に追われている。

バビロフの研究所では、標本をひと粒でも口にする者はいなかった。2年以上ものあいだ、レニングラード市民が餓えて死んでいても、保管している種子や木の実、種芋を提供することもなかった。いったいなぜ？

今日あなたは食事をした？　答えが「はい」なら、研究者たちが生命と引き換えに守り抜いた種子の子孫を口にした可能性が高い。

私たちにとって、未来は現実であり、かけがえのないもの。それはバビロフや研究員も同じだったのだ。

5

宇宙のコネクトーム

THE COSMIC CONNECTOME

頭脳は——空より広い——
だから——二つ並べれば——
そこに空が入ってしまう
いとも簡単に——あなたまでも

頭脳は海より深い——
だから——青い中に——二つ浸せば——
海は吸い込まれる——
スポンジが——バケツの水を——吸い込むように

頭脳はちょうど神と同じ重さ
だから——ひと刻みずつ——計ってみれば
たとえ違うとしても——それは——
音節と音ぐらいのもの——

エミリー・ディキンソン

脳内全体と脊髄(せきずい)に信号を送る神経線維。脳の白質に集まる神経線維を色分けして上から見たところ。
ヒト・コネクトーム・プロジェクトから生まれた斬新な画像だ。

宇宙は理解し得るものなのか?

私たちの脳は、複雑で卓越したこの宇宙のすべてを理解することができるのか? その答えはまだわからない。なぜなら脳自体が、宇宙に負けず劣らず謎だらけだからだ。脳内に存在する処理ユニットは、銀河1000個分の星の数にも匹敵するという――100兆個以上だ。いや、その10倍の可能性もある。

この文章を書いている私の脳内では、処理ユニットがパニックを起こしている。私がいるのは、ロサンゼルスにあるシダーズ=サイナイ医療センターの神経科集中治療室。1週間前、息子のサムがここに運び込まれたのだ。サムと私は、テレビの制作プロダクションでほかのスタッフとともに《コスモスいくつもの世界》の編集作業をやっていた。突然サムが立ち上がり、頭が痛くて吐き気がすると言いだした。すぐに病院に連れて行かなくては。そう思ったのは母親の直感だ。お昼に食べたものが悪かったとか、そういう話ではない。

シダーズ=サイナイの救急処置室では、スタッフがただちに脳出血と判断した。そのとき初めてわかったのだが、27歳のサムは脳動静脈奇形(AVM)だった――脳の動脈と静脈が血管の塊で直接つながる先天性疾患だ。ここで出血が起こると、行き場を失った大量の血液が脳に圧力をかけ、損傷させる。血液を吸い上げて排出させるための管が2本、脳に挿入された。これを接続するのは重りと天秤、それに金物屋で売っていそうな1メートルほどの水準器入り定規で、古代ギリシャのアルキメデスを連想させた。これで重力を利用した血液排出を行なう。脳内の圧力が上がりすぎると警告音が鳴って、ただちに調整が行なわれる。けれども根本的な問題は解決していない。いつまた破裂するかもわからないAVMは、どうやって取り除くのか?

脳内の電気活動を観察する最新型の脳波計(EEG)。

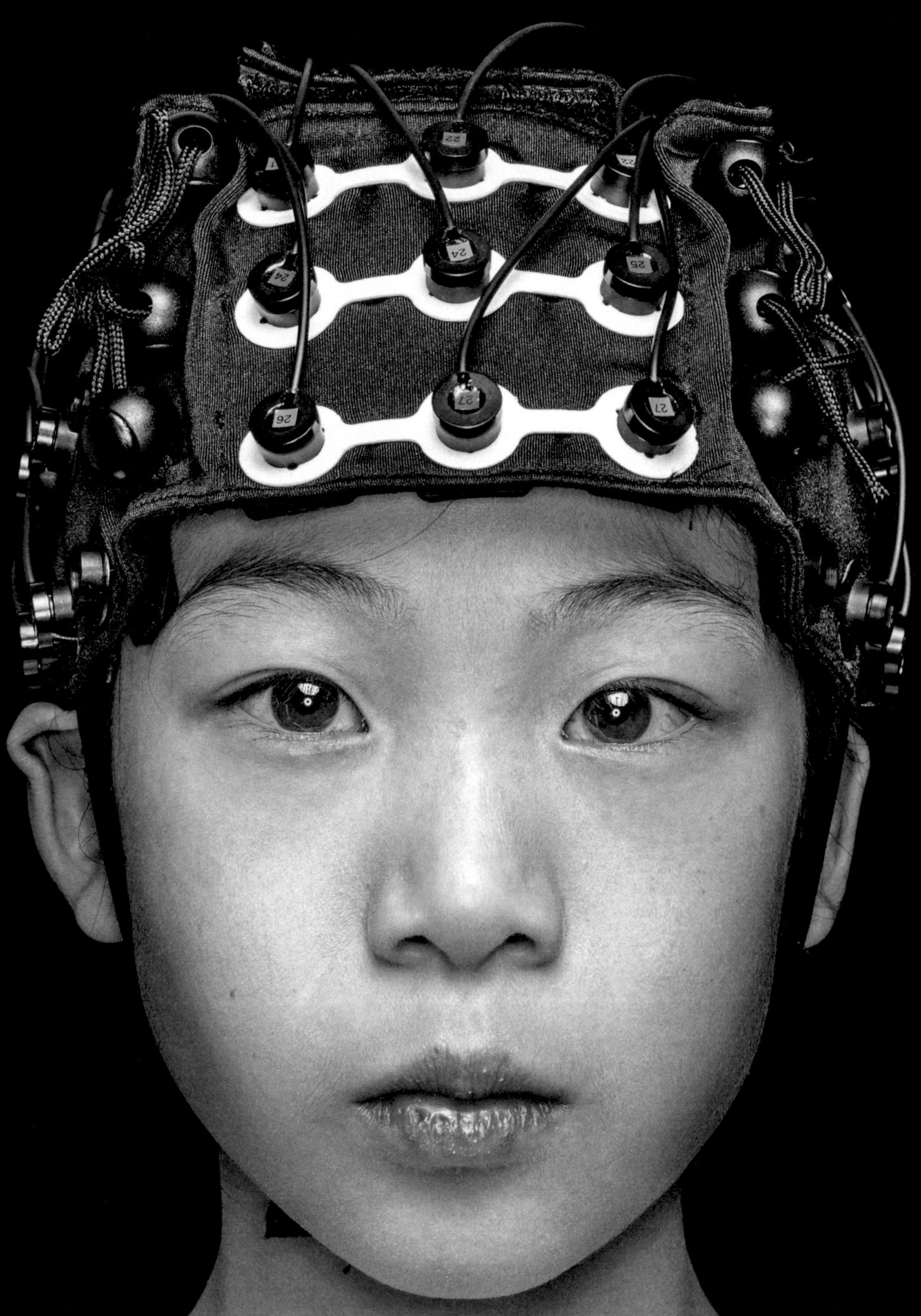

ここで登場したのが、穏やかな話しぶりの神経放射線医ネスター・ゴンザレスだ。造影剤を使ったエックス線写真から患部の静脈と動脈を詳しく調べ、血管塞栓術を実施するのがゴンザレスの提案だった。血管造影にもリスクはあるが、塞栓術はもっと危険だった。血管内にガイドワイヤーを通し、先端に付けた小さなコイルや薬剤でAVMを固めてしまう方法だが、わずかな狂いも許されない繊細な手術だ。もちろん脳が傷ついたり、生命を失ったりすることも考えられる。サムは私の目を見て、最悪の事態にも耐えられるかと尋ねた。私たちはお互いいつも正直であるよう努めてきた。だからこのときも、私はこう答えるしかなかった――わからない。

それから数日間、サムと私、それにゴンザレス医師は話し合いを重ねた。仕事は何かと尋ねられ、サムが《コスモス》のアソシエート・プロデューサーだと答えた途端、平静なゴンザレス医師の顔色が変わった。「すみません、つながりがよくわからなくて。カール・セーガンとご関係があるんですか?」

「末の息子です」サムは答えた。

ゴンザレスは明らかに興奮していた。「私がここにいるのは彼のおかげですよ! カール・セーガンのテレビを見て科学の道に進もうと思ったんです。でもコロンビアのような貧しい国では、選べるのは医学だけでした」

カールが数十年の時を越えて、息子を救いに来てくれたようだった。それがごく自然なことに思えてならない。手術結果の知らせを待ちながら、同じ苦しみに耐えるすべての母親と父親に思いをはせる。同時に私は、科学を愛することを教えてくれた男の人生も思い出していた。

サムの運命は神に委ねられている。だから祈りなさい。いろんな人からそう言われた。その言葉にはもちろん感謝しているけれど、私はつい思ってしまう。これが1世紀前だったら、サムは間違いなく死んでいたはずだと。1世紀という相対的にはとても短い時間に、いったい何が変わったのか。おそらく神ではない。変わったのは、医学知識とそれを実現する技術だ。今や脳のひだの奥深くに隠れた、顕微鏡で見ないとわからないような病気さえも画像にして、治療することができる。私たちはどうやってここまでたどり着いたのだろう。

ヒポクラテス

人類が成し遂げた最大の進歩は、およそ2500年前、紺碧(こんぺき)のエーゲ海を背景に真っ白な家々が並ぶ町で起きた。そのころの医学はどんなものだったのか?

その町に、両親の愛情を一身に受けながらも、苦しみを背負う少年がいた。その家で華やかな宴席が開かれたときのこと。大勢の召使が着飾った招待客に軽食を勧めるなか、女の家庭教師に導かれて少年が登場する。賢くて才気がきらめく少年に誰もが魅了された。主賓(しゅひん)の前でも少年はものおじせず、機知に富んだ受け答えをするので、大人たちはみな相好を崩して喜ぶ。両親も誇らしげだ。ところがそのとき、少年は急にあらぬ方向に視線を泳がせ、見えない何かに心を奪われ、放心の笑みを浮かべた。頭のなかでは嵐が吹きあれている。少年は意識を失い、身体を硬直させて倒れこんだ。招待客は驚いて後ずさりする。両親は動転し、息子を揺さぶって名前を呼ぶが、反応はない。

少年は口から泡を吹き、全身を激しくけいれんさせて舌をかむ。お客が気まずそうに言い訳して次々と帰宅するなか、両親は医者を呼びにやった。少年はけいれんも既に収まり、静かに横たわっていた。そこに白髪のむさくるしい医者が入ってきた。食事中だったと見えて、服に染みが点々としている。奴隷の従者たちが持ってきたのは移動式の祭壇と香炉、それに1匹の暴れるヤギだった。その「医者」は少年に一瞥(いちべつ)もくれず、祭壇を立てていけにえの準備をしろと怒鳴った。ヤギは目を異様に光らせ、恐怖の悲鳴を上げている。医者は香炉を振り、呪文を唱えながら少年の周りを歩く。

ギリシャに限らず、それが2500年前の医療だった。病人が出たときにこうした祈祷(きとう)を行なえば、いずれは収まる病気だったとか、免疫がうまく働いたとかで、回復する者も出てくる。でも当人や家族は神のご加護と喜ぶだろう。病人が死んだら死んだで、神の怒りに触れたのだから手立てはなかったとあきらめるのだ。

こうした思考は、人間の大きな強みであり、同時に弱点でもあるパターン認識の副産物だ。この場合は誤パターン認識と呼ぶべきか。てんかん発作は神の怒りが引き起こすというのは、相関関係と因果関係の混同にほかならない。人間が無力さを痛感していた時代の、強い願望がその背景にある。とはいえ、古代ギリシャに治療手段が皆無だったわけではない。薬品棚には薬草や鉱物がずらりと並んでいた。それでもてんかんのように謎めいた病気となると、お香をたいて祈るしかなかった。脳に関係していることすらわからなかったのだから——ヒポクラテスが出てくるまでは。

この偉人に関してはほとんどわかっていない。紀元前460年にコス島に生まれた人物だとか、優秀な医師集団が集まった流派の総称だとか、諸説が入り乱れる。確かなのは、紀元前400年に彼が書いたとされる著作が、病気やけがの原因は神の怒りとする考えを初めて否定したことだ。「医師は患

ヒポクラテスとされる人物が患者を診察している浅浮彫り。

者の全身はもちろん、その食事や環境も調べなくてはならない。病気を防ぐことができるのが最も優れた医師だ……自然要因なしには何事も起こらない」この一節だけで医学の父と呼ばれるにふさわしいが、ヒポクラテスの業績はそれだけではない。病気がもたらす心理的な影響や、医師が直面する倫理問題にまで言及し、医療者に求められる姿勢を明らかにした。紀元前3世紀に成立したとされる「ヒポクラテスの誓い」は、現在でも医学従事者が宣誓している。

意識は脳にあると最初に明言したのもヒポクラテスだった。当時は心臓というのが定説だったから、これは画期的な発想だった。脳の重要性を認識し、病気は自然要因で起こると考えていたヒポクラテスは、てんかんに関する論文「神聖病について」も著(あらわ)している。これほど独創性にあふれ、先進的で重要な予言を含んだ学術論文は例がない。てんかんは明確な原因が不明で

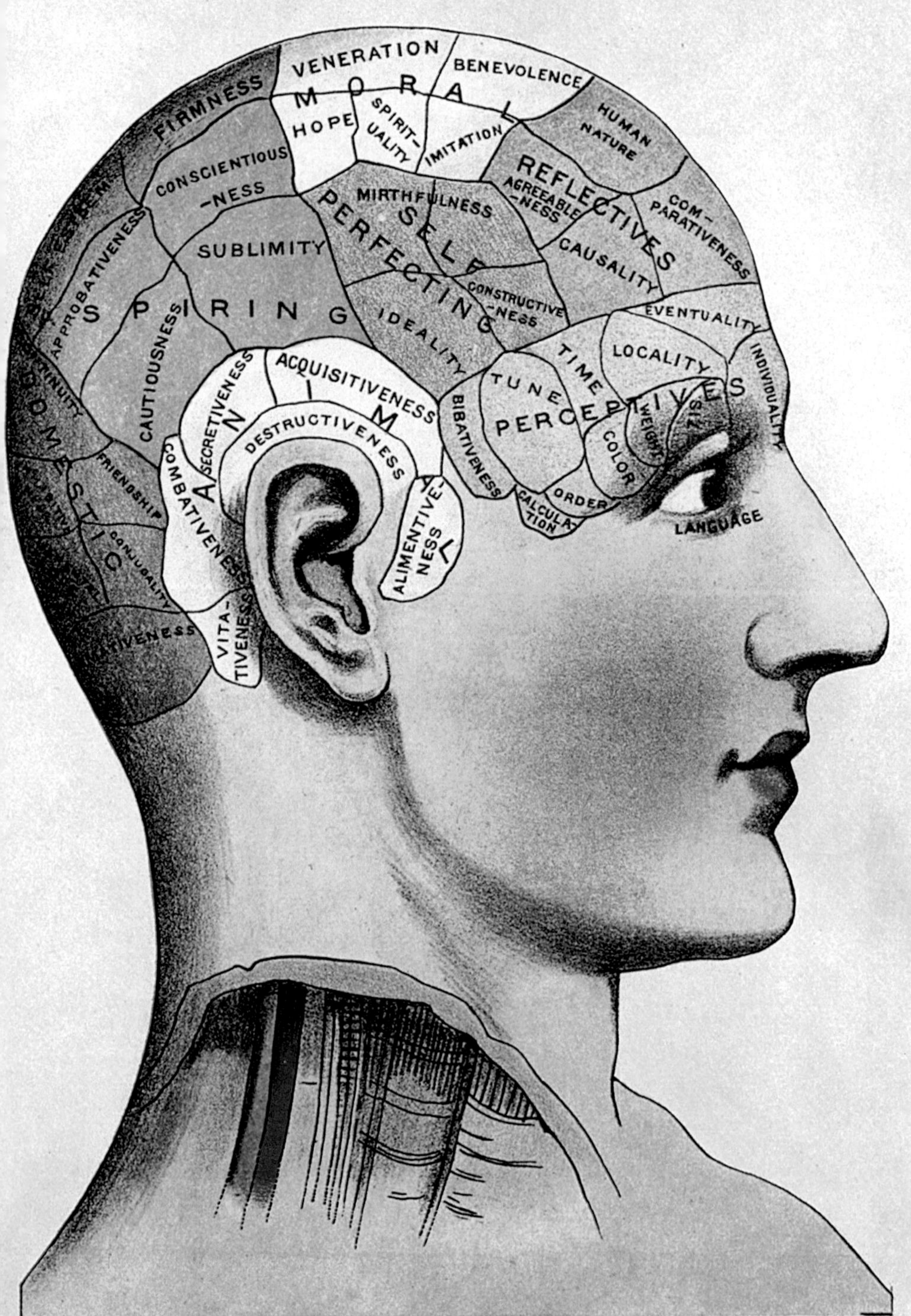

VENERATION
BENEVOLENCE
MORAL
HOPE
SPIRIT-UALITY
IMITATION
HUMAN NATURE
FIRMNESS
CONSCIENTIOUS-NESS
REFLECTIVES
AGREEABLE-NESS
COM-PARATIVENESS
MIRTHFULNESS
SELF PERFECTING
SUBLIMITY
CAUSALITY
APPROBATIVENESS
CONSTRUCTIVE-NESS
EVENTUALITY
IDEALITY
CAUTIOUSNESS
TIME
LOCALITY
INDIVIDUALITY
ACQUISITIVENESS
SECRETIVENESS
TUNE
PERCEPTIVES
DESTRUCTIVENESS
BIBATIVENESS
WEIGHT
SIZE
COLOR
FRIENDSHIP
COMBATIVENESS
ORDER
CALCULATION
LANGUAGE
CONJUGALITY
ALIMENTIVE-NESS
VITA-TIVENESS
DOMESTIC

あることから「神聖病」と呼ばれているが、いずれ理解が進めば、神聖だとは誰も思わなくなると書かれている。私は大学生のとき、ヒポクラテスの論文を翻訳で読んで科学に恋をした。

冒頭に登場した少年――てんかん患者の象徴だ――も家族も、神に呪われたり、神々の怒りに触れたりしたわけではなかった。てんかんは脳内の機能異常で起こるものだ。神の気まぐれに原因を求めている限り、患者の苦しみを救うことはできない。

ブローカ野

ヒポクラテスから2000年以上がたっても、脳は相変わらず謎だった。紀元前420年から19世紀のあいだに、宇宙の理解は飛躍的に広がった。光の速さを知り、重力の法則を発見し、太陽は多数の星が集まった巨大な銀河の中にあることもわかった。それなのにヒポクラテスから2300年後の現在、人間のそんな大発見を可能にする器官、つまり脳のことはまだほとんど解明できていない。いや、むしろ理解が逆行したといえるかもしれない。というのも、脳の研究は骨相学(こっそうがく)というエセ科学の流行に足を引っ張られていたのだ。骨相学は頭蓋骨の形から頭の良し悪しや性格がわかるというもので、誰もが頭や顔の計測に熱中した。頬骨の上で言語の才能がわかり、耳の後ろの形状で貞節さを判定できると骨相学者は主張した。そして当然のことながら、欧州人の頭蓋骨こそが優れた知性の基準形とされた。

知性と脳の関連を本当の科学で探る試みは、1861年にフランスで始まった。ここでもてんかんが重要な役割を果たした。

1800年前後に提唱された骨相学は、頭蓋骨の形が素質や性格を表わすというエセ科学であり、当時のさまざまな偏見を映し出す鏡だった。

パリのはずれにあるビセートル精神病院は、当時最先端の施設だった。早くも18世紀から、精神疾患の患者や知的障害者に人道的な対応を導入している。ここに勤務していた医師の1人が才能あふれる若き外科医ポール・ブローカで、病気への正しい認識に基づいた治療が高く評価されていた。医学的な理解を妨げるのは誤ったパターン認識であり、その障壁を破るには自由な質疑応答が重要だとブローカは考えていた。

ブローカが興味をもった患者の1人が、51歳のルイ・ルボルニュだった。発話と記憶は、脳の特定の領域がつかさどっているのではないか。そんなブローカの推論を検証する上で、ルボルニュはうってつけの存在だった。ルボルニュは30歳のときてんかんの発作を起こして以来、「タン」という音しか口にできず、それが名前代わりになっていた。発作は子どものころから何度も起きていたが、「タン」としか言えなくなったところでビセートル精神病院に入院したのだった。哀れなタンは衰弱していた。右半身が麻痺し、部分的に壊死（えし）も始まっていた。ブローカは何度もタンのもとを訪れ、死後の解剖に備えてできるだけ多くの情報を集めた。

タンが目を閉じ、最後の「タン」を発して息を引き取ると、ブローカは革のエプロンを着けて早速解剖に取りかかる。これで彼の障害が説明できるはず。頭蓋骨から摘出した脳を見て、ブローカは驚いた。左半球が、まるでたたかれたようにへこんでいたからだ。

てんかんが脳の変形を引き起こしたのか、子どものころにけがでもしていて、それがてんかんの原因になり、最後は発話能力まで失うことになったのか。それはわからない。しかしタンのおかげで、言葉の使用という具体的な機能と、脳の特定の領域を結び付けることに成功した。前代未聞の快挙のご褒美

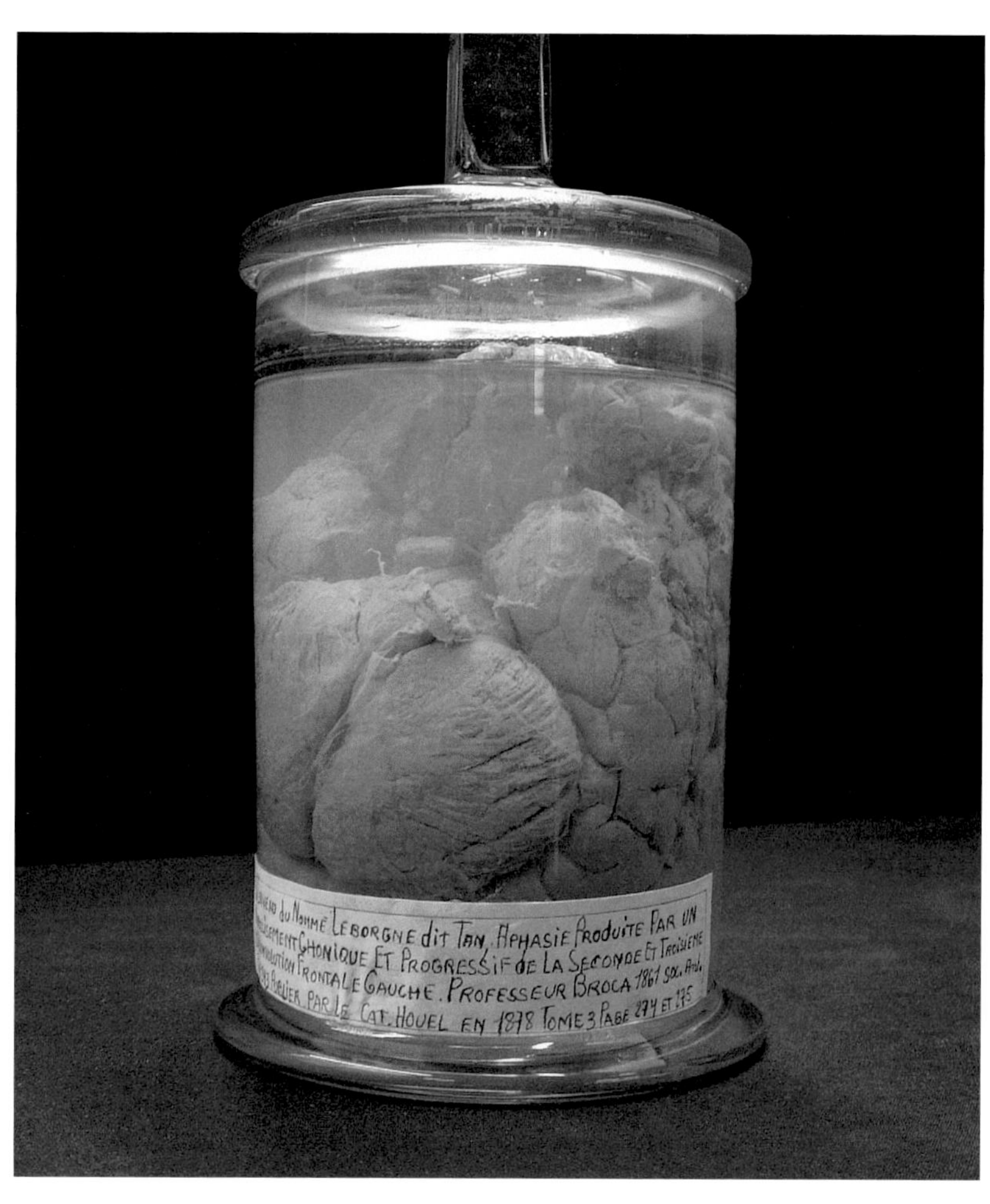

ポール・ブローカが保存していたルイ・ルボルニュ、別名タンの脳。
彼の障害は、大脳皮質の言語野を特定する手掛かりとなった。

として、その領域は「ブローカ野（や）」と呼ばれるようになった。

人類博物館

ホルマリン液に浮かぶポール・ブローカの脳を持たせてもらったのは、私が最高に幸福だったときのことだ。脳は1880年夏からそこに保管されていた。それからほぼ1世紀後、カール・セーガンと私は、お互いの愛を確信してから1年たったのを記念してパリを訪れたのだった。日付は6月1日。パリを歩き回った記憶は、私自身の脳にあざやかな美しさで刻まれている。人類博物館ではイブ・コパン館長の歓迎を受け、普通は入れない場所まで見せてもらった。

そこは薄暗い保管庫で、公開がはばかられる奇妙なホルマリン漬けの瓶が棚にずらりと並んでいた。先天的な異常や機能不全を研究する「奇形学」という言葉を知ったのはこのときだ。頭が二つある赤ん坊、縮みあがった頭部、顔面奇形の幼児、身体部分の奇形、それにたくさんの脳。その一つに「ブローカ」とラベルが貼られていた。脳の研究を切り開いたブローカ自身の脳を両手に持つ――その意味をカールが説明するのを聞きながら、科学の意義とは何かというテーマがぼんやりと形を現わしてきた。

カールと私がともに歩んだ20年間に、こうした崇高な瞬間は何度も訪れた。そのとき私たちは、一つの脳の右と左になったような気がして興奮したものだ。そんなとき、カールはいつも持ち歩く小型録音機に、2人の考えを吹き込んでいく。パリの博物館での刺激的な経験は、そのまま『サイエンス・アドベンチャー（原題「Broca's Brain」）』という本に結実した。

ブローカは脳の理解を前進させた先駆者だが、それでも時代の先入観にとらわれていたとカールは指摘する。男は女より知性が優秀であり、白人はほかの人種より優れているとブローカは信じていた。カールはこうも書いている。「ブローカには人間的な理想が欠けており、彼のように知識を自由に追求した者でさえ、なお民族的な偏見に惑わされるのだと教えてくれる」

それから40年たって、私はブローカの脳を再び探すことになった。《コスモス　いくつもの世界》で、天体物理学者ニール・ドグラース・タイソンにあの瓶を持たせるためだ。ところが脳はないと言われた。所蔵品を別の博物館に移すときに紛失したのか。いや、おそらくテレビに映すのにふさわしくないと判断されたのだろう。人間がここまで進んできた道のりに感心しながらも、いまだに見えないことが多い現実にやりきれない思いが残る。

夢

ブローカは、脳の部位と機能が物理的に関連していることを確認した。では、パチパチと火花を散らすような意識のエネルギーはどこから来ているのか。夢をつくっているのはどんな物質？　意識も夢も、つかまえて瓶に閉じ込めることはできない。

古代エジプトでは、星のまたたく夜空は天空の女神ヌトのおなかだとされていた。目を閉じて眠りにつくと、死後の世界に移動する。夢を見ることは一種の儀式であり、未来を予測したり、神々と交信したりする手段だった。夢を見るために寺院への巡礼も行なわれたほどだ。夢を見るには準備も必要だった。誰もいない静かな部屋にこもり、お清めをする。特定の神に向けた祈りの言葉を純白の亜麻布（あまぬの）に記す。これを燃やせば、書いたことが煙となって神に届くのだ。古代エジプト人にとって覚醒と睡眠は二つの異なる世界であり、夢もまた現実だった。そう考えないと、細部まで鮮明で臨場感のある夢が説明できない。

それから数千年がたち、19世紀イタリア、トリノのアンジェロ・モッソという科学者が、思考は意識であれ無意識であれ実体があり、夢も物理現象として記録できると考えた。その証明のために着目したのが、壊れた精神とばらばらになった夢の断片だ。研究の舞台となったのはコッレーニョ精神病院。17世紀に修道院として建設されたが、1850年に精神病院となり、かつての荘厳さも失われていた。モッソはここで夢と思考の実験を行なった。

労働者階級の家に生まれたモッソは、独学で科学の道に進み、薬理学と生理学の分野で活動していた。死ぬまで働かされても法的な救済措置はなく、泣き寝入りだった時代、劣悪な労働環境を科学で改善したいとモッソは考えた。彼が考案し、自作したエルゴグラフは別名「疲労度計」で、過重な労働が心身に与えるストレスを計測するものだった。疲労による衰弱は心身が陥る状態であって、能力の有無や性格的な欠陥ではない。これ以上続けると壊れてしまうという身体の警告だ。疲労には、恐怖と同じく進化上の利点があったはず。そう考えたモッソは、『疲労』『恐怖』というそのものずばりの表題の著作を出版した。どちらも広く読まれ、大きな影響を与えている。

『疲労』は、アフリカからイタリアのパーロにやってきた渡り鳥の疲れ切った様子から始まる。それからさまざまな生き物の疲弊を150ページにわたって紹介した後、工場労働者の悲惨な状態を描写

開発中の血流感知計で自ら実験台になるアンジェロ・モッソ。現代の心電計と原理は同じだ。

している。それは産業革命が生んだ負の側面であり、労働者は身体の安全も家族生活も脅かされていた。

科学的に数値化できる「疲労の法則」を打ち立てるために、モッソは体内の血流を記録する装置を考案した。助手を裸にして、絶妙なバランスを保つ計測台に横たわらせ、親指、手、胸に素子を着けた。それが感知した脈拍は、オルゴールのようなドラムが回転して、グラフ用紙に記録していく。現代の心電計と全く同じだ。モッソは血圧計も発明していた。

心拍を記録できるのなら、脳の活動はどうだろう？　頭蓋骨の中にしまわれた脳の小さなつぶやきを、どうやって書きとめればいいのか。被験者を傷つけることなく測定する方法などあるのか？　そんなとき病院にやってきた1人の患者が、答えを探す手掛かりとなった。

ジョバンニ・トロンは1歳半のとき高い所から落下した。頭の骨は激しく割れて、元通りにならない所もあったほどだ。この事故で重度のてんかん発作が頻繁に起きるようになった。両親は恐ろしくなり、これ以上育てられないとコッレーニョ精神病院に息子を捨てた。ジョバンニが5歳のときだった。

モッソがジョバンニを知ったのはそれから6年後のこと。彼の人生を狂わせた大けがは、医学にとってはまたとない研究機会だと思った。ジョバンニの頭は骨が欠けた所がそのままで、普段は革製の保護帽をかぶっていた。頭の穴は、脳への入口にほかならない。モッソは早速、脳の血流を記録できる高感度の装置をこしらえる。起きているときのジョバンニは興奮して手が付けられないため、計測は睡眠中に行なった。じっとしてもらわないと、かすかな変化も記録できない。

モッソは書いている。「1877年2月、ジョバンニに初めて会った。頭には、薄い皮膚に覆われた大きな開口部があった。落下の衝撃で知能の発達は止まったままだ。精神は荒廃しているのに、幼児期に獲得した高次の概念が一つだけ残っていて、学校へ行きたいと口にしていたのが痛ましい」

ジョバンニが寝入ると、モッソの助手が右目の上の薄い瘢痕(はんこん)組織にそっと感知素子を着ける。そのすぐ下はもう脳なのだ。

「静かな夜ふけに、小さなランプ一つの明かりを頼りに、彼の脳内で起きていることを観察する。それは実に興味深い光景だった。謎に満ちた眠りを妨げる外的要因は皆無だ。脳の拍動は弱く、規則正しい……ところが10分から20分間たつと、明らかな原因もないのに突然波形は膨らみ、力強く脈打ち始めた。私たちは驚いて息が止まりそうだった」

モッソは不安だったので、以前に心臓を測定したときと同様、脳の血流を正しく記録できていることをしっかり確かめた。この夜のことを振り返ったロッソは、科学者であると同時に詩人になった。「夢は、この不幸な少年に慰めを与えるために訪れたのだろうか？　彼の記憶のなかで、母親の顔や幼少期の思い出が明るく輝き、知性の暗闇を照らして、脳に興奮の律動を引き起こしたのか？　それとも知られざる未踏の海の干満のように、意識下で物質の動揺が起きたのか？」

その冬の夜の測定だけではこうした疑問の答えは出なかったが、装置はジョバンニが夢を見ている証拠をしっかりと残した。モッソは、原始的な神経画像検査装置を発明したといえる。それによって、脳は眠っているときでも忙しく働いて、日常のあれこれを処理するとともに、夢を構成して上映していることがわかったのだ。

この夜から3カ月後、ジョバンニは貧血で死亡した。まだ12歳にもなっていなかった。

脳波

神経科学の分野を切り開いたモッソの業績がきっかけで、さらに大きな前進を実現した研究者がいる。彼は超能力がつくり話ではないことを証明しようとしたのだが、そのきっかけはほんの偶然からだった。

ハンス・ベルガーは天文学者を目指していたが、数学の成績が悪かった。そこで１８９２年、19歳のときドイツ陸軍に入隊する。野営地に戻ろうと馬で高台を駆け下りていたとき、少しばかり速度が出すぎた。馬がつまずいて、ベルガーは道に投げ出される。そこに勢いよく走ってきたのが、大砲を積んだ荷車だ。ひかれて死ぬ——そう思った瞬間、時間の流れが急に遅くなった。時間の速さが元に戻ったとき、荷車がベルガーの数センチ手前で止まっていることに気づいた。九死に一生を得たベルガーだったが、その後さらに驚くことが待ち構えていた。

ほかの兵士たちが酒を飲んで騒ぐなか、ベルガーはまだ動揺が収まらず、自分の寝台に腰かけていた。そのため、少年が電報を持って目の前に立っていることにも気づかなかった。電報は父親からだった。冷淡でよそよそしい父親が電報をよこすなんて初めてのこと。そこにはベルガーの姉が、弟の身に大変なことが起きているとパニックになったことが記されていた。

生きるか死ぬかの瞬間に、ベルガーの脳がいちばん親しい姉にテレパシーでメッセージを送ったのか？　そんなことはあり得るのか。ベルガーはこの疑問に答えを出そうと決心する。医学の勉強に本腰を入れ、テューリンゲン州のイェーナ大学教授になった。昼間は大学で学生の指導にあたるが、同僚たちからは融通が利かず、保守的だという評判だった。しかし夜になるとバイエルン州に入り、郊外に設けた秘密の実験室で脳の活動を研究していたのだ。その目的は、超能力の実在を証明すること。ただし世間に知られると、嘲笑されて大学を追われるのは必至だ。ベルガーはそれを恐れていた。

ベルガーがつくった実験装置はモッソのものに似ていた。ベルガーは鏡の前に立って、細い銀線を自分の頭に刺し、反対側を回転ドラムの記録装置に接続した。レバーを引いて銀線に電流を流すと、鋭い痛みが走ったが、記録装置の針はぴくりともせず、記録紙も白いままだ。ベルガーはがっかりしたが、すぐにもう一度やってみる。こうして装置を工夫しては計測を繰り返した。

ベルガーはこの秘密実験を20年間続けた。装置も改良が進み、銀線を頭に挿入する代わりに、ゴム製の吸引カップを貼りつける方式になった。そしてある日のこと、装置のスイッチを入れて、回転ドラムのほうに目をやったら、記録紙に波形が描かれていた。ベルガーが会心の笑みを浮かべると、波形も大きな弧を描いた。

これが人類初の脳波計だ。脳波計のおかげで、脳が発する電気化学的信号を記録し、解釈することが可能になり、さらにはてんかんなど神経疾患も診断できるようになった。だが本来の狙いだった超能力やテレパシー交信の証拠は結局見つからず、絶望したベルガーは１９４１年にこの研究室で首をつって死んだ。

脳波計は今日も活用されているが、当時よりはるかに精度が上がり、脳がやっていることを正確に記録できるようになった。だが、脳波という電気化学的な暗号の解読はまだ始まったばかりだ。

ゴールデン・レコード

アンジェロ・モッソがジョバンニの夢のつぶやきを電気的に記録してからちょうど１００年後。１９７７年に私は自分の脳波を記録した。天の川銀河に存在するかもしれない生命体へのメッセージとして、2基の探査機に搭載され、50億年ものあいだ宇宙を漂うためだ。ことの始まりは、ＮＡＳＡのボイジャー1号、2号に知的生命体向けの高度なメッセージを搭載することになり、そのクリエイティブ・ディレクターをやってくれとカール・セーガンから頼まれたことだ。ボイジャーは人類初の、当時太陽系外縁部とされていた所の探査を行なった後、何十億年ものあいだ銀河の中を漂い続ける。搭載す

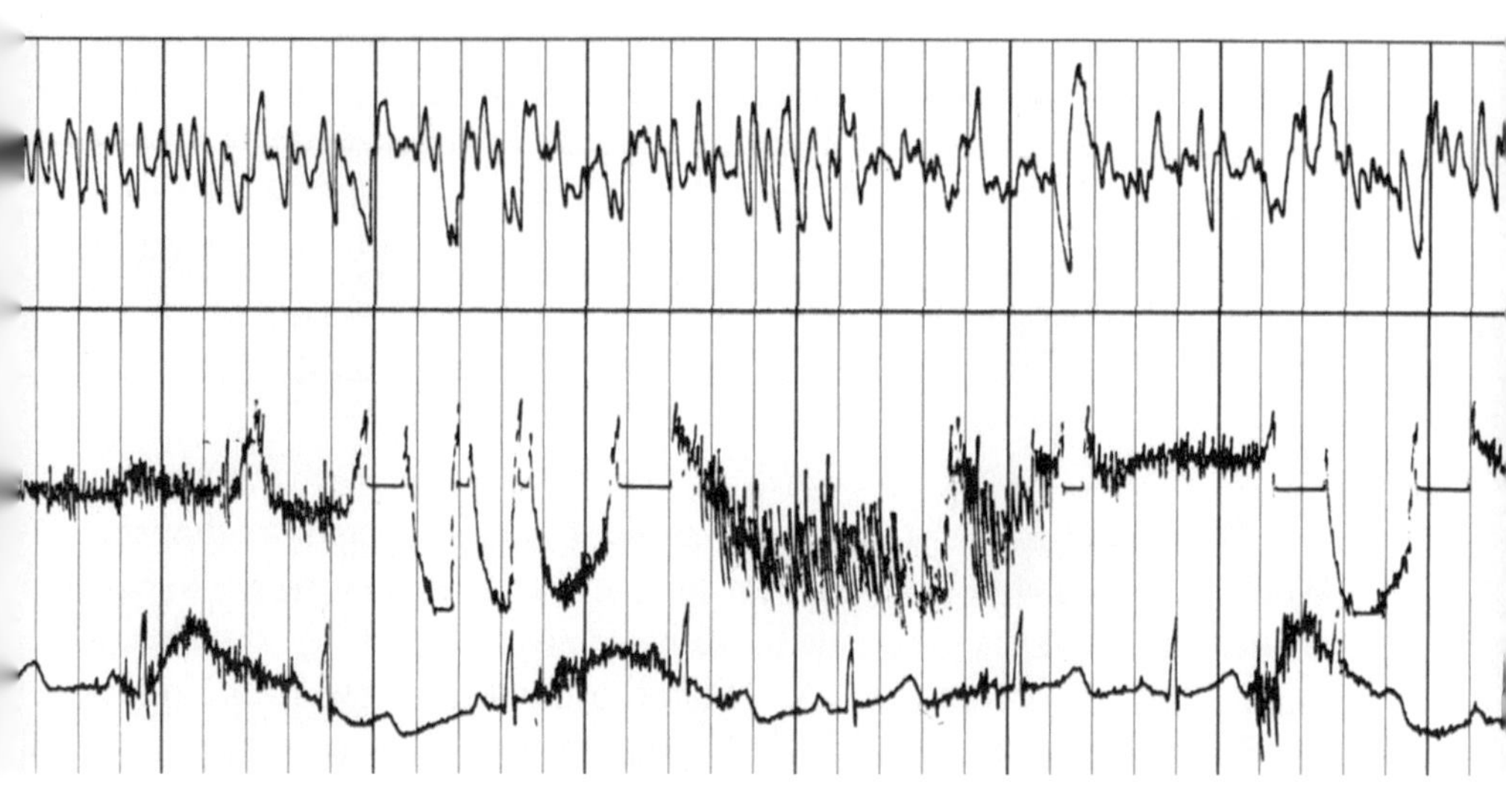

1977年6月に計測し、ボイジャーのゴールデン・レコードに収録されたアン・ドルーヤンの脳波と心音。天の川銀河内のどこかにいる知的生命体が、50億年後にこれを発見し、恋の喜びを読み解くだろうか？

るメッセージはゴールデン・レコードに収められ、内容は多岐にわたっていた。音楽であれば米国南部のデルタ・ブルース、南米アンデスのパンパイプ、ジャワ島のガムラン、ナバホのナイト・チャント、セネガルの打楽器、日本の尺八、グルジアの男声合唱などなど。新生児の産声と母親のあやす声、接近するF-111軍用機の轟音（ごうおん）、クリケットソング、キス、それに59か国語でのあいさつ、クジラの声も収録された。誰がこのレコードを聴き、それがどんな意味をもつのかわからないが、崇高な試みであることは確かだ。人間がつくったものが、これほど長い時間をかけて、これほど遠くに行くことはかつてなかった。冷戦が続いていた1977年、ゴールデン・レコードはいわば人類文明の箱舟だった。

カールと私が恋に落ちたのは、ゴールデン・レコードを制作していた春のことだった。お互いのことは3年前から知っていたが、ずっと友人、同僚でしかなく、それぞれ別の相手もいた。このとき私は、瞑想中の脳波と心電図、眼球運動図は、知的生命体に解読できるだろうかと言ったことがある。「何十億年もあれば何とかなる。アニー、やってみよう」

その後、長距離電話で話していたとき、お互いの気持ちをぽろりと口にした私たちは、結婚しようと決めた。ニューヨークの病院で脳波を記録したのは、それからわずか2日後のこと。1時間の瞑想のあいだ、私は地球の何十億年という長大な歴史に思いをはせ、最後のほうでは、見つけたばかりの愛について掘り下げた。心の居場所をついに見つけた喜びはゴールデン・レコードに刻まれ、この地球の寿命よりも長く残っていくだろう。

馬車で移動していた時代からたった100年で、宇宙空間に探査機を飛ばす。昔は電報を人間が届けていたのに、今や光速で考えを伝え合える。心の奥に秘めた感情が、数十億年ものあいだ天の川銀河を漂い続ける。これほどの進歩を、私たちはどうやって実現したのだろう。なぜ人間にそんなことができたのか。地球が誕生してから、何十億種類という生き物が出現しているのに、どうして人間だけ？アフリカの大草原を走り回っていた霊長類が、今や無人探査機を火星の赤い砂漠に着陸させたり、たくさんの人工衛星に地球を周回させたりしているのだ。宇宙探査が始まってまだ60年。人間の一生分もまだ経過していないのに、小さな地球を飛び出した探査機はどれほど遠くに達したことか。

すべての発見の旅は、私たちの脳内で始まった。歴史的な偉業の出所である脳は、それ自体が人間の理解を超えた存在だ。私たちの頭脳が、胃袋や足と同じ材料でできているなんて信じがたい。

意識

意識を説明するのは難しい。これが自分だという感覚、畏怖の念、懐疑、想像、愛——周期表に並ぶ元素からこれらをどう組み合わせたら、意識が生まれる？　はるかかなたで爆発した星の残骸は、この世界のもととなって、私たちにどんなひらめきをもたらした？

物質はどうやって意識になるのか。それを知りたいのなら、時計の針をうんと巻き戻して、海洋に生まれた最初の単細胞生物まで戻る必要がある。そんな生命体に脳はないだろうって？　その通り。だが意識の芽生えはここから始まっている。彼らは鞭毛をせっせと動かして、日光が降り注ぐ海面に出たり、反対に光を避けて深く潜ったりしていた。難しいことはわからなくとも、「光のほうに進め……おっとまぶしすぎる。暗い所に行こう」ぐらいは判断できたのだ。鞭毛がいつ出現したかわからないが、宇宙カレンダーの秋だったことは間違いない。

優れた生き物は、環境への適応能力をもっている。そのためには何らかの意識をもつことが不可欠だ。何十億年という時間を経て、単細胞の生き物は、その寄せ集め以上の能力をもつ生き物へと進化した。

チリとペルーの沖合の海底に、おそらく地球最大の生き物がいる。水の動きに合わせてひげがゆらゆら揺れるのは、ギリシャの国土に匹敵する広大な微生物コロニーだ。一見すると波打つ粗いカーペットのようだが、驚くべきはその規模ではない。ストロマトライトという化石で残っているコロニーの遠い祖先は、光合成を行なう微生物シアノバクテリアであり、それが脳の発達の最初の一歩なのである。カーペットの中心付近にいるシアノバクテリアは、空腹になるとカリウムに乗せた電気信号を外側に発信する。この声明の通り道がイオンチャネルだ。シアノバクテリアが放出したカリウムの波は、仲間が次々に中継して遠くまで伝わる。「お前ら、メシを独り占めするんじゃねえ！」するとカーペットの端にいるシアノバクテリアは、栄養摂取を控えるというわけだ。こうしたメッセージ伝達を専門に行なうために細胞が進化して、神経細胞、つまりニューロンになったとも考えられる。

動物界に属するほぼすべての生き物において、ニューロンは神経系の基本単位だ。もちろんヒトも例外ではない。種によってニューロンの差はほとんどない。違うのは数だ。最近では、神経細胞のイオンチャネルの誤作動がてんかんを引きおこすという説もある。

微生物カーペットとアイザック・ニュートン。数億年の進化の歳月に隔てられた両者だが、思考の通貨単位は共通している。40億年前に微生物が開発した伝達方式が、現代の私たちにもしっかり機能しているのだ。そのことは遺伝子に刻まれた生命の書に記されている。心臓が鼓動するのも、脳がものを考えるのも、古代の微生物が驚くほど複雑な生き物へと変わっていったからだ。30億年前に微生物カーペットを見ても、単細胞の生命体が人間になるとは想像もできなかっただろう。気が遠くなるほど長い時間をかけて、生命と環境が相互作用を積み重ねていくと、微小な生き物が結合し、進化することができるのだ。その結果、部分を単純に足し合わせた以上のものが出現する。この現象は創発と呼ばれることもある。

クラゲが良い例だ。クラゲに脳はない。目も心臓もない。そういう意味では、シアノバクテリアが生きるために集まったコロニーと大差ない。だがクラゲははるかに複雑で面白い姿で存在感がある――

ニューロンだって5600個あるのだ。

だがニューロンもシナプスあってこそだ。ニューロン同士を接合して情報を流し、意識という高次元の状態を出現させるのがシナプスだ。シナプスの登場は進化の大躍進で、一部のクラゲにもシナプスがある。クラゲは身体の各部分は独立して機能しており、二つに切断してもそれぞれ完全な形で再生する。いったいどういうことなのか――。

同じことができる生き物を私は知っている。頭を切り落としても、新しい頭が生えてくる。ナイフで刺しても死なない。見た目は派手なドレスのひだ飾りのようだが、そこには意外な物語がある。

はるか遠い昔――およそ6億年前――、地球上の生命体が進化して、それまでなかった新しい器官が出現した。周囲の様子を感じとって反応する中央指令室、つまり脳だ。最初に脳をもったのは扁形（へんけい）動物だと考えられる。狩りをする最初の生き物で、獲物を見つけ出し、攻撃戦略を練るには脳が必要だった。狩りを容易にするために目も二つ発達した。二つあることで視野が重複し、双眼鏡をのぞくように奥行きが出て、獲物の位置が把握しやすくなる。いわば三角測量である。

扁形動物の脳は、2個の神経節だった。そこから神経繊維が伸び、約8000個のニューロンを経由して全身に指示や感覚を伝える。その後出てくる生き物に比べると貧相ではあるが、それでも記念すべき始まりだった。

扁形動物は頭の左右、耳かと思う位置に鼻がある。ヒトとは似ても似つかないが、共通点は多い。神経系を制御する神経伝達物質も同じだし、同じ薬物に依存性をもつ。学習もする。周辺の環境について情報を集め、それを処理して対応する仕組みも同じ。前面・背面・頭という身体構成の元祖であり、こ

マルタ共和国で撮影されたオキクラゲ（Pelagia noctiluca）。
脳はないが、全身に神経ネットワークを張り巡らせている。

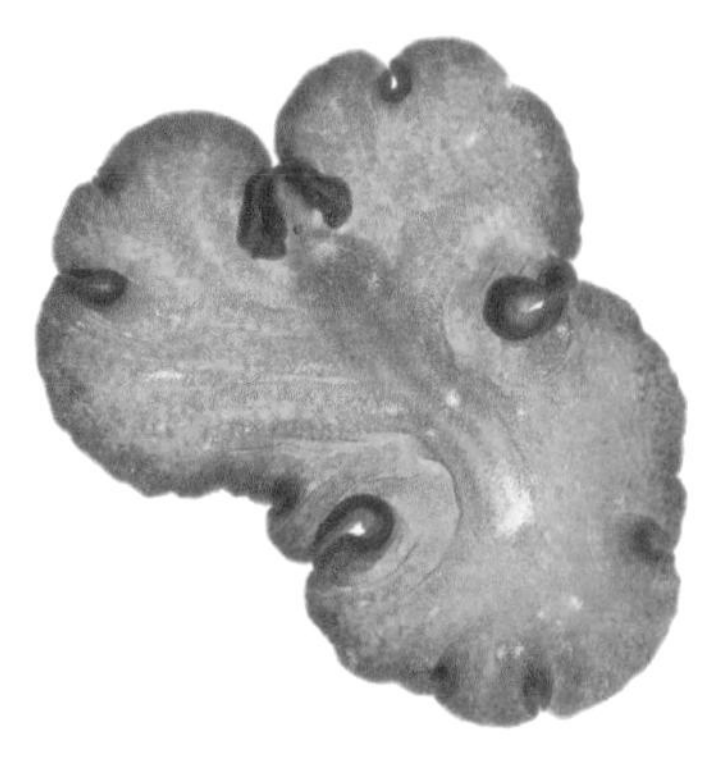
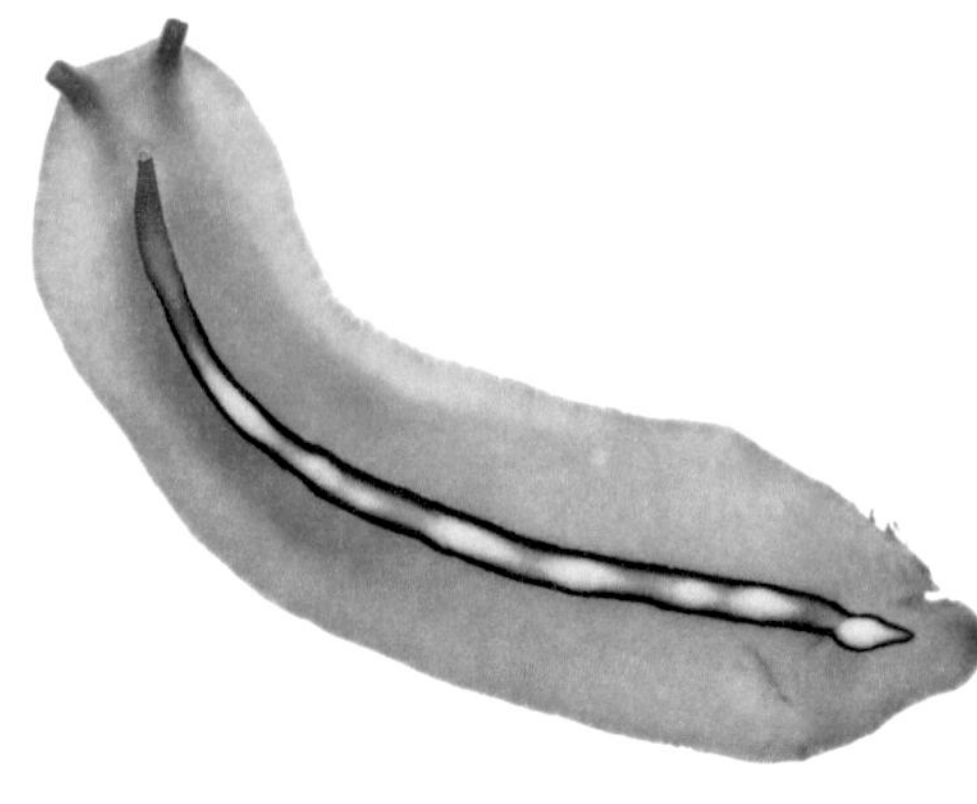

の形は6億年後の今も最先端だ。何より扁形動物は真の開拓者で、求めるものがあれば未知の領域にも踏み込んでいく性質は、それまでの生き物にはないものだった。

類似点は多いとはいえ、ヒトと扁形動物の脳は大きく異なる。どうやってここまで発達したのか、それはわからない。脳は水分が多くて柔らかいので、化石として痕跡を残せないのだ。それでも進化の歴史は脳それ自体に刻まれている。

《コスモス（宇宙）》でも紹介したが、脳の発達はニューヨークに例えられる。一集落から出発して、想定外の変化をいくつもくぐり抜け、世界に名だたる大都市になった。道路、水道、エネルギーの供給網が縦横に走り、通信手段も変化しながら広がって、24時間間断なく機能している。改修や拡張のためにお休みというわけにはいかないのだ。脳もそうやって進化してきたに違いない。辺縁系がつつがなく活動を続ける一方で、後から大脳皮質がぐんぐん発達していった。

脳の中身を全部書き出したらどうなるか。知識だけではない。呼吸して、花の香りを嗅ぐ方法、その香りの記憶など、脳がやり方をわかっていて、舞台裏でさりげなく実行していることす

扁形動物は確認されているだけで２万種以上いる。多くが海洋に生息し、あざやかな色をしている。
地球上で最初に脳をもったのは、この扁形動物の祖先だった。

べてだ。書物にしたら40億冊以上、どんなに巨大な図書館にも収まらない情報が頭に詰まっている。そう、「脳は小さな空間に広がる無限の場所」なのだ。

　脳という図書館の書物は、海底の微生物カーペットが生み出したニューロンに記されている。ニューロンは電気化学的な開閉器で、1ミリメートルの何百分の一ととても小さい。人間の体内にあるニューロンは1000億個。天の川銀河の星の数に匹敵する。ニューロンは軸索、樹状突起、シナプス、細胞体で構成され、脳内で一つのネットワークをつくり上げている。ニューロンは周辺のニューロンとつながっていて、接続数は数千にもなる。ニューロンから伸びる樹状突起が、ほかのニューロンと次々とシナプスで接続することで、意識の大きなネットワークがつくられるのだ。

　脳の神経化学回路は、人間がつくったどんな装置より優秀で、それがすごい勢いでフル稼働している。何百兆個というニューロン接続が脳のさまざまな機能を実現しており、それがあなたをあなたという人間にしている。愛や怖れといった心を揺さぶる深い感情、自然の雄大さに触れたときの感動、優雅な建物にも似た意識の構造、これらはすべてニューロン接続のおかげなのだ。創発の本質がここにある。小さな構成単位がたくさん集まって働き始めると、単なる足し算以上の力を発揮する。それによって、宇宙さえも自らの存在を知ることが可能になる。

だが、創発はもっと高い次元に登ることができる。

コネクトーム

私たちは宇宙を知ることができるのか？　すべての銀河、太陽系やほかの惑星系、無数の惑星、衛星、彗星、生命体と彼らの夢——過去、現在、そして未来に存在するすべてのものを知ることができるのか。カール・セーガンは『サイエンス・アドベンチャー』のなかで、塩の粒1個でさえもわかるかどうか怪しいと書いている。「1マイクログラムの塩の粒は、どんなに視力が良くても顕微鏡なしでは見ることができない。そのひと粒に入っているナトリウム原子と塩素原子の数は、1の後にゼロが16続く1京個だ」

「塩ひと粒を知ろうと思ったら、少なくともこれらの原子の位置関係を三次元でとらえなくてはならない」幸い私たちは、塩の結晶では、原子が格子状に並んでいることを知っているので、塩ひと粒を知るためには各原子を10個見ればよいことになる。私たちは宇宙の法則をようやく見つけ始めたところだが、もしその流れが正しいとすれば、宇宙を知ることは可能だ。もちろん、人工知能の手助けが必要だろうが。大脳皮質内のニューロン接続は１００兆個とカールは見積もった。観測可能な宇宙に存在

偏光顕微鏡でとらえた塩の結晶。ひと粒の塩でさえ理解することは容易ではない。

する銀河の１００倍だ。

私たちの探索の旅はまだ始まったばかり。生物学はヒトゲノムの解読に成功した。神経科学はそれよりはるかに複雑で、一人ずつすべて異なる何か――コネクトーム――を解読しようと試みている。コネクトームとは、人間のすべての記憶と思考、恐怖と夢を表わす配線図だ。それが実現した暁には、脳を無数の苦悩から解放し、世界中のジョバンニが自由になれるのだろうか。将来の探査機に私たちのコネクトームを搭載したり、どこかの惑星から別の生命体のコネクトームが届いたりするのだろうか。

そのときこそ、究極の創発が起こって、あらゆる思考と夢のコネクトームがつながり合う宇宙が出現するのかもしれない。

手術の成功

サムの手術が終わり、ゴンザレス医師が待合室にいる私のほうにやってきた。その表情からは何も読み取れない。ベンチに腰をおろした彼は控えめな笑みを浮かべ、手術の成功を告げた。時間はかかるが、豊かな知識も能力も失うことなく元に戻れるだろう。何週間かして脳が落ち着いたところで、再発を防ぐために危険の少ない追加手術を行なう予定だ。科学に恋文を書き続けてきた私の愛は間違っていなかった。そのことをゴンザレス医師が証明してくれた。

6

1 兆個の世界をもつ男

THE MAN OF A TRILLION WORLDS

1956 年 4 月 24 日

親愛なるカイパー博士

夏のマクドナルド天文台での研究に関するありがたいお申し出を慎重に検討し、欧州は火星ほどではないにしろ、今もこれからも遠い場所であることを鑑みて、喜んでお受けすることにいたします。

21 歳のカール・セーガンの手紙

彼は分野の垣根を超え……私たちを月や惑星に連れて行ってくれた科学者だった。

1981 年 9 月 17 日、カール・セーガンが科学論文誌『イカロス』に寄せた

ハロルド・ユーリーの追悼文

ハッブル・ウルトラ・ディープ・フィールドが写し出す 1 万個の銀河。800 回に及ぶ露出を足し合わせてできた画像だ。遠くにある銀河ほど昔の姿を見せている。いちばん小さな赤い銀河は最も遠くにあり、宇宙が生まれてから約 8 億年後、宇宙カレンダーでは 1 月半ばに誕生した。

特殊な能力をもつ少年がいた。どんなに遠く、どんなに光の弱い星も、望遠鏡なしで見ることができる。プレアデス星団は、たいていの人はサファイアのようにきらめく7個と、薄暗い星が2～3個までしかわからない。昔は狩人や兵士の視力検査に使われていて、12個見えれば合格だったのだが、少年は14個数えることができた。彼はジェラルド・ピーター・カイパー。平均的な裸眼で見える星より4倍暗い星まで、カイパーの目はしっかりとらえていた。

舞台は100年以上前のオランダ。貧しい仕立て屋の息子が天文学者を目指すなど、そのころは望むべくもなかった。しかし少年はくじけなかった。当時の天文学者は、宇宙にはほんのひと握りの惑星――太陽系を構成する惑星だ――しか存在しないと考えていた。惑星を従える恒星がほかに1、2個ぐらいはあるかもしれないが、われらが太陽系こそが1兆個に一つの特別な存在だ。夜空に浮かぶ無数の恒星は不毛な光の点で、生命を育むような惑星などつくり出していないと。太陽系が宇宙の中心でなくとも、地球に生きる私たちは特別なのだ。惑星や衛星を従える太陽は、恒星のなかでも極めて珍しいと考えられていた。

カイパーは科学者気質で、恒星や惑星がどうやってできるのか知りたくてたまらなかった。星ばかり眺めていた少年は、300年近く昔、17世紀の哲学者ルネ・デカルトの存在を知った。太陽系の起源を説くその理論には、太陽の周りで色とりどりの雲が渦を巻き、そこから何の変哲もない惑星が形成されていく様子が図解されていた。ただデカルトが生きていたのは、国教の教義に反する主張をすると投獄され、拷問され、処刑される時代であり、場所だった。デカルトはこの自説をしまい込む。出版されたのは、無事に世を去ってから20年後のことだ。デカルトの素朴な考えは、ニュートンが重力を発見し、

米国ヨセミテ国立公園、エル・キャピタンとハーフドームの空を横切るペルセウス座流星群の流れ星と、ひときわ明るく輝くプレアデス星団（すばる）。

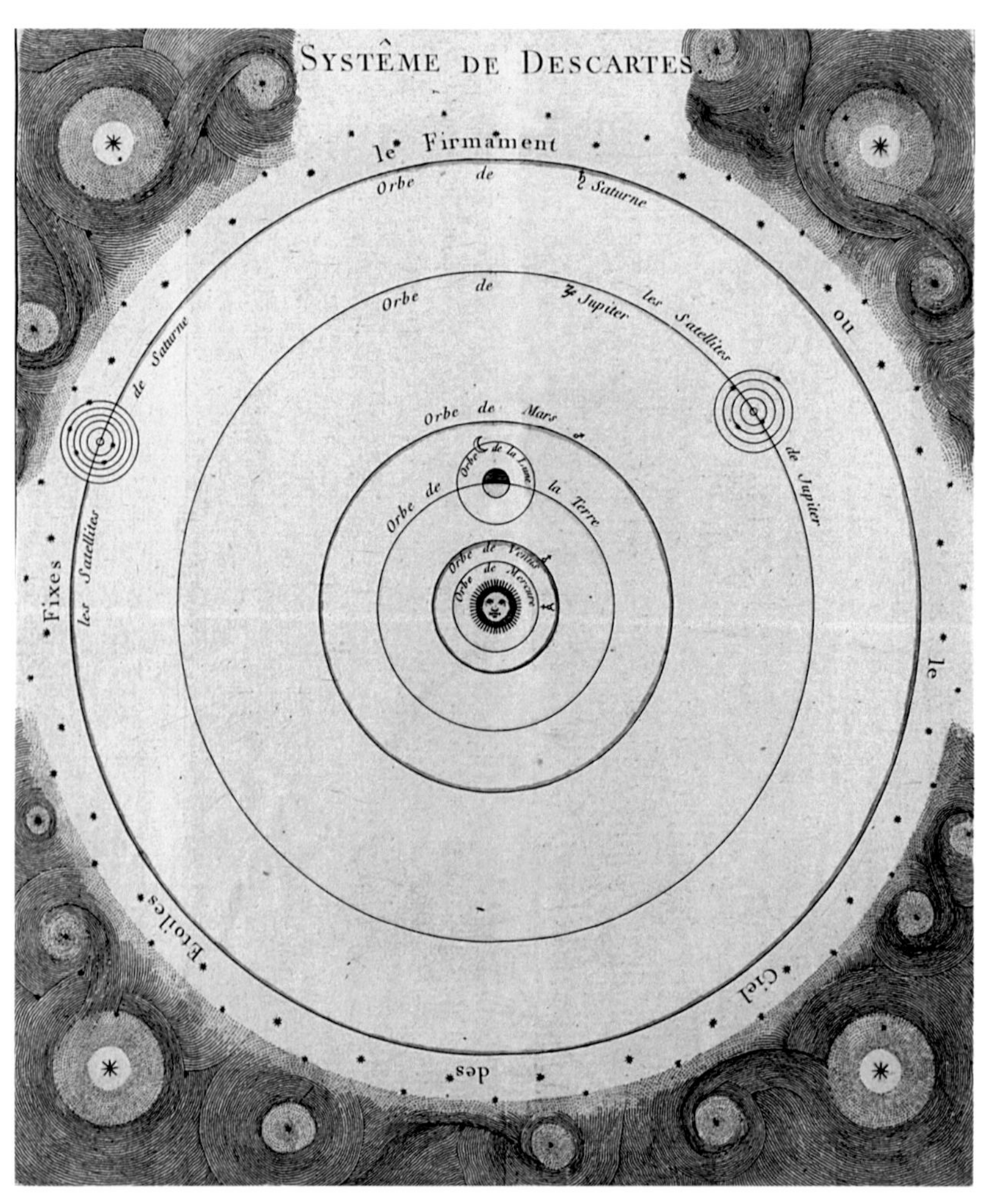

17 世紀の哲学者デカルトが考えた太陽系。
太陽を中心に回る惑星と、周囲の渦から恒星が形成される様子が描かれている。

重力が太陽系の形成に果たした役割が理解される以前のものだったが、それでも科学を夢見る少年の心をかきたてるには十分だった。

そんなカイパーのために、父と祖父は乏しい稼ぎから簡素な望遠鏡を買ってくれた。彼は貧しい仕立て屋の息子とは思えない成績で試験を突破し、1924年にライデン大学に入学を果たす。そのころのライデン大学は、天文学のちょっとした黄金期だった。ウィレム・ド・ジッターはアインシュタインと宇宙論の共同研究をしていたし、バルト・ボークは天の川銀河の構造と進化の解明に貢献した。ヤン・オールトは天の川銀河の中での太陽系の位置を突き止めるとともに、彗星のもととなる氷微惑星が太陽系を球殻状に取り囲む「オールトの雲」の存在を提唱した。アイナー・ヘルツシュプルングは恒星の分類法を考案した。こんな具合に、傑出した研究者や優秀な学生がずらりとそろっていたのだ。

ライデンの町も天文学者にとって特別な場所だった。オランダは人口密度が高くて国土が狭いため、人工光が強烈だ。しかも曇天の日が多い。光学望遠鏡による観測よりも、上空の雲にじゃまされない電波天文学に軸足が移るのも当然だった。電波望遠鏡は、天体が発する可視光線ではなく電波を受信する。可視光線という人間の目がとらえられるごく狭い範囲の電磁波ではとらえられない、新しい宇宙の描像を探ろうというのが電波天文学なのだ。

カイパーは荒削りな性格だった。議論好きで、ほかの学生に議論をふっかけてすぐ衝突するし、他人の研究にはまるで無頓着だった。そんな性格では、仕事も人生もライデンという小さな町に収まるはずもない。米国テキサス州にあるマクドナルド天文台から誘いがあったときは、救われた気持ちだったろう。科学研究者が集まる都市部から遠く離れた土地で、天文台の台長を務める仕事はさぞかし魅力的だっ

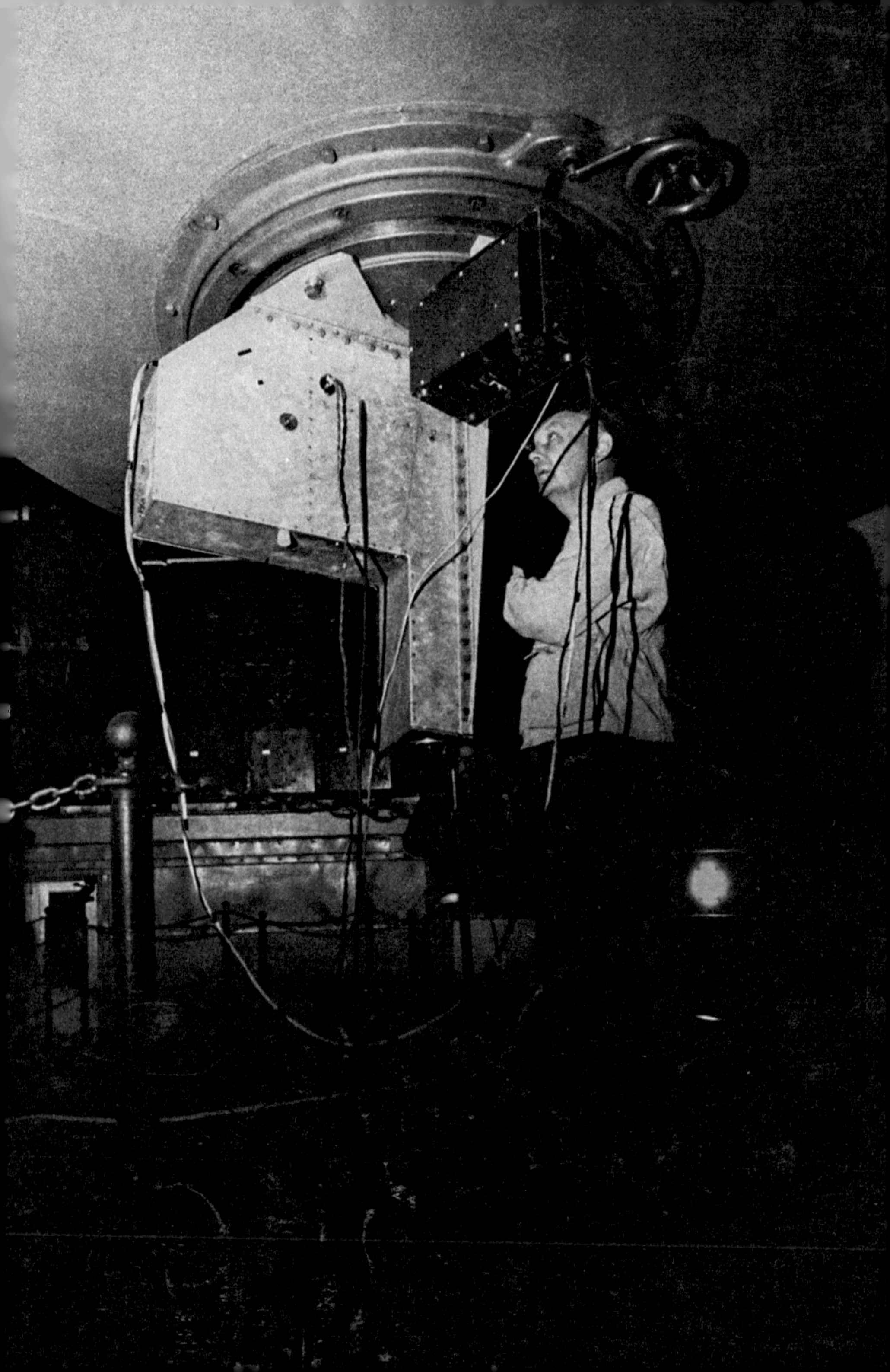

たはずだ。それに行けども行けども都市や町はなく、荒涼とした暗闇が広がるだけの立地は、どこよりも星がよく見えた。

肉眼で見える恒星の半数が連星であることは、20世紀はじめにはわかっていた。連星のほとんどは同じガスと塵(ちり)から生まれた双子だが、なかには別々に誕生し、その後重力で引き合い連星になったものもある。連星でない残り半分は生涯独身を通す。カイパーは連星に的を絞った。連星を調べることで、太陽系の惑星が形成され、重力で太陽に拘束されるようになった過程がわかると考えたのだ。

こと座ベータ星

科学における発見はみんなそうだが、カイパーも過去にどこかの先人が行なった研究が出発点になっている。この場合の先人は、大きな可能性を秘めながらも、ほんの少しの期間しか星を見ることができなかった1人の科学者だった。

1784年、20歳の紅顔の青年ジョン・グッドリックは、英国ヨークにある友人エドワード・ピゴットの天文台を訪ねた。グッドリックは耳が聞こえなかった。子どものときの病気がもとで聴力を完全に失っていたのだ。だが彼もカイパー同様、普通の人には見えない星が見えた。グッドリックがもっていた望遠鏡は木筒に鏡を付けた程度の粗末なものだったが、それをのぞくうちに、こと座ベータ星の奇妙な特徴に気づいた。

グッドリックはこと座ベータ星と周辺の星を観測し、スケッチを続けた。その結果、こと座ベータ星

1956年、マクドナルド天文台の赤外線分光器を使って火星の大気を分析するジェラルド・ピーター・カイパー。

は明るさが増減していることが明らかになった。そんな奇妙な挙動をする星を見たのは2度目だが、天文学者による報告はまだ一例もなかった。光の増減は数日ごとに起きる。かすかな変化だが、グッドリックの継続的な観測で事実であることが裏づけられた。そればかりか、観察記録の数値は同じパターンが繰り返されているので、変化を正確に予測することもできた。

なぜこんな変化が起きるのか、納得できる説明が思いつかない。悩むグッドリックは、一つの意外な可能性を思いついた。こと座ベータ星の周りを何かが周回していて、それが影をつくっているのではないか？　でもそれはいったい何なのか。グッドリックは日誌にこう記している。「ひょっとして、それは一つの惑星……？」

グッドリックの発見は、１７８６年に権威ある英国王立協会に注目される。彼はただちに会員に選ばれたが、その知らせは本人に届かなかった。選出からわずか4日後に、グッドリックは肺炎でこの世を去ったからだ。まだ21歳だった。

それから１５０年後、ジェラルド・カイパーはこと座ベータ星を観測していた。グッドリックを惑わせた星だが、今度は望遠鏡が格段に大型だ。しかもグッドリックの時代にはなかった強力な手法があった。分光である。

分光とは恒星が放つ光を虹の七色に分けてスペクトルを取り、その中に現れる細い暗線からどんな原子や分子があるかの組成を突き止める手法だ。伴星をもつことが知られていたこと座ベータ星の光のスペクトルを見ると、ほかの恒星と同様に水素とヘリウムが豊富で、そのほかに鉄、ナトリウム、ケイ素、酸素も含まれていることがわかった。

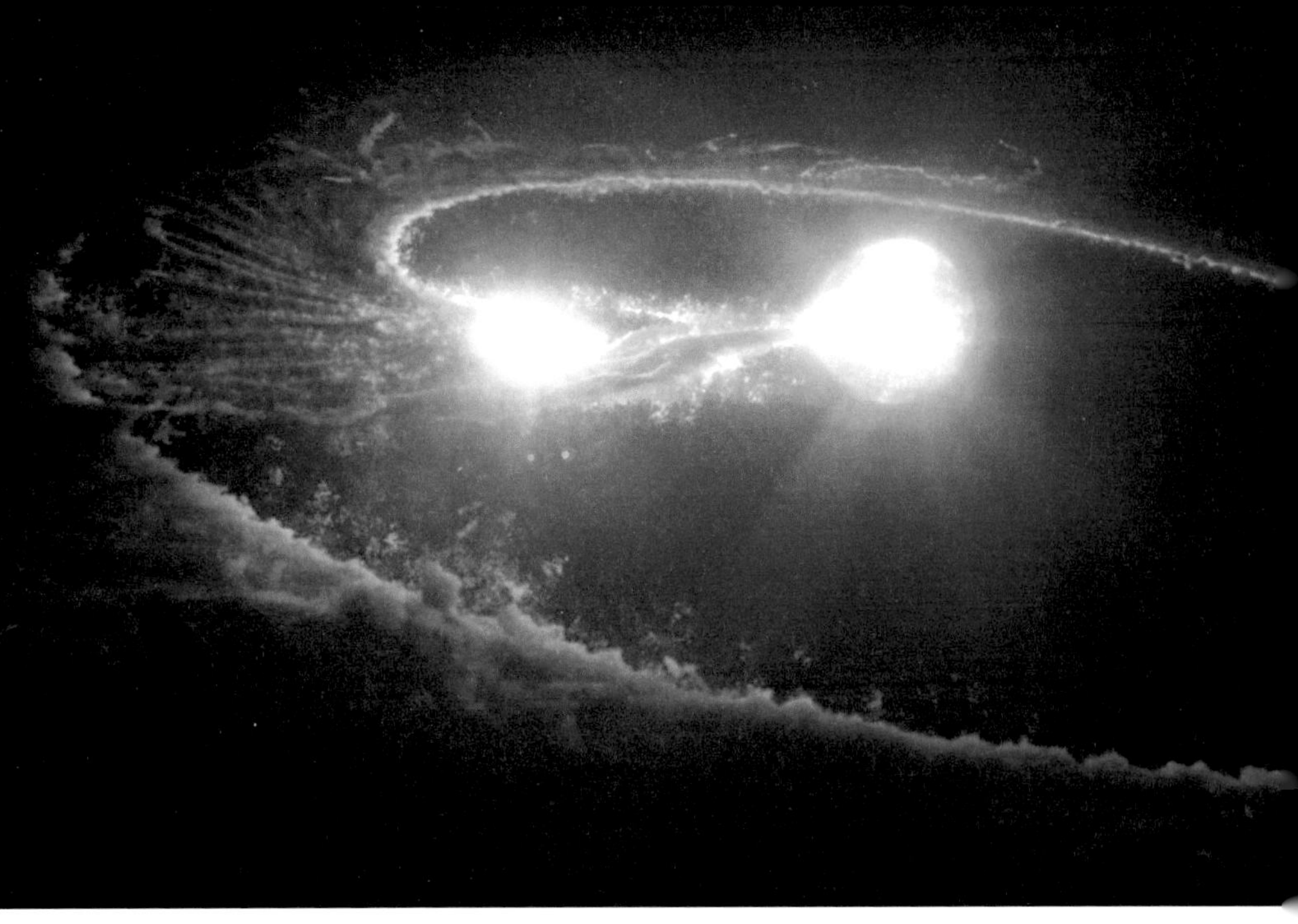

接触連星こと座ベータ星の想像図。
二つの星は互いに重力で引き合い、長さ1300万キロメートルの炎の橋でつながっている。

ここまでなら驚くことはないが、ちょっとひっかかることがあった。スペクトルの暗線の位置がわずかに左右に移動しているのだ。知られざる天体が存在し、重力で引き合っている可能性が考えられる。さらに動かない輝線群があることもわかった。一つの恒星のスペクトルに、動く暗線と動かない輝線が混在しているってどういうこと?! そこに何かあるに違いない。カイパーは、こと座ベータ星が単独の恒星ではなく、お互いの周りを回る2個の恒星だと考えた。宇宙で最も親密な星の関係を発見したカイパーは、接触連星と名づけた。

この接触連星は一つが大きく、もう一つは小さい。大きいほうから小さいほうへ星のガスが流れ込み、両者は炎の橋でつながっている。輝線群はこの物質移動によるものだった。二つは重力でがっちり結びつき、永遠に一つのままだ。白熱する炎の橋は、長さ1300万キロメートル。小さいほうの星は青白く、太陽の6倍の大きさだ。大きいほうはオレンジ色で太陽の15倍。どちらも表面は激しく脈動しており、巨大な黒点が現われては消える。立ち上る紅炎は、孤を描きながら目がくらむくらい高く上がる。二つの星は丸くない。あまりに接近しているため、お互い重力で引き合って変形が生じ、燃え上がる涙の滴のように見える。

こと座ベータ星は地球から約1000光年離れている。20世紀半ばの時点で世界最大の望遠鏡をもってしても二つの星を分解して見るのは無理で、分光という新しい手法を使ってはじめて、連星であることがわかったのだ。

接触連星はどのようにつくられたのだろう。カイパーは想像を巡らせる。大小二つの星が、まだガスと塵の雲だった時代に時間を巻き戻す。この雲の密度が十分高くなり、重力でつぶれながら渦を巻いて、連星になったのだろう。もしもどちらかに火がつかず、星になれなかったらどうなる?

カイパーは自問する。この地球をはじめ、月や太陽系のすべての惑星は、ひょっとすると太陽と連星になれなかった片割れではないのか? 太陽がつくった最初の子である木星はガスでできていて、ほかの惑星よりずば抜けて大きいが、これは恒星のなり損ないかもしれない。我らの太陽系がそんな成り立ちなのであれば、どこかでほかでも同じことが起こっているはずだ。

私たちの太陽系は特別でも何でもなく、ほかの恒星もおよそ半分は惑星という家族をもっている――1949年に発表されたカイパーの説は世界を驚かせた。

ひょっとすると、地球のような惑星がある?

毎年12月に極大を迎えるふたご座流星群。長時間露出で撮影した。

こんな惑星が何兆個もあるとしたら？

だが科学は、そうした宇宙像を受け入れる用意がなかった。それどころか地球から最初の一歩を踏み出すことさえできなかった。いったいなぜ？

科学にはたくさんの小さな王国が林立している——研究分野というやつだ。当時、異なる分野の研究者が一緒に活動することはなかった。地球の外に飛び出すのなら、このままではいけない。焦点になったのは、カイパーともう1人の偉大な科学者の反目だった。接触連星と同じで、両者はどんなに嫌い合っていても、決して離れることはできない。そして新しい種類の科学を始めることになるのだった。

太陽系の化学的性質

宇宙は時折扉を破り、目の前に迫ってくる。夜空を見上げると、無数の黄金の光が尾を引きながら、雨のように降り注いでいる。いったい何ごとかと思うが、これは彗星がまき散らした塵の残骸の中を地球が通過しているのだ。塵が漂う範囲は数百万キロメートルにもなる。だから星が雨のように降るわけだが、正確には恒星ではなく流星群で、正体は地球の大気で燃え尽きる岩や氷だ。流星群は毎年同じ時期に出現する。それは地球が太陽の周りを1周するのに1年かかるから。彗星の痕跡を通る時期も毎年一緒なのだ。それが1年ということ。

彗星や小惑星の断片は、常に地球に落下している。ほかの惑星から来たものだったり、この太陽系が生まれたときの残りかすだったりするが、それをどう理解するかは研究分野ごとに変わってくる。ジェラルド・カイパーが活躍していた20世紀半ばはそうだった。

地質学者ならハンマーを振るって隕石を割り、砕片を顕微鏡でのぞいて結晶構造を調べる。それが地球の謎を解く上で、流星が提供する手掛かりを探る方法だ。

化学者も地球の謎を解こうとするが、彼らは隕石の破片を塩酸に浸して化合物の化学変化を調べるだろう。隕石の秘密を分子レベルで自白させるためだ。

5万年前、現在の米国テキサス州に落下してクレーターをつくった鉄隕石の破片。
結晶構造を調べると、約45億年前に火星と木星のあいだにできた小惑星の一部であることがわかった。
宇宙カレンダーでは4月中旬になる。

物理学者は、隕石のありのままを観察し、質量と密度と固さ、熱への強さを調べる。

生物学者は、隕石に触ろうともせずに通りすぎるだろう。宇宙から落ちてきた隕石が、自分の分野に関係あるとはみじんも思わないからだ。生命が存在するのは地球のみ――それが彼らの考えだ。

天文学者はどうか。信じられないことだが、いつもはるか遠くに注意を向けている彼らは、地上の隕石には見向きもしなかっただろう。カイパーの時代はそうだったのだ。だがそれも無理はない。当時の天文学はというと、太陽系をはるかにしのぐ壮大な概念が注目を集めていた。アインシュタインの相対性理論と、光に乗って宇宙を旅する思考実験。エドウィン・ハッブルの、宇宙は膨張していて、遠い銀河同士が互いに遠ざかっているという発見。研究者が胸を躍らせていたのはそういう話であって、自宅の裏庭に落ちている石ではなかった。ちっぽけな太陽系の惑星、衛星、彗星、隕石を研究するなんて、子どものやることだったのだ。

そんな時代に、カイパーは天文学者立入禁止の領域にあえて踏みこんだ。重さ45トン、口径2メートルの望遠鏡を名人芸よろしく操作して、太陽系の起源の手掛かりを夜ごと探す。だがこの謎は、あらゆる研究分野の協力なしでは解決しそうになかった。

しかし科学者たちは、お互いを必要だと思っていなかった。

地質学者と天文学者には共通言語がないし、大学には化学者と生物学者が知識とアイデアを交換できる学科がない。だからカイパーはテキサス州の片隅、無人の荒野の真ん中で、太陽系の探索を独りぼっちで続けていた。

カイパーは土星の衛星の一つタイタンに大気があり、メタンが充満していることを発見する。夜空に浮かぶ小さな光の点が、生命を宿す天体である可能性が出てきた。また木星上空の雲のスペクトルから、上層大気の化学組成を突き止めた。赤い火星の大気には二酸化炭素が含まれていることもわかった。カイパーは考える――これは地球の未来、それとも過去の姿なのか?

しかしカイパーの研究に対して、天文学者が化学のことに首を突っ込む越権行為と見る向きもあった。その1人がハロルド・クレイトン・ユーリーだった。

ユーリーは化学者だった。苦労して科学の道に進んだ点はカイパーと似ている。1893年、米国インディアナ州の小さな町に生まれた。家は貧しく、ユーリーが6歳のときに父親が死んでさらに暮らし向きが悪くなった。大学進学など論外で、ユーリーはモンタナ州の鉱山町にある中学校教師になる。

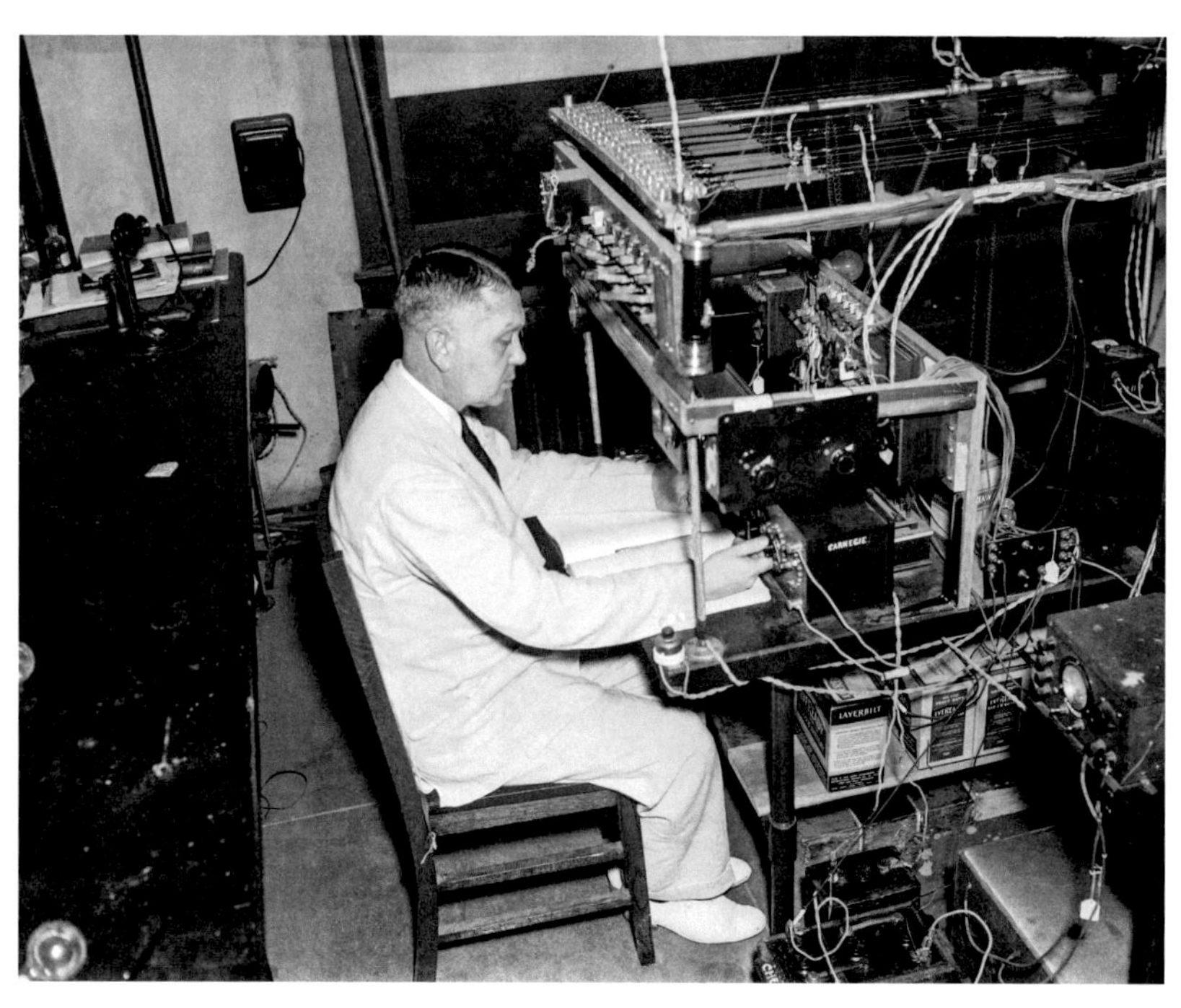

ハロルド・C・ユーリーは重水素の発見でノーベル賞を受賞し、
原子の研究と太陽系探査で主要な役割を果たした。

だが、ずば抜けた才気は隠しようもなく、生徒の保護者から大学に行くことを強く勧められた。年齢は20代半ばだったが、助言に従ったユーリーは、１９３４年には重水素発見の功績が評価されてノーベル賞を受賞するのである。

１９４９年には、ユーリーはシカゴ大学教授にまでなっていた。シカゴ大学は当時も今も科学研究の一大拠点だ。カイパーの研究を報道で知ったユーリーは内心面白くなかった。ほかの研究者が有名になることへのやっかみもある。それは自然な感情だ。だが話が惑星の起源となると……天文学者が太陽系の化学的性質を論じることが衝撃だった。これは自分の領分だ。

科学者といえども人間であり、霊長類だ。ほかの人間と同じく進化の重荷を引きずっている。カイパーとユーリーは、科学的議論で戦うボスザルなのだった。そして彼らの人質になったのが、宇宙のことを貪欲に知ろうとする1人の有望な若い学生だった。

カールの夢

カール・セーガンの父であるサミュエルは、まだ5歳のときに長旅に出た。15歳の腹違いの兄ジョージも一緒だ。1910年、2人はウクライナのカームヤネツィ=ポジーリシクィイを出発した。目指すは米国のエリス島だ。幼いころに母親を亡くし、その後も苦労の連続だったが、サミュエルの陽気で優しい気質は終生変わらなかった。率直で機転が利く性格にもずいぶん助けられたはずだ。ビリヤードの稼ぎでコロンビア大学に入学を果たし、薬剤師を目指した。しかし2年で金が尽き、ジョージが経営していたニューヨーク・ガール・コート・カンパニーに裁断師として雇われた。

サミュエルはそこでレイチェル・モリー・グルーバーと恋に落ちる。レイチェルはニューヨークで生まれたが、母親は出産時に死んでしまった。2歳のとき、オーストリアに住む母方の祖父母のもとに送り返される。辛酸をなめてきた彼女は他人を信じられず、固い殻に閉じこもっていた。頭は良いのに、心に負った傷のせいで態度がとげとげしく、近寄りがたい。社会に軽んじられたせいで志を果たせなかったが、世が世なら何か足跡を残せたはずだ。当時はそんな女性がたくさんいた。しかしサミュエルの愛

「恒星間飛行の進化」 1940年代半ば、ブルックリンの少年だったカール・セーガンが宇宙探査の未来を予言したポスター。

THE EVOLUTION OF INTERSTELLAR FLIGHT
Chicago News - Nov. 3, 1944
NEW NAZI WEAP
V-2, New rocket with
3000 m.p.h. terrorizes Br
San Fransisco
XS-1 BREAKS SONIC B
White Plains, N.M. - 1948 - (AP)
The Army's XS-1 rocket
passed the speed of sound. It b
Wilkes-Barre Sun-Sen
O.S.R.D. DEVELOPS ATOM
DRIVE FOR AVIATIO
NEW DISCOVERY HE
Chronicle - 1955
ATOM DRIVEN SHI
SPEED OF 5 MILES A SECO
(INS) The amazing
Denver Star - Apr. 17, 1955
SOVIET AND AMERICAN
GOVERNMENTS AGREE
ON MUTUAL COOPERATION
IN PREPARATION FOR
FIRST MOON SHIP
Nov. 4, 1955
PHILADELPHIA RECORD
SPACESHIP REACHES
MOON!!!
(UP) It was proven tod
U.S and U.S.S.R. gett
SHINGTON TRIBUNE
EXTRA! - 1959
FIRST MEN ON MOON
SSIANS, TWO AMERIC
METEORIT
SPACE-ARM
N ORLEANS POS
MARS REAC
1960-The red pla
1961-CLEVELAN
LIFE FOUN
ON VENUS
- Prehistoric-like
reptiles are kno
NORTH AME
Division 74, Le
Newsletter for
JUPITER AND
TURN ARE N
NEWSLETTER for 7/4/66
ERICA, Division 23, Level N
PLUTO AND PROSP
HAVE BEEN EXPLOR
WHAT NEXT?
Interstellar Spacelines - Discovery - Exploration - Colonization - Established 1967 for the advancement of transpacial and intrauniversal science
evel D' Newsletter for 11/9/67 - N
EPSILON ALTAIR VIII (M-1) SEEN FIT
FOR HUMAN HABITATION!!
(IP) A new organization, Interstel
Spacelines, plans to explore and colo
new planets on other stars. An exped
RICA, Division 1, Level A-
Newsletter for 4/29/68-
"LITTLE STAR, how I
wonder what you are." sa
Have you ever said
this rhyme? If you have and are inter
ested in joining the crew of a spaceship
like M-1, contact the ISS office
nearest you Young men and couples
from 22 to 32 years in top physical

は、レイチェルが引きずる痛みよりはるかに強かった。２人は充実した人生を歩み始め、子どもにも恵まれた。カールと6歳下の妹キャリーだ。

それは１９４０年代半ばのことだった。ニューヨーク州ブルックリン、労働者階級が多いベンソンハーストの簡素なアパートメントで、居間の床に腹ばいになったカールは宇宙船隊員募集のポスターを描いていた。

特殊な能力を持つ少年がここにもいた。彼は誰よりも遠い未来を見通すことができた。彼のポスターは、新聞各紙の見出しを借りる形で、数十年先の野心的な銀河旅行を華やかに伝えていた。46億年の地球の歴史に比べるとほんの一瞬にすぎない期間のなかで、カールは太陽系のほかの惑星や、さらには恒星に到達することを夢見ていた。

カールが描いたポスターには、こんな告知もあった。「新しく設立される恒星間宇宙旅行社が、ほかの恒星に属する新惑星を探索し、植民地化する計画」

カールの夢は、終わったばかりの第二次世界大戦から来るものだった。戦争は遠くで起きている恐ろしい現実として、カールの子ども時代に影響を及ぼした。ナチスドイツが開発したミサイル兵器が、宇宙探査という平和利用への可能性も秘めていることを、カールは鋭く見抜いていた。

１９４４年11月3日付シカゴ・ニューズ紙の記事として、「ナチの新兵器V-2ロケットは時速５８００キロメートルで英国に襲いかかる」と書いている。

しかし同時に、カールは戦勝国の科学技術力が宇宙探索に加わる7年後の未来を想像し、１９５５年4月13日付デンバー・スター紙の見出しとして「人類初の月宇宙船で米ソが協力合意」と書いた。月を最初の足掛かりとして、人類がさらに遠くを目指す未来も予想した。1960年のニューオーリンズ・ポスト紙「火星到達！」1967年11月9日付レベルDニューズレター紙「イプシロン・アルタイル第8惑星が居住可能と確認！」

もう夕食だから片づけなさいと言われても、カールの夢は終わらなかった。想像の世界に浸るだけでは収まらず、実際に宇宙に行きたいと願ったのだ。あっちの世界はどんな所なのか見てみたい。そんな希望をかなえる唯一の方法は、科学者になることだった。

後年カールは、対立する巨人カイパーとユーリーの弟子になる。いがみあう2人だが、カールはどちらも愛した。そして3人で研究分野の壁を壊したのだ。そればかりか、カールは科学と科学者でない私たちのあいだに立ちはだかる高い壁まで倒してみせた。

スプートニク1号

カールが10代になるころにはセーガン家の暮らし向きも良くなり、一家は郊外の小さな家に越した。カールが生命の起源を考察した論文を書いたのは、ニュージャージー州のローウェイ・ハイスクールに通っていたときだ。専門家に批評してもらいたいが、科学者に会ったこともないカールは誰に頼めばよいのかわからない。母親のレイチェルは、知り合いでいちばん科学者に近そうな人間に論文を送ることにした。友人の息子で、インディアナ大学大学院で生物学を専攻するシーモア・エイブラハムソンだ。

論文を読んで驚いたエイブラハムソンは、H・J・マラー教授に見せる。マラーはエックス線で遺伝子の突然変異が起こることを発見し、ノーベル生理学・医学賞を受賞していた。（マラーはニコライ・バビロフの親しい友人であり、研究仲間でもあった。彼もまた、スターリン時代の抑圧が激しかったときに、堂々とルイセンコに異を唱えた人物だ。マラーは命からがらソ連から脱出し、そのときバビロフにも国外に出るよう懇願している。）マラーはカールの論文をいたく気に入り、夏休みにインディアナ大学の研究室に招いてくれた。これがカールにとって初めての科学の仕事だった。

その夏、一介の高校生がどれほど失敗をやらかし、恥をかいたか、カールは話してくれた。それでもマラーは変わらず励ましてくれたという。この地球で生命がどんなふうに始まったのか、ほかの場所ではどうだったのか。そんな疑問をこれからも追究していきなさい。さらにマラーの手助けで、カールは人生初の科学論文を2本出版することができた。そしてシカゴ大学に進学が決まったとき、マラーは有望な新米科学者がそちらに行くからとハロルド・ユーリーに手紙を送ってくれたのだ。これでユーリーは、ひなを翼の下に迎え入れるだろうか？

あいにくそうではなかった。穏やかな性格で常に学生を励ますマラーと違い、ユーリーは不愛想ですぐ怒る。カイパーの越権行為を嫌っていたユーリーだが、カールが彼の研究室に入った１９５０年代初頭、化学は生物学の領域に踏み込もうとしていた。無生物の物質からどうやって生命が誕生するのか探るため、ユーリーは弟子のスタンリー・ミラーと組んで、地球の原始大気の化学組成を再現する実験を行なった。単純な化学物質から、生命の素であるアミノ酸ができるのか？　落雷の衝撃で、物質が生命へ転化することもあったのか？

「それが地球で起きたなら、よそで起きてもおかしくない」　カールはその可能性を考察した論文を書

宇宙時代の幕開け――1957年10月4日、ソ連が初の人工衛星スプートニク1号を打ち上げる。

いたが、ユーリーから専門外のことをやるなと厳しく叱られた。それでもカールはユーリーを尊敬してやまなかった。この厳しさが、自分を良い科学者にしてくれるとわかっていたからだ。

1956年に修士課程を終えたカールは、シカゴ大学にとどまり、今度は物理学と天文学で博士号を取得することにした。天文学の博士課程は、ウィスコンシン州ウィリアムズ・ベイにあるヤーキス天文台が舞台となる。台長はユーリーの宿敵ジェラルド・カイパーだった。1956年夏、カイパーは21歳のカールをテキサス州のマクドナルド天文台に誘った。そこで2カ月間、火星の観測をするのだ。当時カイパーは、この惑星で唯一の惑星天文学者だった。

そのころは火星と地球の位置関係が好都合で、30年ぶりの大接近を迎えることになっていた。だが、交代で望遠鏡をのぞいていたカイパーとカールは、やれやれと首を振ってばかりだった。気象条件が悪かったのだ——テキサスではなく、火星の。激しい砂嵐が全体に吹き荒れて何も見えない。仕方ないので、2人は夏の夜を語り合って過ごした。カイパーは若き科学者に、斬新な発想を効率よく検証し、「封筒の裏に走り書きするような」とりあえずの計算を最適に行なう方法を伝授した。以後カールは、その方法を日常的に実践することになる。太陽以外の恒星の周りを回る惑星は、いったいどんな世界なんだろう。その夏、2人の想像力は天の川銀河の中をどこまでも駆け巡った。未知の世界への扉が大きく開き始めたのだ。

宇宙に思いをはせた1956年の夏を振り返ると、その後の科学の進展が実感できる。1956年といえば、有人どころか無人探査機もまだ宇宙に飛び立ったことがなく、宇宙から我らが小さな地球を宇宙から眺めた者は皆無だった。ところが翌年にすべてが変わる。1957年10月4日、ソ連のバイコヌール宇宙基地からロケットが打ち上げられた。ロケットはアンテナが伸びる銀色の球体を放出し、軌道に乗せた。人工衛星スプートニク1号である。スプートニク1号は単純な送信機で、96分で地球を1周した。世界中の人びとが、夜ごと屋根に登って空を見上げた。このちっぽけな人工衛星は、どんなにあり得ない夢もかなうことを教えてくれた。人間がつくったものが夜空に浮かび、星のようにまたたいているのだ。

スプートニク1号の成功は米国を震撼させた。財産と自由を巡る二つのイデオロギーが、真っ向からぶつかっていたのが冷戦だ。ロシア人がいち早く宇宙に飛び出してみせたことは、西側の世界観に泥を塗るのと同じだった。スプートニク1号を軌道に乗せ、米国の頭上を飛ばすことができるのなら、もっ

異世界である月面に残された人間の足跡。

と危険なものを送り込むことだって朝飯前だろう。東西を二つの大洋に守られ、南北の国は弱く決して歯向かわない。そんな米国も、上空からの攻撃には無防備だった。敵に偵察され、核兵器の標的となる新しいルートが出現したのだ。もはや地球上に絶対安全な場所など存在しない。独自の宇宙開発計画を進める必要に迫られた米国は、1958年、スプートニクから1年もたたないうちに米航空宇宙局NASAを設立した。

スプートニクの成功はもう一つ副産物をもたらした。カイパーは何年も前から地球を一つの惑星ととらえていたが、科学がようやくそれに追いついたのだ。現代の私たちには当たり前のように思えるが、死もためらわない熱狂的な愛国主義が沸騰していた当時の人びとにとっては、知性も魂も揺るがす衝撃的な発想だった。

太陽系外惑星

そのころカイパーとユーリーは、それぞれ産声をあげたばかりの宇宙探査計画を主導していたが、確執は激しくなる一方だった。二つの研究室を行ったり来たりしていたカールは、むき出しの敵意にすっかり参り、親が離婚した子どものようだと嘆いたこともある。両方の研究室に所属する大学院生はカールだけで、彼が唯一の橋渡し役だったのだ。

ユーリーはNASAの月到達計画のために献身的に働いていた。太陽系の形成過程を知りたいと――ようやく――思い始めたのだ。月面は雪をざくざく踏むような感じだろうというのがカイパーの予測だった。その後月面を初めて歩いたニール・アームストロングは、その通りの感触だったと語っている。

ユーリーとカイパーの下にいたおかげで、カールも偉大な冒険に参加することができた。子どものころに描いたポスターの見出し――宇宙船が月に到達――がとうとう実現する。しかも自分もそこに加わっている。カールは、月に向けて出発するアポロ計画の宇宙飛行士たちに指示を出した。宇宙探査で得た情報を吟味(ぎんみ)するために、科学者たちが集まった最初の合同会合の場にもいた。

生物学者、地質学者、天文学者、物理学者、化学者が一堂に会して議論するなど、かつてないことだった。もっともそれは議論というより、怒鳴り合いに近かったが。

そんな会合の席で若きカール・セーガンが立ち上がり、こう言ったのは有名な話だ。「皆さん、僕たちはこんな宝の山をもらえる最初の世代なんです。みんなで一緒に頑張ろうじゃありませんか」彼は惑星科学の創成期に道筋をつけ、それが現在も生きている。分野の垣根を越えた惑星研究を扱う初の科学論文誌『イカロス』で編集長を務めたのも彼だ。この雑誌は今も続いている。カールは、地球以外の世界生命が存在する可能性のある惑星や、地球外の生命や知的生命の探査を、確かな科学の眼で追究した数少ない研究者の1人でもある。彼はまた、科学者以外のすべての人にわかりやすく研究成果を伝えるために、生涯努力を惜しまなかった。

太陽系外惑星が最初に観測されたのは1995年。ジェラルド・カイパーとハロルド・ユーリーは既に死去していたし、カール自身も翌年世を去っている。NASAのケプラー宇宙望遠鏡や世界各地の地上望遠鏡の観測で、太陽系外惑星が何千個も存在することが確かめられたのはずっと後のことだ。この3名をはじめとする多くの研究者の努力で、ガスと塵の雲から一つの恒星が生まれ、その残り物が合体して惑星や衛星ができる、つまり太陽系が形成されるのに、1000万年以上かかることがわかった。

惑星形成は、ずいぶんと長い時間を要するが、珍しいことではない。天の川銀河の中では、ほぼ毎月どこかで起きている。観測可能な宇宙には、おそらく1兆個の銀河があり、1兆の1000億倍個の恒星が存在し、もしかすると毎秒1000個もの新しい惑星系が誕生しているかもしれないのだ。

パチッと指を鳴らせば、そのあいだに惑星系が1000個できている。パチッ、1000個。パチッ、また1000個。

パチッ、パチッ、パチッ……。

7

地球の知的生命体を探して

THE SEARCH FOR INTELLIGENT LIFE ON EARTH

幼根（や根）の先端に（感覚が）備わっており、近接する部分の動きを指示して、あたかも下等動物の脳のように振る舞うというのは誇張ではない。体部前方に位置し、感覚器官から印象を受け取って、いくつかの運動を命令するのが脳なのだから。

チャールズ・ダーウィン、フランシス・ダーウィン

『植物の運動力』

きみはどうだい？　思い出してごらん。青ざめた夜、コオロギたちが一族総出の風で母なる草むらから飛びだしたとき、自分も塵芥（ちりあくた）であることを初めて感じとったはずだ。

ウォレス・スティーブンス

「ぼくのおじさんの片眼鏡（Le Monocle de Mon Oncle）」

南米チリ、アタカマ高地にあるアタカマ大型ミリ波サブミリ波干渉計（アルマ望遠鏡）と上空の天の川（魚眼レンズによる360度全周囲撮影）。

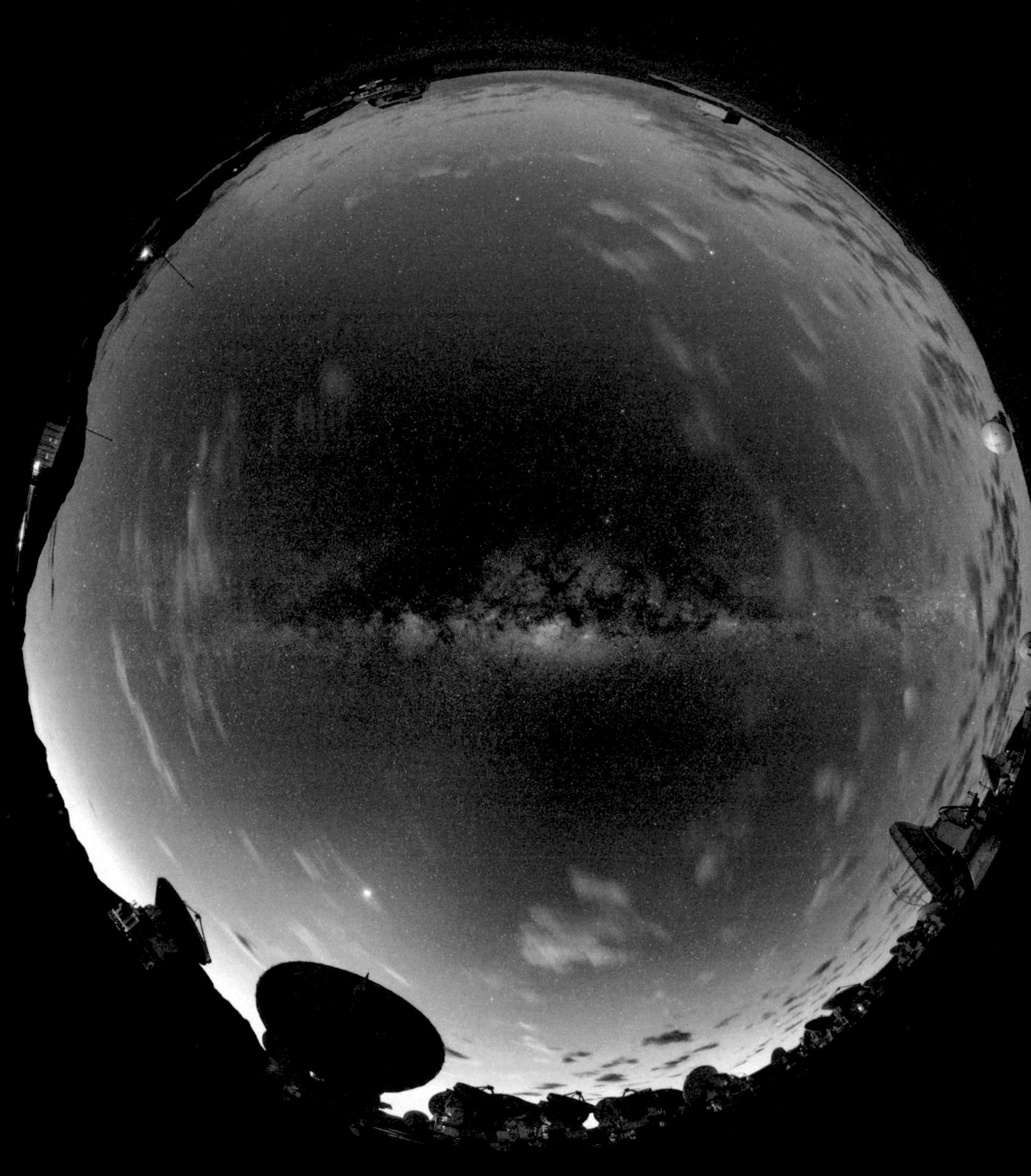

私たちは宇宙に知的生命体の証拠を探す。もしそれが見つかったら？　ファースト・コンタクト、つまり彼らと初めて接触する用意はできているだろうか。向こうが送ってくるメッセージを私たちは理解できるのか。

人間が電波を受信できるようになったのは100年と少し前からだ。それ以前の数百万年、数十億年間に地球外文明が電波を浴びせていたとしても、私たちはその気配すら感じることができなかった。でもあなたがこれを読んだ翌日、誰かが宇宙の声を聞く新しい方法を発見し、これまでになかった通信手段を開発するかもしれない。

宇宙人から見た人類が、アリ程度の存在だったら？　私たちがアリを扱うように扱われるかもしれない。異星人がずば抜けた知能をもち、私たちにはお手上げの技術や武器、細菌やウイルスをもっていたら？　地球上でさえ、東と西、北と南の異文化が初めて出会った歴史は大量虐殺（ぎゃくさつ）に血塗られていたではないか。舞台が宇宙になって、発展のレベルが違いすぎる文化が接触したとき、その物語はめでたしめでたしで終わるだろうか。

ここにファースト・コンタクトの物語が一つある。結末がどうなるかは、まだわからない。

中国南西部、貴州省平塘県に世界最大の500メートル球面電波望遠鏡（FAST）がある。ブロッコリーのように樹木がこんもりと茂る、とがった山頂が連なる山々の谷あいで、FASTは2016年9月に初めて宇宙電波を受信して正式に稼働を開始した。

それまで世界最大だったのは、1963年にプエルトリコにつくられたアレシボ天文台の電波望遠鏡だった。FASTの感度はその3倍で、しかもアレシボの電波望遠鏡にはない機能をもっている。

中国南西部にある世界最大の500メートル球面電波望遠鏡（FAST）。

巨大な球面鏡を構成しているアルミパネルをコンピューター制御で動かし、宇宙の特定の場所に狙いをつけることができるのだ。

宇宙の起源と、初期の歴史に関する未解決の謎を解くことがFASTの目的だ。具体的には、高速回転する中性子星であるパルサーを見つけ、その回転周期を利用して、時空のさざ波である重力波の証拠を探す。

FASTは地球外文明からのシグナルも探すことになるが、あったとしても地球からはるか遠くだろう。

菌糸体

だがもっと身近な所に、別の種類の知性がある。その存在がわかったのは最近のことだ。とても想像できないが、その知性をつくるのは個体数が桁外れに大きいコミュニティーだ。カバノキ、カエデ、アブラギリ、モミ、マツ、オーク、ポプラの林冠を通して差し込む日光が、分厚いコケのじゅうたんを照らす。地面を踏みしめるたびに、小枝の折れる音がする。トガリネズミに似た私たちの遠い祖先が進化したのは、そんな森林とさほど変わらない環境だった。私たちが発見したばかりのその知性も、ご先祖さまは知っていたかもしれない。森の秘密の生活はドラマにあふれ、話し声でやかましい。ただし使われるのは電気化学的な言葉だ。その上、微小な世界で、動きはとても遅い。だから人間は気がつきもしなかったのだ。

足元のワールド・ワイド・ウェブ、菌糸体。いろんな界の生き物が協同してつくる一大作品だ。

森の中ではさらに驚くことが起きている。古代から続く地中のワールド・ワイド・ウェブ（WWW）だ。相互に会話し、影響しあって、森全体を一つの生命体にまとめあげる神経ネットワークである。仲介者を通じて、地上でのできごとに影響を及ぼすこともできる。クモの糸のように複雑に絡み合い、あらゆる方向に広がっていくネットワークには名前がある。菌糸体だ。

菌糸体は、菌類、植物、バクテリア、動物が古代から協力してつくり上げたひそかな通信・輸送網である。地球上の植物や樹木の90パーセントは、菌糸体に支えられた互恵関係に加わっている。種を問わず、ときに植物界、動物界、菌界などの境界すら越えて栄養、メッセージ、共感を届けあう。

そんな菌糸体の子実体、つまり再生器官がキノコだ。森に生えている野生のキノコは、足元に天然のインターネットが広がり、機能している証拠でもある。キノコが放出する無数の胞子は、生命のメッセージを乗せた落下傘部隊。そのうち1個がビロードのようなコケの群生地に、別の1個が近くの地面に着陸する。両者は菌糸を伸ばし、絡み合って、白い綿のような菌糸体となる。これがキノコの性行為なのだ。菌糸体の一部は水分を求めて地中に潜り、既存の巨大ネットワークに接続する。

樹木がつくる世界は、長いあいだ人間には知られざる存在だった。樹木にとって菌糸体はライフラインであり、菌糸体があるから森林全体が一つのコミュニティーでいられる。樹木が地下に根を張り巡らせる範囲は、地上に見える部分よりはるかに大きい。根の先端は菌糸体のふんわりしたコネクトームと絡み合う。菌糸体とつながった根が幹と栄養をやり取りするおかげで、おのを振るう伐採の刑も軽くて済む。幹が切り倒されても、周辺の木々が根を伸ばし、菌糸体経由で水や糖分などの栄養を送り込んで延命してくれるのだ。この点滴のおかげで、切り株は何十年、何百年と生命を保ち続ける。

これは同じ種類間だけのことではなく、種が違う樹木も支え合っている。なぜだろう? そんなことをして何の得になるのか? 切り株になった木が再び成長し、種をつくってDNAを拡散することはないのに。愛情とか仲間意識? 樹木の生命は、森全体や自分とは全く異なる生き物の健康にかかっているから? 樹木は人間より長期的な視点で行動しているということ?

樹木の子育てテクニックはかなりのものだ。栄養は根っこから送り込む。マツは子ども思いで、樹齢80年と若くはない我が子でも、まだ気にかけている。とにかく生きる速度が人間とは違うのだ。

若木はとかく速く成長したがる。だが急ぎすぎると幹の細胞に空気が入りすぎ、強風や敵の来襲にあっけなくやられてしまう。若木が太陽をいっぱい浴びると速く育ってしまうので、母マツは自分の枝でわ

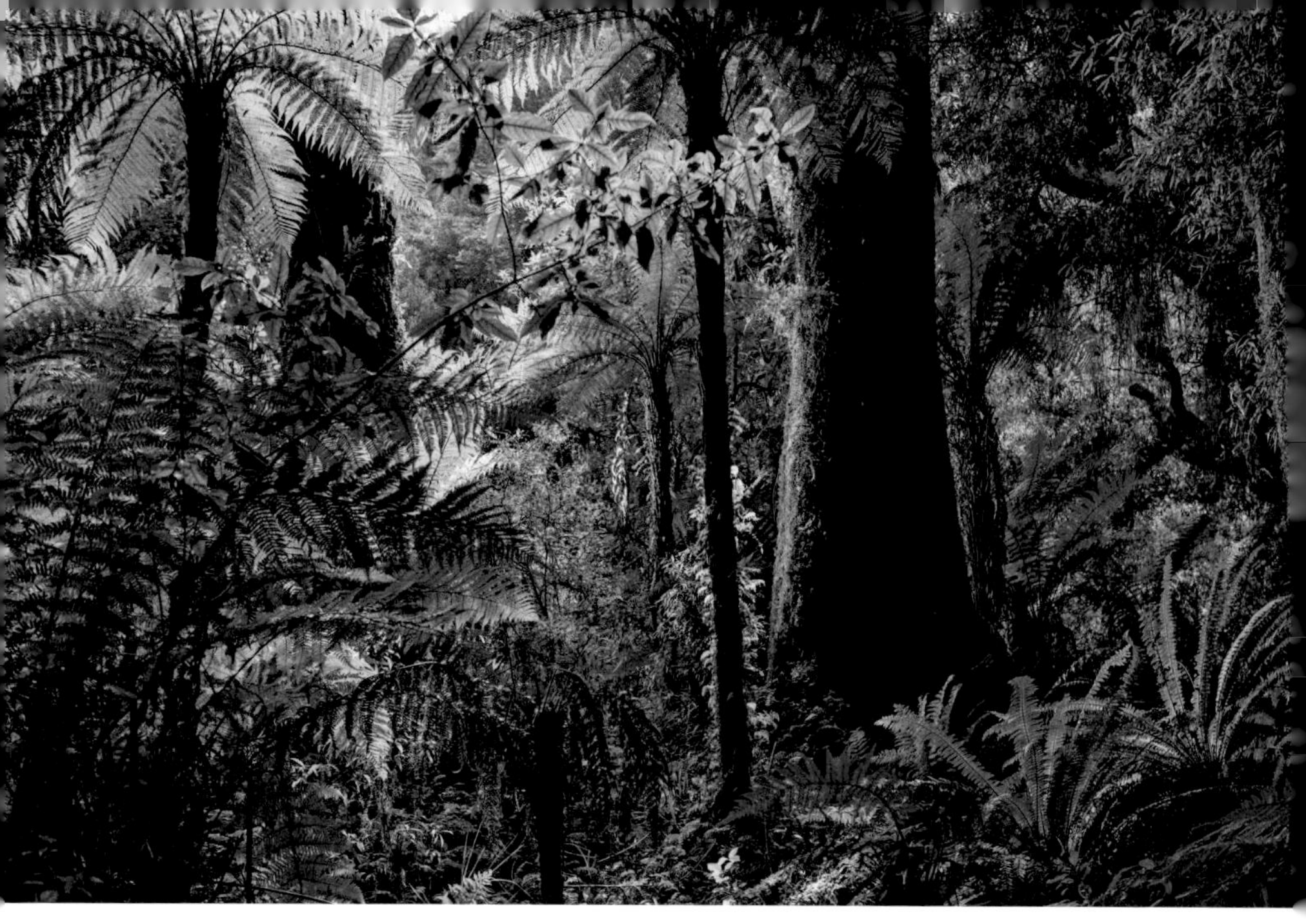

ニュージーランド、テ・ウレウェラ国立公園のマニュオハ山頂上付近の雲霧林。
森がにぎやかにおしゃべりしていると知ったら、見かたも変わってくるのでは？

ざと日陰をつくる。

これまで何度となく森に入っていたのに、そこで起きていることを何一つ知らなかった。身近な地面の下に張り巡らされているネットワークすら認識も尊重もできていないくせに、地球外の知的生命を探すなんて、私たちはいったい何様なのか。

南アフリカに生息するアカシアの木が外敵から身を守り、仲間に警告まで発していることがわかったのは、20世紀も後半になってからだ。キリンの集団がやってきて、最頂部の葉を食べ始めた。最初のひとかみでアカシアはすかさず渋味のある化学物質を分泌し、キリンは食べるのをあきらめるのだ。さらにエチレンガスを出して、「緊急事態発生！」と周囲のアカシアに伝える。強烈に渋い葉を食

タンザニア、タランギレ国立公園のアカシアの木。キリンの群れに葉を食われそうになったら、渋い味を出して撃退し、さらに近くのアカシアにも警報を発令する。

べさせられたキリンは、アカシアが防御体制をとり、仲間に警告まで発したことを知るのである。

キリンはアカシアの木から離れ、近くにあるほかのアカシアも通りすぎて、遠くの木を食べに行く。すぐそばの木を試さないのは、「腹をすかせたキリンが来るぞ！」という警告で既に葉が渋くなっているのを知っているからだ。まだ連絡が届いてない遠くの木を目指すしかない。

オークの木は、何千枚という葉の1枚に付いた毛虫を感知して、電気化学的な信号を全体に送る。人間の神経系と同じ働きだが、伝達速度はそれほど速くない。樹木はゆっくりとした時間の流れで生きているからだ。「痛い！」がオークの木を伝わる速さは3分間で2・5センチ

郵便はがき

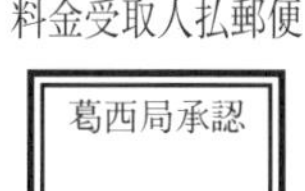

料金受取人払郵便

葛西局承認

2007

差出有効期間
2021年3月31日
まで（切手不要）

1 3 4 8 7 3 2

（受取人）
日本郵便　葛西郵便局私書箱第30
日経ナショナル ジオグラフィック社
読者サービスセンター 行

お名前　フリガナ	年齢	性別 1.男 2.女
ご住所　フリガナ □□□-□□□□		
電話番号 （　　　）	ご職業	
メールアドレス	@	

●ご記入いただいた住所やE-Mailアドレスなどに、DMやアンケートの送付、事務連絡を行う場合があります。このほか
「個人情報取得に関するご説明」(https://nng.nikkeibp.co.jp/nng/p8/)をお読みいただき、ご同意のうえ、ご返送ください

お客様ご意見カード

のたびは、ご購入ありがとうございます。皆さまのご意見・ご感想を今後の商品企画の
考にさせていただきますので、お手数ですが、以下のアンケートにご回答くださいます
うお願い申し上げます。(□は該当欄に✓を記入してください)

購入商品名　お手数ですが、お買い求めいただいた商品タイトルをご記入ください

本商品を何で知りましたか（複数選択可）

□ 書店　□ amazonなどのネット書店（　　　　　　　　　　）
□「ナショナル ジオグラフィック日本版」の広告、チラシ
□ ナショナル ジオグラフィックのウェブサイト
□ FacebookやTwitterなど　□ その他（　　　　　　　　　　）

ご購入の動機は何ですか（複数選択可）

□ テーマに興味があった　□ ナショナル ジオグラフィックの商品だから
□ プレゼント用に　□ その他（　　　　　　　　　　）

内容はいかがでしたか（いずれか一つ）

□ たいへん満足　□ 満足　□ ふつう　□ 不満　□ たいへん不満

本商品のご感想やご意見をご記入ください

商品として発売して欲しいテーマがありましたらご記入ください

「ナショナル ジオグラフィック日本版」をご存じですか（いずれか一つ）

□ 定期購読中　□ 読んだことがある　□ 知っているが読んだことはない　□ 知らない

ご感想を商品の広告等、PRに使わせていただいてもよろしいですか(いずれか一つ)

□ 実名で可　□ 匿名で可（　　　　　　　　　　）　□ 不可

ご協力ありがとうございました。

メートルほど。毛虫がいやがる化学物質を分泌して撃退するには、少なくとも1時間はかかる。外敵に襲われたとき、唾液サンプルを採取してDNA解析を行ない、その結果を利用して敵の脆弱(ぜいじゃく)性を突くような化学物質を分泌する木もある。外敵の敵を惹きつけるフェロモンを出して、戦いを有利に進めようとする木まであるほどだ。樹木は化学や昆虫学など、地球科学に造詣が深いというのは言いすぎだろうか？　それは私たちがもっている知識とどれほど違うのだろう。

樹木に意識はあるのか。知性はどうか。それとも、長い時間をかけて選び抜かれた単なる生物間の相互作用で、自然選択で進化していった行動というだけの話なのか。樹木の驚くべき能力も、存続を最優先させるDNAの副産物にすぎないということ？　私たちの行動といったいどこが違う？

スズメバチ

自然界では、種や界の異なる生き物が電気化学的な会話を盛んにやっている。では、地球外生命との会話とはいったいどんなものなのか。別の惑星で、全く異なる道筋で進化してきた生き物同士に、共通の言語などあるのだろうか。

科学者が追いかけている宇宙の法則は絶対的なもので、撤回も違反もできない。こちらがどう思おうと、真実は真実だ。宇宙のすみずみまで、あらゆる時代に当てはまる。異世界の知的文明と人類が共有できそうなものを挙げるなら、まず科学と数学。科学者、数学者、技術者が用いる記号言語は、翻訳のはざまで意味が変わる心配がない。プログラミング言語を含む記号言語は、普通の言葉よりはるかに厳

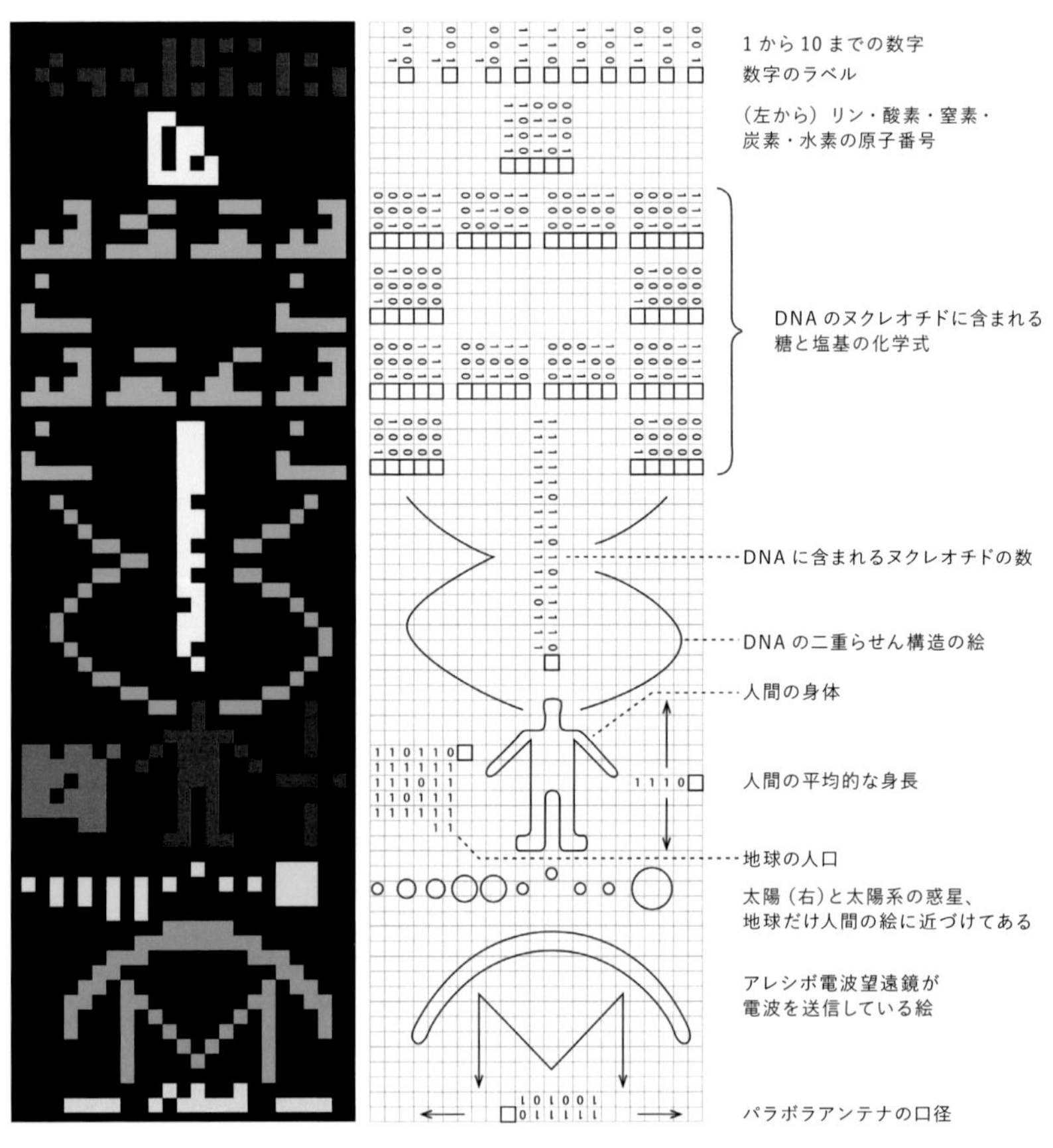

1974年にフランク・ドレイクが作成したアレシボ・メッセージ。
別の恒星系に向けた記号言語で書かれている。

密で、誤解の余地がない。

人間以外が使う記号言語は私の知る限り1種類だけで、それを使う生き物と人間が接触した例も一つだけだ。彼らがもつ天文学と数学の知識は膨大だし、民主的に物事を解決し、議論を通じて総意を形成する姿勢は、人間など足元にも及ばない。彼らは探検家であり、旅先で発見したことをその記号言語で伝え合う。何千万年も前は肉食だった彼らだが、その後菜食に切り替えた。彼らはこの世界を変容させ、行く先々で比類ない美を生み出していった。

進化を予言できる理論は、少なくともまだ存在しない。4億８０００万年前のヒトの先祖を見ても、自分たちに似ていると気づけないはずだ。記号言語を仲立ちとしたファースト・コンタクトの物語も同じ。約5億年という歳月が、宇宙の歴史のなかでどのくらいの割合を占めるのかは、宇宙カレンダーを使うとわかりやすい。

宇宙カレンダーの12月20日の朝。オルドビス紀の北半球全体を覆っていたパンサラッサ海の小さな波が、足にひたひたと押し寄せる。北半球は完全に水没状態だ。南半球はほぼ平坦なゴンドワナ超大陸が赤道まで広がっていたが、そこかしこに小さな内陸湖ができていた。

生命に再び多様化の爆発が起きたのはこのころだ。それまでになかった新たな形態が次々に出現して、オルドビス紀の生物大放散事変（ＧＯＢＥ）とも呼ばれている。眼柄（がんぺい）、触角、装甲板、はさみ、ブレードといったものものしい特徴は、そのまま現在も用語になっている。生き物の多様化が初めて急激に進んだカンブリア爆発から、約４０００万年後のことだ。

生命の木の太い幹をつくっていた単純な生命体は、それぞれの環境に合わせて突然変異し、適応を始めた。幹から新しい枝が伸び始める。海の中だけでも生き物の種類は3倍になった。節足動物、すなわち骨格が身体の外側にある無脊椎動物が栄えた。ちなみに骨格を体内にもつ人類が栄えるのは、さらに数億年後のことだ。オルドビス紀の節足動物は、それまでの進化で最も成功した体の構造をもつ。今日においても、現存する動物の80パーセント以上が節足動物である。

オルドビス紀の陸地はコケに覆われ、点在する川や湖を縁どるのは陸生植物よりも海洋植物のほうが主だった。浅い海の海岸線にいたのは、水から上がっておそるおそる新しい陸上にすみ着いた小さな甲殻類だ。

こうした甲殻類から進化したのが昆虫だ(シーフードを食べるときは、そのことをなるべく思い出さないようにしている)。オルドビス紀から8000万年たった、宇宙カレンダーの12月22日朝。高さ7メートル、周囲90センチメートルの巨大キノコが世界を支配する。そのころの樹木は高さがせいぜい1メートル程度だったから、圧倒的な迫力だった。(地下ネットワークの規模の大きさがうかがえる。)

宇宙カレンダーの日付が12月29日になると、お化けキノコは姿を消して背の高い樹木が増えてくる。枝や葉がそよ風に揺れる音は、それまでの地球にはなかったはずだ。

多くの生き物が空の飛び方を覚えるときがやってきた。空はどこまでも広大で、飛び回る生き物はまだ少ない。この時点から9000万年ものあいだ、空は昆虫だけのものだった。爬虫類、鳥、コウモリに食われる心配もない……目障りなのはほかの虫だけ。昆虫にとって飛行能力は進化の大飛躍で、おかげで地球全体に生息域を広げることができた。人間は偉そうなことを言うが、昆虫に比べると肩身が狭い。ヒトの何百倍もの時間地球上に存続し、恐竜がいた白亜紀後期頃から、その姿をほとんど変えていない。1億年という時を超えて飛翔し、今なお意気盛んだ。

ただしスズメバチにはうかつにかまってはいけない。1億年前のこの時点で、スズメバチは既に1億5000万年存在してきた。貪欲な狩人である彼らは、不運なハエを捕まえて巣に持ち帰り、幼虫のごはんにする。

そのころ、植物の受精を動物がキューピッド役としてお手伝いする関係はまだなかった。しかし顕微鏡レベルで起こったある事件で、地球は華やかな色彩に彩られることになる。それは、ある植物のめしべにとまっていたクモをスズメバチが襲ったときかもしれない。スズメバチの脚にくっついていた花粉が、格闘のときめしべに落ちたのだ。

その後の展開は、クモとスズメバチの死闘ではなく花粉が主役となる。花粉は見た目こそ地味だが、地上にこれまで見たこともない美しい風景をつくり出す力を秘めている。1億年以上たった現在でもそれは変わらない。

ひと粒の花粉を詳しく見ると、エッシャーのだまし絵的な複雑で精妙な構造に驚く。おしべがつくる花粉のかっちりした幾何学性と多様さは、ナノスケールで観察して初めて認識できる。進化が彫りあげた形一つ一つが、長い時間をかけて磨きをかけた生存の新戦略なのだ。地雷そっくりなもの、短剣が何本も飛び出ているようなものとどれも個性的だ。しかも頑丈。そうでないと困る。表面に突起があるものが多く、2枚の分厚い壁が合わさって中身を守っている。だから銃に込めて発射しても、傷一つなく繁殖の役目を果たせるはずだ。

植物に止まって休む白亜紀のスズメバチ。その身体におしべの細い糸がくっついている。先端の小さ

ブラジル北東部で見つかったスズメバチの化石。白亜紀の約9000万年前、恐竜たちと共存していた。
環境への適応が見事で、現在のスズメバチとほとんど変わらない。

な点が花粉だ。スズメバチは飛び上がり、どちらへ行こうかしばし迷ったあげく、緑がかった茶色の花に止まった。再びスズメバチが飛び始めると、その勢いでおしべがたわみ、空中ブランコのように花粉がはじき飛ばされた。弧を描いて飛んでいく花粉は、新しい生命が始まるその場所に命中するだろうか。試合終了のブザーと同時に放たれた3ポイントシュートのように飛ぶ花粉は、めしべの柱頭に確実に着き、やがて種子ができる。あるいは、花粉は甲虫の背中にこっそり便乗して、隣の植物に移動したかもしれない。

これが6500万年前の白亜紀の出来事だ。最初はこんなふうに運次第だったが、何十万年、何百万年、何千万年とたつうちに、昆虫と植物の協力関係は正式なパートナーシップになった。新種の昆虫も次々と現われ、動物界と植物界の協定をさらに次の段階に進めていったのである。

さて、別のスズメバチが巣に戻ってきた。幼虫の食料となるハエをがっちりくわえているが、身体にはやっぱり花粉がついている。花をかすめたときにくっついたのだろう。巣にこぼれた花粉は、幼虫ががつがつとたいらげる。花粉はたんぱく質が豊富なのだ。再び長い時を経て、新しい種類のハチが出てくる。もう虫は捕らず、花粉専門だ。ミツバチである。

ミツバチは虫の死骸には見向きもしない。彼らが実践するのは花粉食ダイエットで、しかも一時の流行とかではない。花粉媒介に全力を尽くすから、植物もそれに応えて生殖器官の色彩を際立たせ、魅惑的な形状にする。ミツバチに何度も足を運んでもらいたいから、甘くておいしい蜜も分泌する。花の時代の到来だ。

ミツバチ

ミツバチは精励刻苦の代名詞だ。身分ごとの役目から逃がれることもかなわず、ロボットのように決められた仕事を死ぬまで続けるだけ。だがそんなイメージは、人間中心の勝手な自然観にほかならない。

では「ファースト・コンタクト」の物語を始めよう。幕開けは１９００年代初頭のオーストリア郊外、ブルンヴィンクル。緑したたる山々と森に囲まれた絵葉書のような湖だ。

カール・フォン・フリッシュは子どものころから、生き物が何を知り、どう感じているのか理解したいと思っていた。小魚も色を見分けたり、匂いを嗅いだりできるのだろうか。そこで彼は、動物の経験を探る実験を行ない、その様子をフィルムに収めた。科学知識を広く伝えるために、映画という新しい手段を活用したのはフリッシュが最初だ。

ミツバチが突発的に奇妙な行動をすることは昔から知られていた。8の字を描くようにあっちに行ったりこっちに行ったり。しかし、そんなミツバチの踊りに意味があると考え、理由を掘り下げる者などいなかった。

フリッシュは1920年代からミツバチの動きの観察を始めたが、説明できない謎にすっかり夢中になった。実験用の特殊な巣箱の外に砂糖水の皿を置き、ハチの背中に目印の色を塗る。ハチは砂糖水を堪能したあと巣箱に戻るが、彼女（働きバチはすべてメスだ）は入口の前で立ち止まってダンスを踊り始める。

色つきのハチは、再び砂糖水をなめに行った。それから数時間、ほかのたくさんのミツバチが砂糖水の所にやってきた。すべて同じ巣箱の仲間だ。ただし彼女たちは色つきハチの後を追いかけたのではない。どうしてわかるかって？　フリッシュは巣箱の動向を絶えず見張っていたし、しかも蜂蜜ではなく砂糖水を使う周到さだった。これなら匂いをたどってごちそうにたどり着くことはできない。砂糖水の皿をどんどん遠くに移動させ、最後は数キロメートルの距離になった。それでもハチは迷うことなく砂糖水を見つける。色つきハチは、どうやって仲間に正確な場所を教えているのか？

巣箱の入口で色つきハチが見せる、一見無意味で奇妙なダンスをフリッシュはノートにスケッチし、このとき太陽の位置も一緒に記録しておいた。

回転や左右の揺れまで、すべての動きを克明に追いかけるうちに、もはや疑問の余地はなくなった

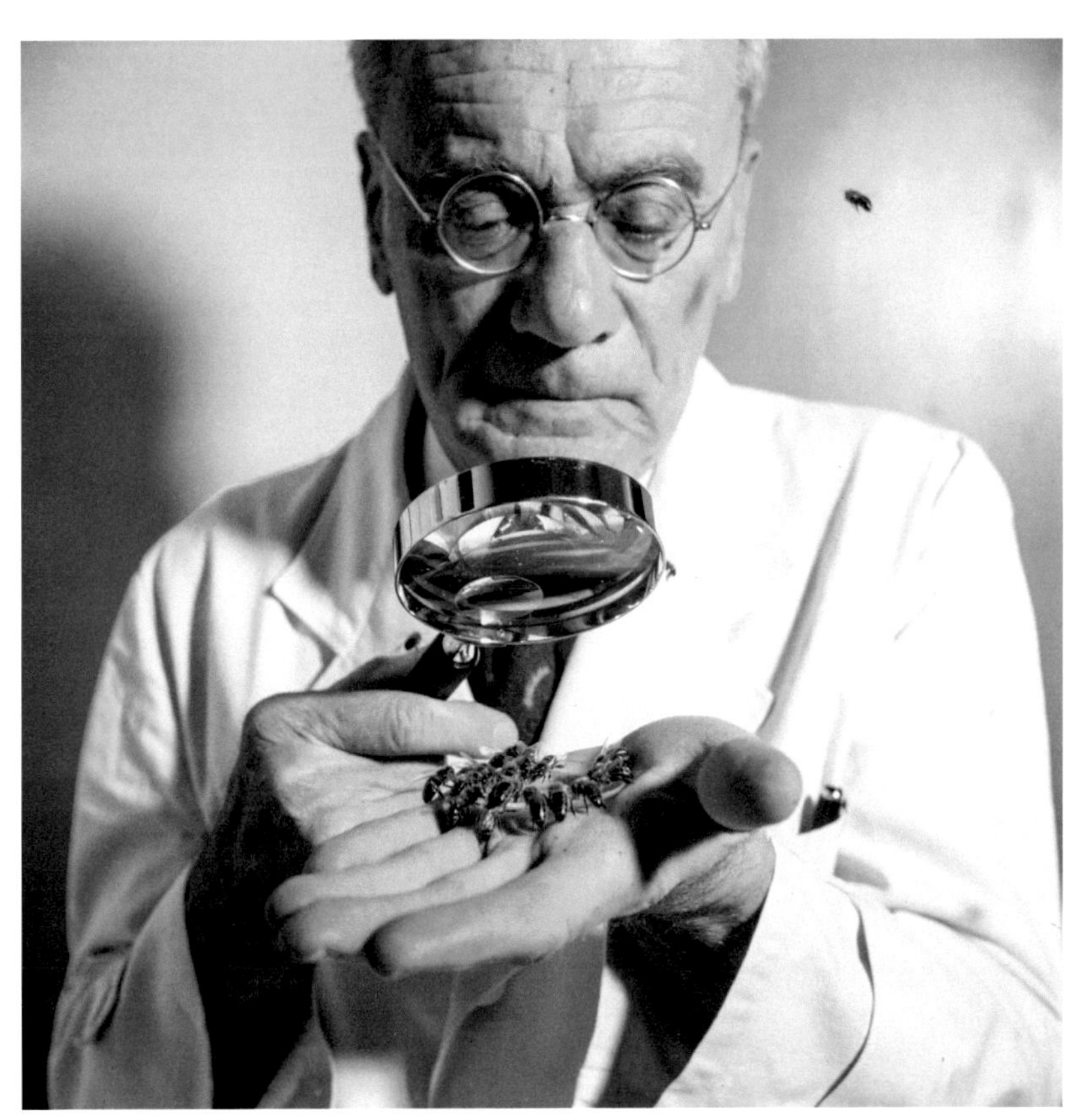

ミツバチの記号言語を解読したカール・フォン・フリッシュ。

――この振り付けにメッセージが隠れている。ミツバチは踊りという言葉を話しているのだ。フリッシュはそれをタンツシュプラッヘ（ダンス言語）と名づけ、１sw＝１kmと数式化した。食べ物まで何キロメートルあるかは、尻を振る秒数（sw：second of waggle）でわかるのだ。尻を振る秒数が長いほど、食べ物は遠くにある。太陽の位置と尻振りダンスの方角の組み合わせで、うっそうとした森の１本の木の場所を明確に示すことができる。ＦＡＳＴ電波望遠鏡の観測モニターに、銀河のどこかから発信されたこの数式が映し出されたら、それはもう地球外知性からのメッセージで間違いない。

もの言わぬミツバチが突発的に見せるダンスは、過去に何度となく目撃されてきたが、意味がないと一蹴されてきた。ところがそれは、数学、天文学、正確な計時能力を駆使して、仲間においしい食べ物のありかを伝えようという複雑なメッセージだった。太陽の角度は、目的地のおおまかな方向を示すのに使われていた。まっすぐ上向きに尻を振れば「太陽に向かって飛べ」だし、下向きであれば「太陽から遠ざかれ」なのである。

左右の動きは食べ物がある場所の正確な座標を表わし、ダンスの継続時間――数分の１秒ということもある――は仲間がそこに到達するまでの所要時間である。メッセージには風速と高度差まで織り込まれていた。ミツバチのダンスは季節による変動も、巣ごとの違いも、場所による差もない。必要な値をはじきだす計算方法と、それを伝える手段はすべてのミツバチに共通する。地域によって方言はあるかもしれないが、容易に解読できる。

なぜこれがファースト・コンタクトの物語なのか？　ヒトとミツバチは、数億年前に枝分かれしてから進化の道筋は完全に別だった。にもかかわらず、地球上でこの二つの生き物だけが、物理法則の知識を土台とし、数式で表現される記号言語――つまり科学――を創造した。地球外生命と共有できる言葉があるとすれば、この記号言語だ。

人間にとってミツバチはずっと身近な存在だったが、彼らがこれほど高度な方法で意思を伝えているとは夢にも思わなかった。フリッシュに始まったミツバチ社会の研究成果は、人間の高慢さに冷水を浴びせ、地球上の知的生命体に対する先入観を覆している。

記号言語

この本を執筆している今、世界の民主主義はかつてなく揺らいでいるが、そうでない場所もある。すべての者に発言権があり、腐敗とは無縁。議論を重ねて合意に達してから行動が開始される。ミツバチがいるところに出来上がるのは、そんな社会だ。

ミツバチ社会は、女王バチが絶対君主としてほかのハチを支配すると思われているが、実際は違う。女王バチの役割は繁殖のみ。適切な食べ物と、成長する場所を与えられれば、どんなメスバチでも女王の座につくことができる。

気候が暖かくなり、木々が花ざかりになる晩春から初夏にかけて、女王バチの王位交代が行なわれる。巣にいるハチの半分、およそ1万匹がそわそわし始めるのは、巣を出て新しいコロニーを見つけなくてはならないからだ。行く当てはないが、今の巣には残れない。

二度と戻れないとわかっている旅は勇気がいる。あらゆる危険を冒し、未知の世界を選ぶのだ。いよ

いよ出発の決断が下されると、巣はにわかに騒がしくなる。次代の女王バチは王台という特別な巣穴で成長を開始した。その一方で、たくさんの働きバチが現女王バチをさかんにつつき始める。これは意地悪というわけではなく、再び飛べるように体重を落とすエクササイズをしているのだ。すべての準備が終わると、旅の第一段階に移る。分蜂の始まりだ。

巣から黒い雲が吐き出される。何千匹というハチだ。群れの中心は元女王。既に巣では新女王が即位した。涙型をしたハチの群れは、まるで一つの生き物のように活気にあふれ、近くの木の枝からずっしりと垂れ下がる。

年長の偵察バチが、調査のために四方八方に飛んでいった。範囲は半径5キロメートル以内。新しい巣の設置場所を見つけるのだが、どこでもいいというわけではなく、条件はなかなか厳しい。正面玄関である木の空洞は、クマなどに大切な蜜を奪われないよう高い所になくてはいけない。内部の状態も重要だ。偵察バチは幹の表面をはい回り、空洞の内部を端から端まで飛んだりして、高さ、幅、奥行きを丁寧に計測する。大切なのは空洞の総面積だ。ミツバチは冬眠しない。長い冬をやり過ごすために内部を温め、十分に蜜を生産する必要がある。狭すぎても広すぎても次の春を迎えることができない。計測を終えた偵察バチは、群れに戻って報告する。

偵察バチが全員帰還したところで、年次総会が開かれる。偵察バチは、それぞれ自分が見つけたいちばんの場所について発表するのだが、ここでも科学的、数学的な記号言語が用いられる。偵察バチは尻振りダンスで一押しの場所を売り込むのだ。

まずは聴衆の関心を惹くことだ。偵察バチはそれぞれ支持者を集めるから、意見は分かれるばかり。

分蜂した群れが開く政治集会。
偵察バチが新しい巣の候補地について報告し、全員で議論を戦わせる。

人間がやる政治集会では嘘がまかり通る。敵を悪魔に仕立てあげたり、誰かに罪をかぶせたり、こちらの恐怖心や弱みにつけこんだりと、心理的に揺さぶろうとする。しかしミツバチはそんな危ないことはしない。人間もハチも、現実を曇りなく見られるかどうかに将来がかかっている。それでも私たちは容易に操作され、だまされる。ミツバチはあくまで事実に立脚し、どこまでも厳密で、誇張の入る余地はない。大切なのは真実だけであり、自然にごまかしは通用しないとわかっているかのようだ。

さて総会では、支持を集める偵察バチとそうでないハチが出てくる。支持者ゼロの偵察バチは戦線離脱して、ほかの偵察バチの支持に回る。熱狂的に尻振りダンスを踊る偵察バチほど、新しい住みかに最適な場所を見つけたことになる。研究者による長年の観察の結果、個々のハチは理想の住みかのイメージを持っていることがわかった。米国大統領選の予備選挙のように、選考が進むにつれて偵察バチは次々と脱落し、残るのはひと握りの候補者だけとなる。

だが彼らは人気候補者の話をうのみにせず、現地を見にいく。懐疑主義は生き残るための手段だ。再び偵察バチが派遣され、第三者の立場で評価を行なう。だからこそ尻振りダンスのメッセージは、広い森の1本の木を特定できる明解な座標情報でなければならない。しかもかならず最短コースが示される。こうして候補地が前宣伝通りだとわかれば、ハチは群れに戻り、称賛のダンスを踊る。

確認を終えて次々と戻ってきた偵察バチは、最初の偵察バチとぴったり同じ動きで踊りだす。最終選考に残っていた候補者も、ついに多数派に吸収された。欺瞞(ぎまん)も、暴力も、裏取引もなしに、まずは偵察バチのあいだで合意が出来上がった。残りのハチの説得も終わり、全員が一つのダンスでそろったら、新しい巣の候補地は満場一致ということだ。いつでも大移動を始められる。

群れは興奮状態に陥り、羽音も高まって轟音のようだ。羽の回転数を上げて、飛行に適した35度まで体温を上昇させる。偵察バチはほかのハチの熱も拝借して、ひと足先に飛び始める。それから60秒以内に1万匹がスクールバスほどの大きさの編隊を組み、太陽を羅針盤にして新たなすみかへと出発するのだ。編隊の中心にいるのは女王バチ。もし女王バチが途中で墜落したら、分蜂は失敗に終わり、全員がちりぢりになる。空飛ぶコロニーは女王バチの指導力頼みなのである。

目的地に着いた群れは空洞に吸い込まれるように入っていき、羽音も収まる。群れ全体は一つの集合意識であり、個々のハチが関与する一種の知性なのだ。

移動が終わったら、荷をほどいてわが家を整える。完璧な六角形の巣をつくって、育児室を飾り、食料貯蔵室を満杯にして……やがて冬が過ぎ、また暖かくなって、木々の花が満開になる。この営みが何千万年も繰り返されてきた。

ミツバチの生態に関する豊かな知識は、カール・フォン・フリッシュの遺産といってもいいだろう。フリッシュは彼らの記号言語を解読し、人間とは全く異なるタイプの知性とファースト・コンタクトをとったのだった。

ダーウィン

フリッシュに続く研究者たちは、何十年にもわたりミツバチの脳を詳しく調べることで彼の志を引き継いでいる。おかげでミツバチは睡眠をとることがわかったし、なかには夢も見ているという意見もあ

る。ヒトとミツバチとの大きな隔たりに、橋がかかりつつあるのだ。二つの種は5億年以上前に枝分かれしたにもかかわらず、農業、建築、言語、政治と重なり合うところがある。人間は長いあいだミツバチと共存してきたが、蜂蜜や授粉など、こちらの利になることにしか関心がなかった。自己中心主義で目が曇っていたのだ。だがミツバチが高度な文化をもっている事実は衝撃的で、すっかり目が覚めた。ならば、昔から存在していたもう一つの知性のことも、そろそろ認められるはずだ。

　私たちの目を開かせたのは、ほかでもない1人の男の功績だろう。私にとって彼は、あらゆる時代を通じて最も偉大な魂の指導者だ。簡素な一つの部屋から始まった「生命の宮殿」が進化に進化を重ね、天まで届く大伽藍（がらん）に発展した仕組みを解き明かしたのは彼だ。そして、地球上のほかの生き物たちの秘密をかいま見せてくれたのもこの男だった。

　どこかにあるという絶滅種の館。生命の木から途中で折れた枝が集められている。大地に根づいてから40億回も春を迎えた生命の木は、研究が進むにつれて見た目のつくりが徐々

チャールズ・ダーウィンは世界中を旅して動物を観察し、英国に戻ってからその記録を出版した。
上は1839年版と1841年版の挿絵で、左からダーウィンギツネ、
ダーウィンオオミミマウス、パンパスネコ、アンデスガン。

に変わってきているが、今なお生き続け、無限の可能性を開花させている。極小の単細胞生命体が進化して人間やほかの生き物になった。生命がこの先どうなっていくのか、少なくとも現時点では予測できない。気の遠くなる時間のなかで、単純な微生物から進化した生命体がどんな形状になり、どんな能力をもつのか予言は不可能だ。生命は化学反応を足し合わせた以上の存在だが、科学は生命同士を合わせた以上のもの——生命は、科学を使うことで、自らのことを理解し始めたのである。

もちろん、やろうと思ってそうなったわけではない。進化は意図的なものではないからだ。よろめいたり揺らいだりしながらたくさんの扉をたたき、未来につながる扉に飛びこんで、メッセージを発信し続けたのだ。

絶滅種の館は時のもやに包まれ、神話をまとっていて、実在するかどうか誰も知らない。しかし秘密のベールを開いた者がいる。彼は驚くほどたくさんの生物を研究し、珍しい種を求めて絶海の島々に出向いた。ミツバチ、花、フィンチ、軟体動物、ミミズを30年にわたって観察して得た画期的な説は世界に衝撃を与えた。

人間は世界を運営するために特別につくられた王様ではない。遠い祖先は立派な一族だったが、しょせんは成り上がりの子孫にすぎない――ダーウィンはそんな事実を暴いてみせた。真実に一片の疑いも残さないために、発表まで入念に時間をかけて。彼はもう一つ、それまでの固定観念を大きく覆し、すべての生き物がつながっている事実に哲学的な意味をも見いだしたのだ。人間とほかの動物が別に創造されていないのならば、人間固有と思われている特性をほかの動物ももっているのでは？　意識とか、他者との関係性とか、さらには感情とか……。

　人間の知覚は、世界に浮かぶ孤島ではない。周囲には、別の形で意識をもちながら生きているものがたくさんいる。ダーウィンにとって科学とは、より深いレベルの共感と謙虚さにたどり着く経路だった。地元の農家がヒツジを虐待していると聞きつければ、研究の手を止めてこらしめに行った。鉄製のわなの鋭い歯にかみつかれる野生動物や、麻酔もなくメスを入れられる動物実験に心を痛めた。研究者に解剖され、痛い目にあったのに、その人間の手を懸命になめるイヌの姿が死ぬまで脳裏に焼きついていた。その同情心はヒトにも向けられ、19世紀当時、人びとがいかに無知蒙昧（もうまい）か痛感していた。ダーウィンの自伝には、ブラジルで奴隷にされるのをよしとせず、崖から身を投げたアフリカ人女性の話が出てくる。もし彼女が古代ローマの婦人であれば、世間はあっぱれと賞賛し、自分の娘にこぞって彼女の名前を付けるだろうと。

　森の地面の下に広がる世界を、科学研究の対象としたのもダーウィンだった。樹木の根の先端は、とてもゆっくりではあるが、周囲を感じとって対応を指示している。ダーウィンはそれを知って、脳と同じだと気づいた。彼は動物の表情から喜び、苦痛、恐怖を読み取ろうとした。自然に謙虚に教えを請う

進化の道筋をさかのぼり、動物界全体の共通の祖先にまでたどり着いたことは、
科学が誇る最大の業績の一つだろう。上は近年中国で化石として見つかったサッコリタスの想像図。
5億4000万年前に生息していた。体長はわずか1ミリメートルだ。

たダーウィンは、膨大な科学知識を足掛かりに、自らの同情心を新しい次元に昇華させたのだ。

5億4000万年前に生息していたサッコリタスの想像図を見るたびにダーウィンを思い出す。顕微鏡でないと見えないぐらい微小な生き物だが、人間とほかの動物に共通する最古の祖先となると、存在が大きく見えてくる。

そんなつながりを、今の自分にどこまで引き寄せられるか。生命に関するあらゆる知識を集約した「経験のアーチ」が、いつの日か完成するだろう。その下に立つだけで、ほかの生き物の感覚を追体験できるのだ。アンデス山脈で上昇気流に乗る巨大なコンドルの喜びも、太平洋のはるか遠くにいる恋人に歌を捧げるザトウクジラの苦悩も、宿敵の心に潜む恐怖も、手に取るようにわかる。そんな経験ができたら、この世界は変わっていくだろうか？

彼らも私たちも、つまるところ同じ道具箱――遺伝物質――からつくられている。ただ進化の旅が違うだけだ。

宇宙には、生命の道筋が収束したり交差したりする惑星がほかに存在するのだろうか。そこで思い出すのは微小な動物クマムシだ。彼らはほかの動物が到底生きられない過酷な環境でも、死からよみがえって繁栄する。過去5回の大量絶滅を耐えた彼らは、真空の宇宙空間でも生身で生き延びる。小さすぎて肉眼では確認できないこの動物を、ドイツのゼンケンベルク研究所 自然史博物館が撮影した動画で見てほしい。彼らには愛情や優しさがあり、仲睦（なかむつ）まじくやっているとしか思えない。

ミツバチが夢を見て、クマムシが互いに寄りそうのだとしたら、宇宙には生き物が疑問をもったり、愛したりできるようになる道筋が無数にあるのでは？

経験のアーチがあれば、その下に立てばよい。なければ頭のなかにこしらえよう。

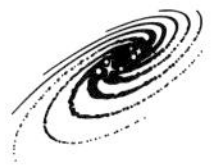

8

土星探査機カッシーニの犠牲

THE SACRIFICE OF CASSINI

地球はたとえ宇宙の中心でなくとも、少なくとも唯一の「世界」だろう——17 世紀にはまだそんな希望があった。ところがガリレオの望遠鏡が、「月の表面はなめらかに磨かれたものではなく、地球の表面によく似ている」ことを発見してしまった。衛星も惑星も、間違いなく地球と同じだと堂々と主張する権利を示したのだ——山脈やクレーターがあり、大気があり、極地に氷冠がある。土星に至っては、見たこともないすごい環をもっている。

ボイジャー 2 号は、めったにない惑星直列をうまく利用した。木星の近傍を通過することで、土星から天王星、天王星から海王星、海王星から太陽系の外へと向かうことができた。ただこの天体ビリヤードはいつでもできるわけではない。前回の機会は 1800 年代。トーマス・ジェファーソンが米国大統領だった時代で、当時の探検にはまだ馬と丸木舟と帆船を使っていた。(蒸気船という画期的な新技術はその後まもなく登場する。)

カール・セーガン『惑星へ』

土星の向こうに沈むエンケラドス。
NASA の探査機カッシーニが土星の大気圏突入の前に送信してきた最後の画像の 1 枚。

米国カリフォルニア州パサデナ。人びとが制御卓で果てしない星間空間の海を進む探査機と交信し、命令を出している。ここジェット推進研究所（JPL）のディープ・スペース・ネットワークの部屋はひんやりして、映画セットのような照明だ。暗闇のなかで、地上局の名称が書かれたすりガラスが氷の彫刻のように光を放つ。昔のNASAと違って、ここには神秘的な雰囲気が漂っている——ちょっと過剰なほどに。ある制御卓には「ボイジャー・エース」と書かれている。この制御卓を使って戦闘機のパイロットみたいにボイジャーと交信する人をこう呼ぶのだ。部屋の正面には、少し傾いた大きなフラットディスプレイがずらりと並び、どこにいるどの探査機がどの地上局と現在交信中かがわかるようになっている。死体保管所かと思うほど室温は低く保たれており、地下深くにある政府の秘密基地にいるようだ。それがまた、人類の大事業に関わっている悲壮感を高めてくれる。人類の野望を静かに物語るのは、40年以上にわたってボイジャーとパイオニアの航行距離を、光でかかる時間の単位で刻々と記録してきた距離計だ。

2017年9月15日夜。ディープ・スペース・ネットワークの部屋を見渡せるギャラリーに8名の科学者が集まった。彼らが研究者人生を捧げてきた一つの関係が、まもなく壮絶な形で終わろうとしている。自らの分身ともいえるNASAの探査機カッシーニに対し、はるか遠くの宇宙空間で生涯を終えるよう命じたのだ。

この計画が構想された1980年代初頭、彼らはみんな若かった。それぞれがチームリーダーとしてカメラの前に立ち、木星と土星を目指す壮大な探査計画について説明した。それから数十年後、彼らは特別見学客専用のギャラリーにいる。ガラスに映った自分の姿に、時の流れを実感した

2017年9月、ジェット推進研究所のディープ・スペース・ネットワークが運用する宇宙飛行運用施設を訪れたカッシーニ計画の初代チームリーダーたち。左からトレンス・ジョンソン、ジョナサン・ルニーン、ジェフ・カジ、キャロリン・ポーコ、ダレル・ストローベル。野心的な構想を練り、実行した彼らは、カッシーニに最後の別れを告げるために集まった。

NASA
Jet Propulsion Laboratory
California Institute of Technology

だろう。8名がガラス越しに見つめるのは、眼下に座っている「カッシーニ・エース」だ。彼は死刑執行人の任を帯びている。航空会社カウンターの係員のように彼が事務的にキーボードをたたけば、運命の指令が送信されるのだ。

J1407b

重力はいろんな芸当をやってのける。目を楽しませてくれるのは惑星の環だ。この太陽系の惑星の半分が環をもっている。ところが、1995年以降太陽系外で発見された数千個の惑星（系外惑星）のうち、環が確認できたのは2012年に見つかったJ1407bの1個だけ。この発見はすごいことだ。

J1407bの質量は木星の20倍。地球から420光年の所で、若く黄色い恒星J1407の周りを回っている。それを囲む環の半径は、太陽・地球間の距離1億5000万キロメートルの半分以上にもなる。これだけ大きいと本体の惑星まで小さく見える。天の川銀河内に、ほかに環をもつ惑星が見つからないのはなぜだろう？　環の存在そのものが希少なのか、系外惑星を観測する方法で環を見つけるのは難しいのか。

系外惑星は例えば分光器を使って発見する。恒星の光を虹の七色に分けてスペクトルを取り、隠れた情報を引き出す。恒星J1407を分光観測すると、スペクトルに何本も入っている暗線が、わずかに左右に動いているのがわかる。系外惑星の重力の影響で恒星がふらついている証拠だ。

系外惑星 J1407b の想像図。質量が木星の 20 倍以上もある大きな惑星だが、全半径方向に 6400 万キロメートル以上も広がる環のせいで小さく見える。

トランジット法もある。こちらはいわば恒星の心電図だ。等しい時間間隔で黄色い恒星の明るさをグラフに点で書き込んでゆく。惑星が恒星面を通過すると、惑星の環が恒星の光を遮って届かなくなるので、点が打てなくなる。

遠い天体の明るさの時間変化を示した図を光度曲線という。J1407の光度曲線で目を惹くのは暗さだ。謎の何かが、地球と恒星のあいだを通過したに違いない……それも巨大な何かが。惑星J1407bの環は大きく、J1407の光を遮る食は何日も続いた。環全体は1億8000万キロメートルにわたって広がっている。途方もない広さだが、驚くほど薄い。環を一般的な洋皿の大きさに縮めると、厚みはその100分の1、つまり髪の毛1本分になる。広さと薄さの極端な対比は、私たちの太陽系では考えられない。海王星のいちばん外側の環はおぼろげで、最初は完全な環ではなく、とぎれとぎれの弧（アーク）だと考えられていた。しかしボイジャー2号の探査で、弧とされていた部分は完全な環の濃い部分であることがわかった。

天王星にも環がある。天王星は太陽系でいちばんの変わり者なのに、どうして大きな注目を集めてこなかったのだろう。天王星は、太陽系にある二つの氷惑星の一つで、これまでに接近したのはボイジャー2号だけだ。天王星は横倒しになっているので、環というスケート靴のブレードで太陽の周りを滑っているように見える。13本の薄い環に加えて小さな衛星も27個ある。天王星の夏は20年も続き、そのあいだ日が暮れることはない。冬も同じく20年で、ずっと夜が続く。ほかのガス惑星や氷惑星と違い、天王星は心が冷たい。内部で熱を生成していないのだ。

天王星はぶっとんだ惑星だ。最も外側の大気は摂氏３００度以上にもなる。高度が下がるにつれて雲が厚く、青くなり、温度も低下する。太陽系で最も冷たい雲があるのも天王星で、温度はマイナス２００度より低い。内部に広がる海はアンモニアと水、液体ダイヤモンドが主成分なので、ダイヤモンドの雨も降ると思われる。

天王星の自転軸は横倒し、つまり軌道面に対してほぼ平行な状態で軌道を描いている。なぜそんなことになったのかというと、二つの大きな天体からワンツーパンチを受けたという説が有力だ。最初の激突の衝撃が収まらないうちに2発目をお見舞いされたため、横に転がってしまったのだろう。

同じ惑星の環でも、木星の4本の環はこれまで見てきたほかの惑星と性質が大きく異なる。木星の環はいちばん内側は明るい青だが、それ以外は赤く、厚みもある。外側の環はとくに希薄だ。木星の環は地上の望遠鏡からは見ることができなかったため、ボイジャー1号が接近したときに発見された。

ハッブル宇宙望遠鏡が赤外線で撮影した天王星。横倒しのまま公転する天王星と貧弱な環、
それに27個ある衛星のうち6個が写っている。

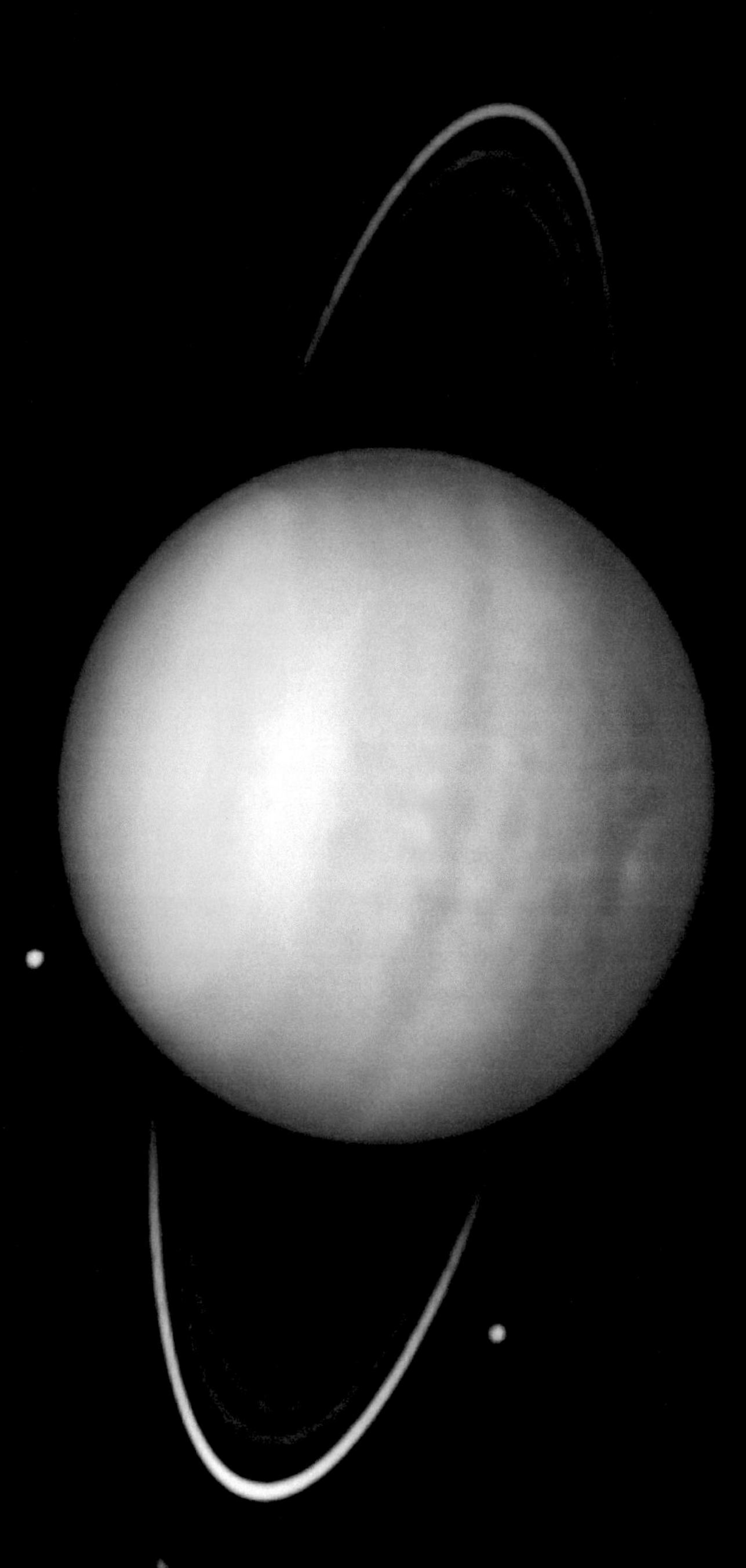

カッシーニ

太陽系で最も大きく、明るく、麗しい環をもつのが土星だ。肉眼ではっきり確認できる最も遠い惑星であることから、古来から印象的な存在だった。バビロニアやもっと前の時代から、人びとはこの明るい光の点について語り継いできた。理解を超えたものに対し、もてる想像力を駆使して、さまざまな意味や予兆や恐怖を投影してきたのだ。人間が少しずつ歩みを進め、数千年たった今でも、ジェット推進研究所（ＪＰＬ）のディープ・スペース・ネットワークの部屋では、人びとが同じ惑星に目を奪われている。

地上でただ眺めるだけだった古代天文学の時代から、土星の上空に探査機を飛ばす現在までの長い道のりのなかで、特筆すべき出来事はなかったが、熱を帯びた動きが一瞬だけあった。始まりは１６０９年、ガリレオが自作の望遠鏡で宇宙を見たことだ。翌年、彼は新しい望遠鏡で土星を眺め、自問した。あのちかちかした落ち着かないものは何だ？　ガリレオは、ただの光の点ではない土星を初めて見たのだった。

このときガリレオは、土星をはさんで対称な位置に2個の衛星があると考えた。しかし１６１２年に再び土星を観測したら、「衛星」がなくなっていた。地球と土星が公転して互いの位置が入れ替わり、土星の環を真横から見る形になったためだ。土星の環は幅28万キロメートルだが、厚さは平均して１００メートル前後しかない。当時の素朴な望遠鏡では、環の厚みまではとらえられなかった。そして

1614年には、土星に取っ手のような付属物が確認され、ガリレオは……土星には耳があると断定した。

それから40年たった1655年、オランダの天文学者クリスティアーン・ホイヘンスがやはり自作の望遠鏡で土星を観察した。望遠鏡は大幅に改良されており、ぼんやりとではあるが土星の環がしっかり確認できた。惑星に環ができること、土星がそんな惑星の一つであることがこうしてわかった。ホイヘンスは土星の最大の衛星で、約200年後にタイタンと名づけられる天体も発見している。人類がいよいよ土星探査機を飛ばすことになったとき、欧州宇宙機関は搭載する小型探査機にホイヘンスの名前を付けた。

科学の世界には、ガリレオがいて、ニュートンがいて、ダーウィンやアインシュタインがいる――既成概念を覆し、新たな展望を切り開いた巨人たちだ。その一方で、彼らとは別種類の偉大な科学者もいる。クリスティアーン・ホイヘンスもその1人。自然の広大なカンバスの空白部分を埋めて、科学の進歩を後押しした。ジョバンニ・ドメニコ・カッシーニもそうだ。生まれたのは17世紀初め、現在のイタリア、山の上にあるペリナルドという町だった。

カッシーニは最初から科学者だったわけではない。始まりは科学者もどき――占星術師だった。惑星にはそれぞれ性格的な特徴があって、生まれたときの星回りがその人の気質や運命を決定するというものだ。これは偏見の一種だろう。相手の人となりを深く知ろうとせず、生まれた日の惑星や星座（これも人間が勝手に星空に描いたもの）の配列だけであれこれ決めつける。だったら皮膚のメラニン量や鼻の形で占っても同じことだ。長いあいだ天文学と占星術は同じものだったが、あるとき、宇宙における地球の実際の立ち位置がはっきりわかる覚醒の瞬間が訪れた。

1543年、ポーランド人司祭ニコラウス・コペルニクスが、通説を覆す発表を行なった。地球は太陽系の中心ではなく、その他の惑星とともに太陽の周りを回転しているというのだ。これは地球の降格であり、科学が人類の自尊心を大いに傷つける歴史の始まりだった。事実、発表から1世紀以上経ても、一部の人びとはまだ受けいれられなかった。ジョバンニ・カッシーニもその1人だ。彼は、フランスの太陽王ルイ14世に招かれる栄誉に浴した。ルイ14世は神に王権を授かった絶対統治者を自認すると同時に、科学の偉大な力と、国家防衛への可能性を認識する欧州初の君主でもあった。

ルイ14世は世界初の近代的な科学研究機関、王立科学アカデミーを創設する。宮廷に参上したカッシーニは、パリ滞在はせいぜい1、2年で、長くとどまるつもりはないと伝えた。ところが新設された天文台台長に任命されると、イタリアに戻る気が失せた。科学の世界で世襲はあまり聞かないが、パリ天文台はその後120年以上カッシーニ家が台長を務めることになる。カッシーニが作成して国王に捧げた月の地図は、1世紀ものあいだ最新版として活用された。ルイ14世は、経度測定のための南アメリカ調査航海にも資金を出している。海上交易と新しい領土を欲してやまないフランスにとって、正確な経度は是が非でも欲しい情報だったのだ。

カッシーニが太陽系の大きさを求めようと考えた1672年当時、惑星間の距離の比は出せても、距離そのものはわからなかった。しかしルイ16世が命じた航海のおかげで、地球上の2点間の距離を正確に算出できるようになっていた。カッシーニは地球上の2地点から同時に火星の見える位置を測定することで、地球から火星までの距離を幾何学的にはじきだした。それと距離比を組み合わせれば、惑星

ジョバンニ・カッシーニが作成し、1679 年に出版された月の地図。
極めて正確で、1 世紀以上修正の必要がないほどだった。

間の距離を求めることができる。こうしてカッシーニは、コペルニクスが提唱し、自身は否定的だった太陽系の大きさを明らかにしたのである。また、英国のロバート・フックと同時期に木星の大赤斑（だいせきはん）も発見しており、発見者の栄誉を分かち合うことになった。

カッシーニは望遠鏡の精度も向上させ、木星の1日の長さを突き止めて、表面の特徴的な帯や斑点を記録した。さらに火星の1日の長さも計算し、地球より約1時間長いことを明らかにした。彼の計算結果は、正確な値と3分しかずれていなかった。

再び木星の観測に戻ったカッシーニは、ほんのもう少しで世紀の大発見をするところだった。だが性格は運命だ。保守的な彼は、決定的な証拠があってもそれ以上追いかけることができなかった。

木星の観測中、カッシーニは何度も首をかしげた。木星が衛星を隠す食が予測通りに始まらず、観測のたびに変動するのだ。これは、太陽の周りをそれぞれ独立に回っている地球と木星の軌道間の距離が変化しているからではないか？　当時は光の速さは無限大と考えられており、それならば地球と木星の距離が変わっても、食は計算通りに始まるはずだ。もしかすると、光速は無限大ではない？　まさか。専門家が口をそろえて無限大だと言っているのだから、間違いない。光速が有限だなんて、あまりに常識はずれでばかげている。カッシーニはその可能性を却下した。もし当時の通説ではなく、目の前の証拠を素直に信じていたら、３５０年後も立派に役に立つ宇宙の物差しができていたはずだ。

それから数年後、デンマークの天文学者オーレ・レーマーがパリ天文台に着任し、カッシーニの助手となった。彼は木星の衛星の食を独自に観測して、データの不一致を確認した。カッシーニはそれを無視したのだが、レーマーはまさにそれこそが光速が有限である証拠だと見抜いたのだ。

とはいえカッシーニはいつもデータ軽視だったわけではない。気に入らない人間を自由に罰し、処刑できる絶対君主の不興を買う危険をあえて冒したこともある。カッシーニはルイ14世から、領土の正確な面積を出すよう命じられた。正確な国土地図、ましてや山河や谷といった特徴がわかる地形図は、フランスに限らずどの国にもまだなかった。カッシーニは無事に任を果たしたものの、その結果は決して国王を喜ばせるものではなかった。

それでもカッシーニは宮廷に赴いて報告した。「陛下を失望させるお知らせにございます。フランスは広大な国だと思っておりましたが、調査によると、陛下の王国は遺憾ながらさほど大きくないようでございます」それを聞いてルイ14世の顔は険しくなり、居並ぶ家臣たちは震え上がった。ところが王は破顔一笑してユーモアで返したのだ。カッシーニよ、そなたは敵国の軍勢が束になって攻めるよりも多くの領土を私から奪ったのか。

重力アシスト

21世紀の宇宙探査機になぜカッシーニの名がついたのか。彼は土星の環の正体を最初に突き止めた。環は一枚の円盤ではなく、惑星の周りを回る無数の衛星でできていると提唱した。彼が見つけた環の隙間は、カッシーニの間隙（かんげき）（カッシーニの隙間）と呼ばれている。

だが、そこに行くにはどうすればいい？

外惑星探査計画を実現するには、数多くの頭脳が知恵を絞り、調査を尽くさなくてはならない。なかには著名な人物もいるが、そうでもない人がほとんどだ。太陽系探査の最大の功労者も、その名を知られていないに等しい。

土星探査機カッシーニはＮＡＳＡが打ち上げた探査機としては最も大きく、重さは5・4トンを超え、大きさはバス1台ほどもあった。燃料のプルトニウム２３８は約32キログラム搭載され、20年はゆうにもつ計算だ。だが本当の原動力はプルトニウムではない。カッシーニは重力の虹に乗って、はるか外惑星まで旅をしたのだった。カッシーニの偉業の始まりは、思った以上に昔にさかのぼる。それはついえた希望の墓場に深く眠っていたが、そこから希望が立ち上がったのだ。宇宙探査の最初の黄金時代を飾る数々の計画は、１人の男によって可能になった。その男には二つの名前――偽名と本名――があったが、どちらも忘れられて久しい。

アレクサンドル・シャルゲイ。１８９７年、ロシア帝国領だったウクライナのポルタバに生まれた。母親は気位の高いお騒がせな人物で、反帝政デモにも参加する恐れ知らずだった。シャルゲイが5歳のとき、母親は政治活動を理由に警察に連行され、精神病院に収容される。母親が官憲に連れて行かれた日、幼いシャルゲイは一家の粗末な田舎家に独り残されたという。シャルゲイは寂しさから、父がもっていた物理や数学の教科書を読みふけった。その父親も、シャルゲイが13歳のときに世を去る。祖母に引き取られ、暮らしは困窮を極めていたが、シャルゲイは名門高校に入学することができた。卒業後はウクライナで最も優秀な工科大学に進学するものの、わずか2カ月で徴兵される。時は１９１４年、第一次世界大戦のさなかだった。17歳のシャルゲイは、砲撃のやまないコーカサスの前線で、汚水と死体とネズミだらけの塹壕から夜空の月を見上げた――どうやったらあそこに行けるだろう。

夢は地図だ。地獄のような前線で、シャルゲイは月に到達し、探査する計画を構想した――創作物語としてではなく、現実の青写真として。地球からロケットを発射し、月を周回する軌道に探査機を乗せる。乗組員1名は探査機にとどまるが、2名は着陸船に乗り込んで月面に降り立つ。調査が終了したら、着陸船は月から離陸して探査機と合体し、地球への帰路につく。どこかで聞いた話だ。

第一次世界大戦が終わっても、シャルゲイの地獄は続いた。革命の嵐が吹き荒れるロシアで、政治の地雷を踏まないように生きていかねばならない。月に行く方法を考えるほうがよほど楽だった。反革命の白軍に加わっていたシャルゲイは「人民の敵」と見なされ、日雇い仕事を求めてあちこち訪ねても、身分証を見せるだけで門前払いだった。ソ連にいてもつらいばかり。そう思ったシャルゲイは、1918年にポーランドへ脱出を図る。国境で警備隊に捕まるものの、痩せ衰えて発疹チフスまで発症していたため、どうせもう長くはないと釈放された。

シャルゲイは幼少期を過ごしたポルタバの田舎家にたどり着き、そこで健康を取り戻した。小さな娘がいる近所の女性が世話をしてくれたようだ。それから3年間、彼の足どりは完全に消えている。次に姿を現わしたとき、アレクサンドル・シャルゲイはもういなかった。過去を断ち切りたい一心で、反革命の経歴がない死んだ男の氏名と身分証をそっくり頂き、ユーリ・コンドラチュクになったのだ。コンドラチュクは『惑星間空間の征服』という本も出版した。第一次世界大戦中に執筆したもので、出版社が相手にしてくれなかったので自費で出した。それは彼にだけ見える未来に宛てた手紙であり、「惑星間ロケット建造に際してこの論文を読む誰か」に向けて書かれていた。

この本からはコンドラチュクの未来への自信と、科学への揺るぎない信仰が伝わってきて、本人が置かれた悲惨な状況を思うとことさら感慨深い。恵まれた時代にこの本を開く見知らぬ誰かに手を差しのべ、宇宙をもっと知りたい欲求を分かち合い、世代を超えて結び付こうとしている。

冒頭の一節は、絶望から立ち上がれと自らを鼓舞しているようだ。「最初に申し上げておくが、本書で論じる内容にたじろぐ必要は全くない……飛行手段の可能性について言えば、ロケットの宇宙飛行は理論的に何ら不可能でないことだけ覚えておいていただきたい」

最初の断言を裏づけるべく、コンドラチュクは月に到達する具体的な方法を説いていく。この論文に

ユーリ・コンドラチュク、別名アレクサンドル・シャルゲイ。1897年生まれ。

第一次世界大戦中に構想した月面探査飛行は科学的にも整合性があり、
50年後にNASAのアポロ計画で実現した。

深宇宙飛行の手段として、初めて重力アシストを思いついた人でもある。

宇宙時代の実現に計り知れない役割を果たしたが、自らはそれを知ることなく世を去った。


はもう一つ重要なことが書かれていた。惑星から惑星へ、恒星から恒星に移動する手段の一つに、重力アシストを挙げていたのだ。惑星や衛星の重力を利用して速度や方向を変える方法で、スイングバイとも呼ばれる。

コンドラチュクが論文に記したこの方法は、40年たって初めて試された。1959年、ソ連の探査機ルナ3号が月の裏側を世界で初めて撮影した時だ。月と地球は潮汐固定されているため、地球からは月の裏側が見えない。NASAでは1973年に発射されたマリナー10号以来、惑星間飛行には毎回重力アシストを利用している。ボイジャー1号と2号は木星の重力を使って太陽風の影響を受ける太陽圏から飛び出し、星間空間の大海に出ていった。

１９２０年代後半、コンドラチュクはソ連政府の指名で穀物倉庫の設計に関わることになった。当時のソ連は金属不足が深刻だったため、使えるくぎは1本だけ。それでなるべく大きい倉庫をつくらなければならない。それでも「マストドン」と呼ばれる巨大な倉庫を完成させた。ところがコンドラチュクは穀物倉庫完成の妨害容疑で秘密警察に逮捕されてしまう。たった1本のくぎで大きな穀物倉庫を建てるような無謀なことができるのは国家の敵だけだ――これがスターリン時代の悪夢の理論だった。この倉庫は60年後に焼失するまで立派に機能し続けたのだが、そんな事実もコンドラチュクの運命を変えられなかった。

30代に入っていたコンドラチュクは、3年間の特別労働キャンプ送りになった。このキャンプはシャラシュカと呼ばれ、科学者と技術者が大規模な国家事業に従事させられるところだった。コンドラチュクは風力発電事業に配属されるが、頭の中は惑星や衛星に探査機を飛ばす考えでいっぱいだった。このキャンプで出会ったのが、同じく宇宙探査の夢を描き、のちにソ連のロケット計画でチーフエンジニアを務めるセルゲイ・コロリョフだ。コンドラチュクの才気を見抜いたコロリョフは、いずれロケット事業を任されたら参加してほしいと持ちかけた。だが所属が変われば、秘密警察に身辺調査されるかもしれない。正体が発覚することを恐れたコンドラチュクは、コロリョフの誘いを断った。

第二次世界大戦でドイツ軍がソ連に攻撃を開始したとき、コンドラチュクは前線での軍務を志願して通信部隊を率いた。彼の最期は正確にはわからないが、１９４２年2月、オカ川の防衛線を巡る激戦で炎と煙の中に消えたとされている。アレクサンドル・シャルゲイ、またの名をユーリ・コンドラチュクは44歳の生涯を閉じた。彼の物語は終わりを迎えたが、彼の夢はまだ続いていた。

フーボルト

それから20年ほどたった1961年。さっぱりと髪を刈り込んだ米国アイオワ州生まれの技術者が、バージニア州のラングリー研究センターで夜遅くまで仕事をしていた。彼の名はジョン・コーネリアス・フーボルトで、不可能にも思える難問に苦慮していた。アポロ計画はまだ始まったばかりで、どうすれば地球を出たロケットが月に着陸できるか、科学者と技術者は知恵を出し合っていた。地球の重力圏を抜け、月に到達するには相当な出力が必要だが、そんなロケットを月面に着陸させようとしたら、激突してしまうのでは？　しかもロケットは再び離陸して、乗組員を無事に地球に送り届けなくてはならない。ダイレクト・アセントと呼ばれるこの方式では、うまくいくとは到底思えなかった。

飲み終わったコーヒーカップが散乱し、ゴミ箱があふれかえるフーボルトの部屋に、2人のヨーロッパ人研究者が訪ねてきたのはそんなときだったという。彼らはタイプ打ちのぼろぼろの原稿を持ってきた。それは40年前にコンドラチュクが出版した論文の英訳だった。彼らはコンドラチュクの夢の火花を消さずにおいたのだ。

だがNASAの公式見解は異なる。コンドラチュクの論文を入手して翻訳したのは、1964年になってからというのだ。NASAには大いに敬意を払う私だが、この見解は疑わずにはいられない。

NASAの技術者ジョン・フーボルトが黒板に書いているのは、
コンドラチュクの構想を基にした月軌道ランデブー計画。月面への宇宙飛行には不可欠だった。

1961年当時11歳だった私は、冷戦の緊張が極度に高まり、ソ連との競争のためならすべてをねじ曲げる風潮だったことをよく覚えている。とっくに他界しているとはいえ、敵方の人間を偉大な勝利の立役者として認めるなど、NASAに限らず米ソの政府機関ができるはずもない。

意図的か偶然かはともかく、アポロ11号はコンドラチュクの構想に従って人類史に輝く偉業を達成した。それは月面着陸や、地球への帰還だけで語られるものではない。今では、重力アシストの発見者がコンドラチュクであることは誰もが認めるところだ。私たちの祖先が枝から枝へ飛び移っていたように、勢いをつけて惑星から惑星に飛んでいける。そんな夢を描いたのがコンドラチュクだった。だからある意味、1973年以降の宇宙時代に得られたすべての発見は彼に帰するともいえる。カッシーニ計画も例外ではなかった。カッシーニは金星、地球、木星と三つの惑星ではずみをつけて、土星に到達したのだ。

最後の指令

土星の美しい形はアール・デコ様式と呼びたくなる。太陽系のなかで地球の次に愛されている惑星だろう。その環は天文愛好家の小さな望遠鏡でも見ることができて、宇宙旅行や未来の象徴でもある。夏の満月の夜、私は空を見上げて想像を巡らせる。もし地球に環があったら？　公園のベンチに腰かけた恋人たちが、大きな影に隠れてしまうのか。環のなかの氷塊1個1個が見えたりする？

環のある惑星と、そうでない惑星があるのはなぜだろう。どうして地球や火星には輪っかがない？土星はあの環がなければ土星とわからない。環のない土星は裸のように見える。だが、そもそもどうやってあの環ができたのか。1848年、望遠鏡で土星を見たフランスの天文学者エドゥアール・ロッシュも同じ疑問を抱いた。彼は衛星の破片だと推測した。土星に接近しすぎた不用意な衛星は、潮汐力で引き延ばされ、形がゆがんで崩れ始め、細長いアーク状になり、最後はばらばらに壊れるのだ。

小惑星や衛星、彗星が惑星にどこまで接近すれば、惑星の潮汐力で破壊され、環になるのか。それを導き出す公式をロッシュは編み出した。この距離をロッシュ限界と呼ぶ。それでもカッシーニが土星で

2006年に探査機カッシーニのレーダーがとらえた、タイタンの表面に点在するメタンの湖。

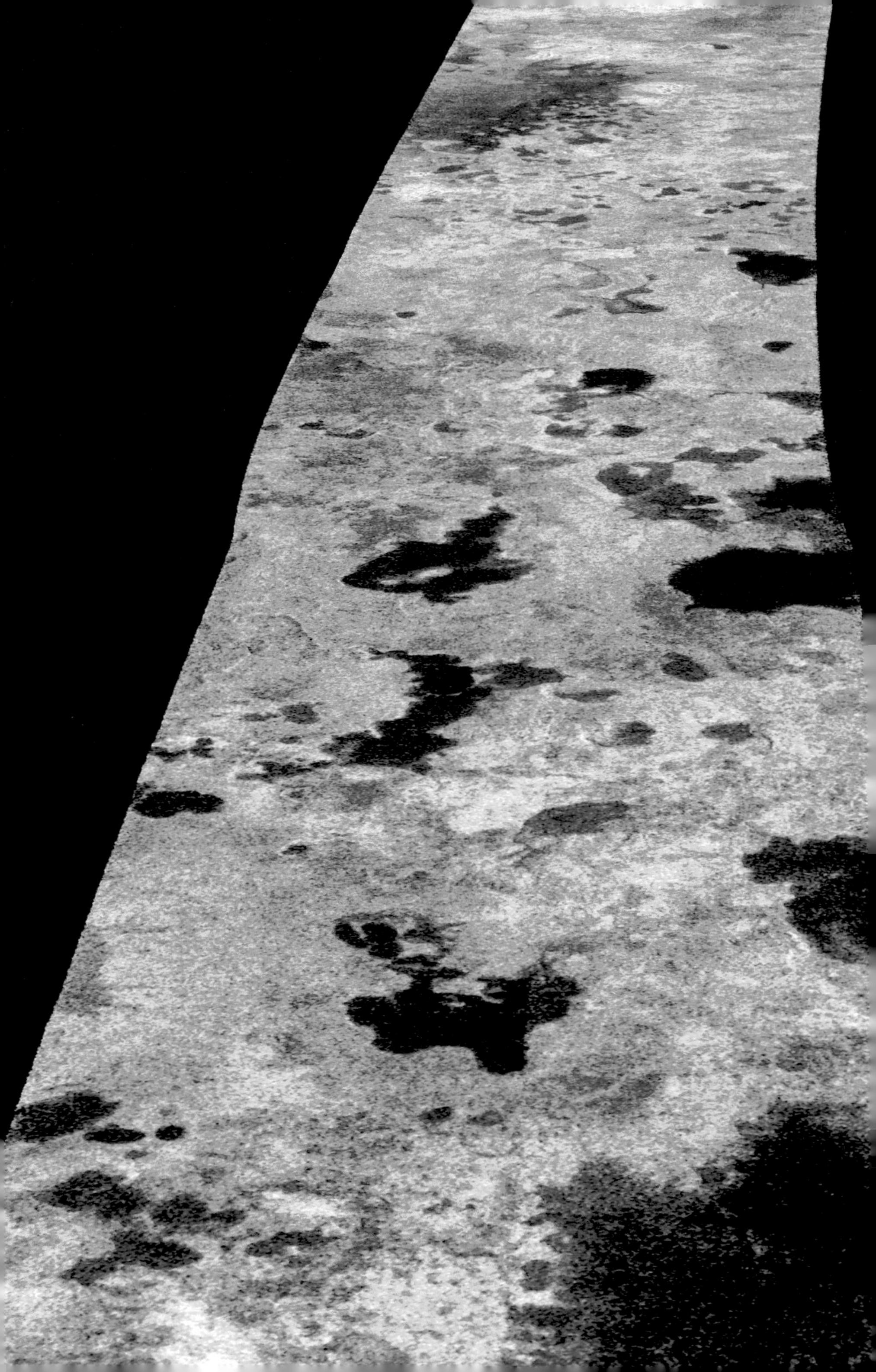

一連の観測をやってのけるまで、環の成り立ちは諸説紛々だった。例えば、環は惑星本体と同じぐらい古いという説。40億年以上前、生まれたばかりの太陽を回るガスと塵の円盤から土星ができたとき、1個ないしはそれ以上の衛星がロッシュ限界を超えて近づいた。あるいは環はもっと最近、せいぜい1億年前にできたという説。カッシーニが軍配を挙げたのは後者だった。

ところで地球のロッシュ限界はどれくらいだろう。もし月が1万9000キロメートルよりも近づいたら、ロッシュ限界違反の罰則が適用されるが、その可能性はゼロだ。月がなくなることは

7年に及ぶミッションの終了間際、土星の北極上空を飛ぶカッシーニの想像図。

あり得ない。私は今の距離にある月が好きだから、それは何よりだ。太陽系のなかで、これほど私の心を揺さぶる衛星はほかに一つだけ。そこは地球のように厚い大気層に覆われ、湖や山があり、雨も降るが、オレンジ色の濃いスモッグに遮られて外からは見えなかった。欧州宇宙機関がNASAと協力して、小型探査機ホイヘンスを送り込むまでは。

2004年7月1日、惑星間の旅を7年続けてきた探査機カッシーニがようやく土星系に到着した。土星探査はそれまで3度実施されていたが、衛星タイタンの表面に小型探査機を着陸させるのはこれが初めてだ。オランダの天文学者の名をもらったホイヘンスは母船カッシーニから離れ、タイタンの大気圏へ勇敢に突入して炎の塊となった。それでも減速装置は完璧に作動し、一瞬がくんとなった後にパラシュートが展開した。オレンジ色の分厚い雲をゆっくりと降下すると、変化に富んだ山脈とメタンの湖の風景が現われる。カール・セーガンらが20年以上前に予測した通り、メタンやエタンの海、それに水の氷も存在した。地球の衛星である月は生物の兆候もなく殺風景だが、こちらの衛星ははるかに陰影に富み、輝きにあふれていた。

　カッシーニが土星の北半球に達したときは冬のさなかだった。太陽が登ったのはそれから5年後だ。北の春がようやく始まり、太陽光線は驚くべきものを照らしだした。ピンクと紫が渦巻く六角形だ。その完璧な形は、知的生命体が何らかの目的で土星表面に手を加え、つくり上げたのかと思うほどだ。だが実際には、極付近で起きているアンモニアの湧昇と、風速の急激な変化で生まれることがわかった。それは雷鳴と稲光が荒れ狂ういわばハリケーンの親玉で、内部に無数の小さなハリケーンが存在しているのだった。

　地球でも春は荒々しい嵐の季節だ。土星では7年も夏が続くが、カッシーニに自己破壊の指令が下ったのはこの季節だった。１９９７年の打ち上げから土星到達まで、カッシーニは終始重力アシストを最大限に利用した。もちろん、地球で舵取りをして新しい軌道に乗せるために、ロケット燃料も使用している。

　２０１７年4月、カッシーニのロケット燃料がいよいよ少なくなってきた。最後の指令の前に、これまでで最も大胆な試みに挑戦だ。カッシーニ計画が始まった１９８０年代、土星探査はまだ夢物語に近かった。そのころからの古株も含め、計画に加わった科学者たちは、カッシーニを完全に破壊しなければならないことを認識していた。そのまま無意味に漂流させるのは危険だ。打ち上げから20年たっても、機体にはまだ地球の微生物が付着している可能性がある。万が一、生命が潜んでいるかもしれないタイタンやエンケラドスに衝突でもしたら、生態系に影響を及ぼしてしまうし、ＮＡＳＡが定めた惑星保護方針の検疫規定にも抵触する。

こうして、探査機にプログラムされたなかで最も無情な指令が発信された。それが光の速さで1時間以上かかって、カッシーニに届いた。いかなる状況にも耐えうるよう設計に腐心した技術者たちが、今、探査機に死への突入を命じたのだ。

「小さな探査機」は雄々しくも最後の力を振り絞った。そして居ずまいを正し、エンジンを全開にして土星の大気圏に突入する。そのあいだも、技術者たちが期待した以上のデータを刻々と地球に送り続けた。大気圏の抵抗に逆らって進むうちに、燃料タンクが空になった。もう余力はない。カッシーニはばらばらに壊れ、土星に降り注ぐ流れ星となって有意義な生涯を終えた。２０１７年9月17日のことだ。ジェット推進研究所に集まった科学者や技術者たちは肩を抱き合い、涙を流しながら死亡時刻を確認した。世界時11時55分。

カッシーニは土星の衛星を新たにいくつも発見し、衛星エンケラドスに液体の水があることを確認し、土星の磁場と重力場を詳しく測定した。それを可能にする新しい技術と知識を、よくぞ短期間で整えたものだ。何しろスプートニクからカッシーニの大気圏突入まで、たった60年なのだから。カッシーニ計画は、人類としての自尊心を再確認できるまたとない機会だった。これからの宇宙探査の成果にも希望が膨らむ。

アームストロング

あなたの夢は、あなたが死ねばそこで終わる。でも後の世代の科学者がそれを拾って、月や、もっと遠くまで届けてくれるかもしれない。ユーリ・コンドラチュクは忘れられた存在で、宇宙探査に果たした役割にも異論があるかもしれない。それでも彼のことを記憶にとどめ、その業績を正しく評価したいと思う人間はいた。

アポロ11号で月面に降りたったニール・アームストロングは、地球に帰還した翌年ウクライナを旅した。コンドラチュクの田舎家を訪れた彼は、ひざまずいて足元の土をひと握り持ち帰った。そしてモスクワでソ連の指導者に会ったとき、自分が月に行けたのはコンドラチュクのおかげだと強くはっきり伝えたのだった。

正真正銘の魔法

MAGIC WITHOUT LIES

私はこの世界をフラットランドと呼ぶ。ここがそう呼ばれているからではなく、三次元空間に暮らす特権に浴す幸福な読者に、その特徴を明確に伝えるためだ。

エドウィン・A・アボット『フラットランド 多次元の冒険』

量子力学を理解する者は皆無といっていい。

リチャード・ファインマン『物理法則の特徴 The Character of Physical Law』

化学者・物理学者エリック・ヘラーが「電子の流れ」で描いた美しい作品。
穴に飛び込んだ電子が大きく広がって、乱雑系の無秩序な動きを見せ、印象的なアートをつくり出す。

自然はいちばん大事な秘密を光に込めた。私たちの恒星である太陽からの光は、地球の全生命の源だ。植物は光を食べて糖をつくる。光は宇宙の物差しでもあり、空間と時間に輝く目盛りを刻む。光が閉じ込められた所はブラックホールだ。暗黒物質や暗黒エネルギーは光を発さないので、その正体の理解が進まない。「光を見る」というと宗教的な意味で使うことが多いが、光にいちばん執着するのは天文学者だ。だが光の探究は、一流の天文学者や物理学者さえも困惑させる。

ニュートンもそうだった。20代のニュートンは1665年から66年の冬を故郷のウールスソープで過ごした。英国リンカンシャーの寒村だ。彼は寝室にこもり、光と色の物理的性質の解明を試みる。思い詰めて、針で目を突いてみたこともあったという。このころニュートンは、既に微分積分学という数学の新しい分野の基礎を築いていた。そして一連の実験の結果、色は光の一つの側面であると結論づけた。私たちの目に映るものは、どこまでが光の特性で、どこからが神経活動の産物なのか。色は光の中に隠れているのか、それとも私たちの目の中にあるのか。ニュートンはそれを突き止めたかった。

知りたい欲求が高じるあまり、ニュートンはボドキンと呼ばれる千枚通しを手に取り、左目の下のほうに押し当てた。光学研究のノートには「眼球に圧力をかける実験」と淡々と記し、図まで添えてある。この実験は明るい部屋で行なったが、両目をしっかり閉じていたにもかかわらず、まぶたを通して光が入ってきて、大きな「青みがかった円」が見えたという。苦痛の割に大した結果は得られなかったようだ。それでも、こうした単純で身近な実験を積み上げた結果、ニュートンは虹の正体を明らかにし、白い光はすべての色の足し合わせでできていることを説明した。

ニュートンが探究したのは、熟したリンゴが木から落ちたり、窓から光線が差し込んだりといったあ

アイザック・ニュートン卿著『光学：すなわち光の反射、屈折、回折、および色の論考』。
30年にわたる光、視覚、色彩の実験の集大成で、初版は1704年に匿名で出版された。

OPTICKS:

OR, A

TREATISE

OF THE

Reflections, *Refractions*, *Inflections* and *Colours*

OF

LIGHT.

The FOURTH EDITION, *corrected.*

By Sir *ISAAC NEWTON*, Knt.

LONDON:

Printed for WILLIAM INNYS at the West-End of St. *Paul*'s. MDCCXXX.

りふれた現象だ。でも、その「当たり前」のことに、まるで4歳児のように「なぜ」「どうやって」という疑問を向けたところが偉大だった。

光の成分は何だろう。光を限界まで分割したら、そこに何があるのか。影のできかた、雲間から差す光、皆既日食の暗闇を考えると、光は直進することがわかる。ニュートンは、光は粒子の流れだと考えた。コーパスルと彼が呼んだ微粒子が次々と目の網膜に当たることで、私たちは光を感知するのだ。

ところがオランダに、粒子説に真っ向から反論する研究者がいた。それは誰あろうクリスティアーン・ホイヘンス、土星に環があることを確かめ、最大の衛星タイタンを発見した天文学者だ。彼もニュートンと同じで、身近な現象に好奇心と疑問を向ける人物だった。終生うつ病を抱えながらも、好奇心の結果世界を変えることに長けていた。振り子時計を発明したのもホイヘンスだ。正確に時を刻む振り子の振幅を割り出す公式も考案した。振り子時計はそれから3世紀のあいだ、最も正確な計時装置として世界に君臨した。

ホイヘンスは「マジック・ランタン」と名づけた新しい装置の原案を残している。それが映写機として実現するのは数百年後だが、ホイヘンスは17世紀当時既に映画の概念をもっていた。その「映画」は本人の陰鬱な気質も関係していただろう内容だ。ホイヘンスのペン画には、骸骨がダンスを踊る様子が描かれている。おどけたあいさつのあと、自分の頭蓋骨をはずして山高帽のように腕に抱え込む。そして頭のないまま得意げに胸を張り、また頭を戻してにやりと笑いかけるのだ。

ホイヘンスもニュートン同様、数学の新しい領域を開拓した。ゲームの結果を予測する理論、つまり確率論である。光に関してもホイヘンスは独自の説を打ち立てたが、それはニュートンと全く異なって

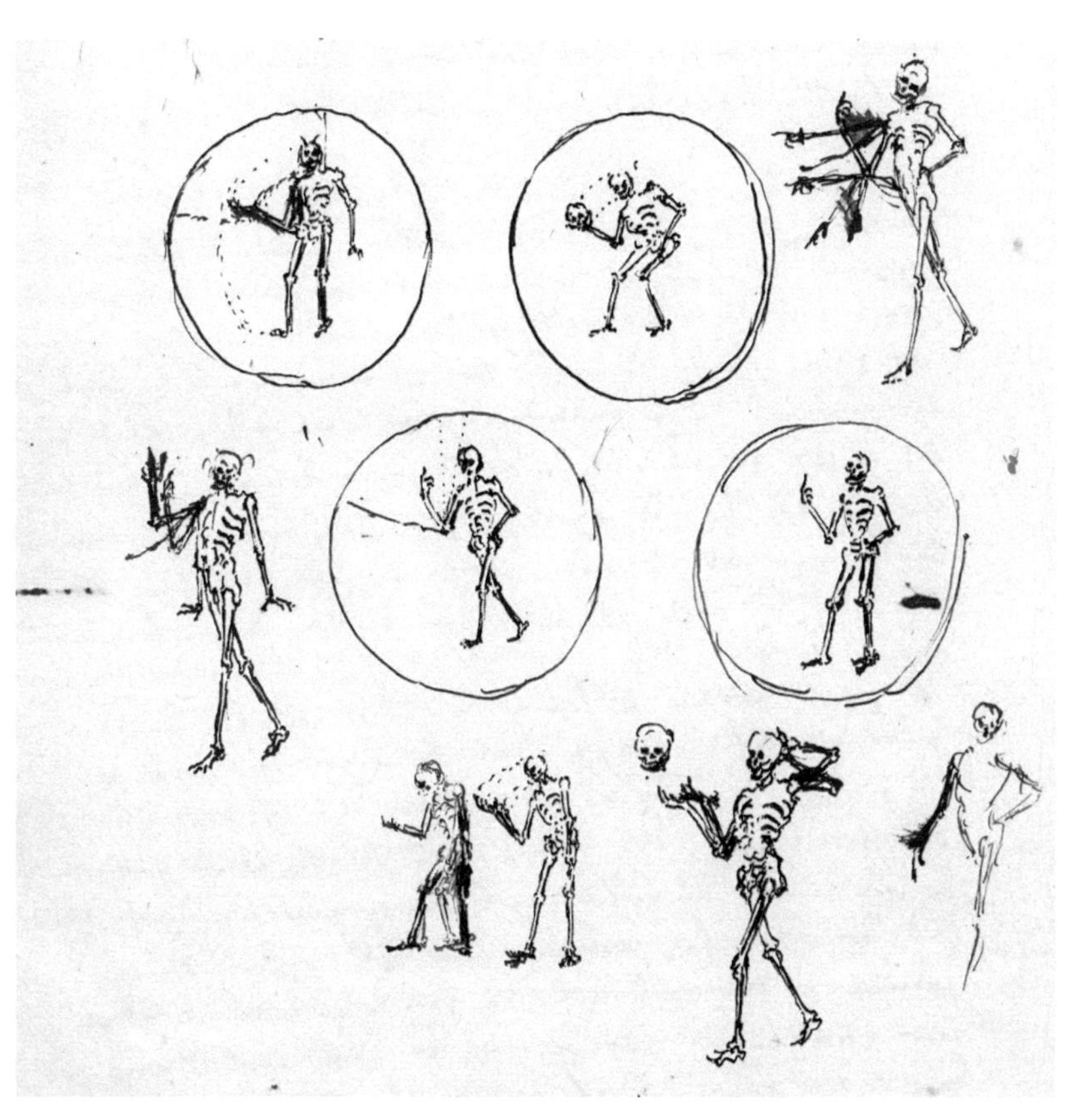

1659年、クリスティアーン・ホイヘンスは映写機を構想し、初のアニメーション作品「骸骨の踊り」の素描（デッサン）を残した。これが実現したのは数百年後だ。

いた。光は一直線に次々と飛んでくる粒子ではなく、あらゆる方向に広がる波だと考えたのだ。

音が波のように移動することは、当時既に知られていた。扉が少し開いているだけで、向こうの声がよく聞こえるのは、音が水のように回り込んで入ってくるからだ。音叉をたたいて持ち上げ、音を聞きながらその振動を見ていると、音波が四方八方に発散するのが見えるようだ。光もこれと同じだとホイヘンスは考えた。

ニュートンとホイヘンス、2人の天才はどちらが正しいのか。光は粒子か波か。この問いの答えは一筋縄ではいかない。

二重スリット実験

さてここで、トマス・ヤングにご登場願おう。彼は多方面に才能があり、それを大いに活用した。1773年に英国サマセットに生まれ、叔父の遺産があったおかげで自由に好奇心を探求し、幅広い分野で大きな貢献を果たした人物だ。

習慣も信仰も異なる文明が残した謎の暗号がある。これまで多くの人が解読に挑戦しては失敗してきた。19世紀初頭、古代エジプトの象形文字ヒエログリフの解読競争は欧州の大きな話題を集めた。解読の突破口を開いたのは、言語学を学んでいた若きヤングだ。彼はヒエログリフに多く出てくる六つの音を特定した。さらにヤングは、今日話されている多くの言語がインド、そして欧州に共通の祖先をもつことを突き止め、インド・ヨーロッパ語族と名づけた。

ヤングは物理学への貢献も大きく、現在と同じ概念で「エネルギー」という言葉を最初に用いた。また分子は2個以上の原子が化学的に結合したものと考え、分子の大きさを計算ではじき出した。当時はまだ技術がお粗末だったことを考えると、ヤングの出した数字は驚くほど正解に近かった。

医学の分野では、目の形状のゆがみで視覚異常が起きることを発見し、乱視と名づけた。こんなふうに彼の業績を挙げたら切りがないが、やはり特筆すべきは、彼がたった数枚の板紙で行なった単純な実験だろう。19世紀初頭のこの実験が、物理学を混迷の穴に突き落とすことになる。

ヤングは板紙の真ん中に縦にスリットを入れてテーブルに立てた。さらに、2本のスリットを平行に入れた別の板紙を少し離して最初の板紙の後ろに置き、3枚目の板紙をいちばん奥に立てた。部屋を暗くして、当時のランプとしてはいちばん強い光を放つアルガン灯をつけ、緑色のガラスシェードをかぶせた。光のほかの色を遮断して、特定の色、つまり特定の波長の光だけを板紙に当てるためだ。なぜそんなことを？　いろんな色が重なりあうと、干渉縞と呼ばれるパターンがぼやけると思ったからだ。

緑のアルガン灯を手前に置いて、1枚目の板紙に光を当てる。1本スリットを通過した光が、2枚目の2本スリットも通って、3枚目にどんなパターンを描くか。もし光が粒子なら、3枚目には二つの別々の光がぼんやりと浮かび上がるはずだ。だがそうはならなかった。

板紙に投影されたのは、縞模様だった。二つの波が外に広がり、重なりあっている。水面のさざ波がぶつかって干渉する様子にそっくりだ。こうしてヤングは、光は波であることを実証した。

この実験結果に、当時の科学界の反応は冷ややかだった。アイザック・ニュートンという偉大な天才が誤るはずがないと思われていたからだ。彼は科学者というより聖者だった。そのニュートンが光は粒

1801年、トマス・ヤングが初めて行った実験で、光は波として二重スリットを通り抜けた。

子だと断言している。トマス・ヤングというぽっと出の若造が、光には波の性質もあると主張しても、たわごとでしかなかった。だが科学において、権威は何の重みもない。議論に決着をつけられるのは自然だけだ。しかも自然は無数の落とし穴を用意している。自然を完璧に理解できたと見なすのは愚か者のなす業だ。この場合、ニュートンは半分間違っていて、ヤングは半分正しかった。この問題はさらにややこしいことになるのだが、それはまだ先の話だ。

量子の世界

ヤングが仕掛けた時限爆弾は導火線が恐ろしく長く、爆発まで100年かかった。光には実に不可思議な性質があるのだが、もちろんヤングはそのことを知らないし、ほかの誰も知らなかった。なぜなら、それは当時のどんなに強力な顕微鏡でも見えないほど、微小なスケールで起きていたからだ。古代エジプトの墓よりはるかに深い謎の世界が開かれるのは、19世紀も末、必要な装置が開発されてからだ。

それは1897年、ケンブリッジ大学でのことだった。物理学者J・J・トムソンが開いたのは、粒子と波がつくる意外な世界の扉だった。ある意味彼の研究は、2500年前に活躍し、物質世界は原子で構成されると看破した古代ギリシャの哲学者デモクリトスにまでさかのぼる。だが原子を見た者はおらず、デモクリトスの主張はいわば信念として受け継がれてきた。しかし、トムソンは原子より小さいものを発見したばかりか、それを誰もが見られるようにしたのである。

トムソンが使ったのはスリット入りの板紙ではなく、電極を取り付けた真空のガラス管だった。電極に高圧をかけて、ガラス管内に放出される粒子の流れを観察する。磁石を近づけると軌道が曲がる。トムソンはこの粒子を電子と名づけた。

米国物理学協会のサイトでは、1934年にトムソンが語った肉声を聞くことができる。「とても小さく水素原子よりはるかに軽い物など、最初はあり得ないと思いました。水素原子自体でさえとても小さくて、全世界の人口と同じ数だけ集めても、当時の科学では見ることができなかったんですよ？」

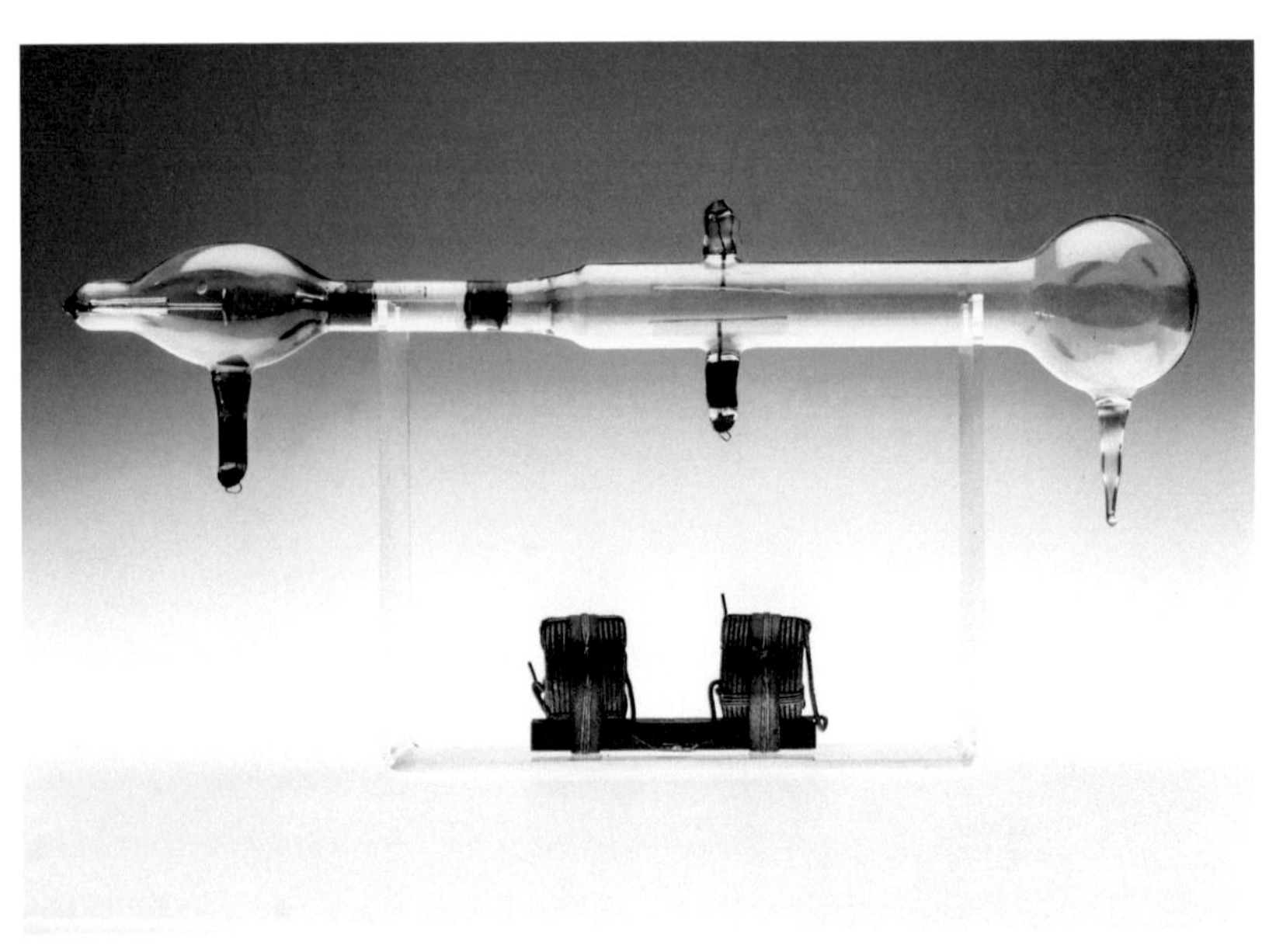

この録音は100年近く忘れられていたものらしいが、今聞いても当時の驚きが伝わってくる。原子を構成する粒子が初めて可視化されたのだ。科学はついに自然の奥義に分け入った。そしてここからとんでもない展開が始まる。物質の最小単位――原子――でさえ、もっと小さい構成単位――電子など――に分けられるならば、光にも同じことが言えるのでは？ 光に取りつかれた科学者たちは、光の小さな構成単位を抽出する方法を探し始める。鏡の廊下を進んだ先には、これまでの物理法則が通用しない不思議の世界があった。

20世紀後半に入ると、ヤングの二重スリット実験は大きく進展した。光をいちばん小さい単位――光子――に分離し、二重スリットに向けて一度に一個ずつ発

J・J・トムソンは陰極管（上）などを使った実験で、原子に負の電荷をもつ粒子、電子が含まれていることを実証した。息子のジョージ・パジェット・トムソンはこの研究を引き継ぎ、水晶を通過した電子を金の板にぶつけることで（左）、電子が波のように振る舞うことを示した。原子より小さな粒子の曖昧な性質は、今も研究者を悩ませている。

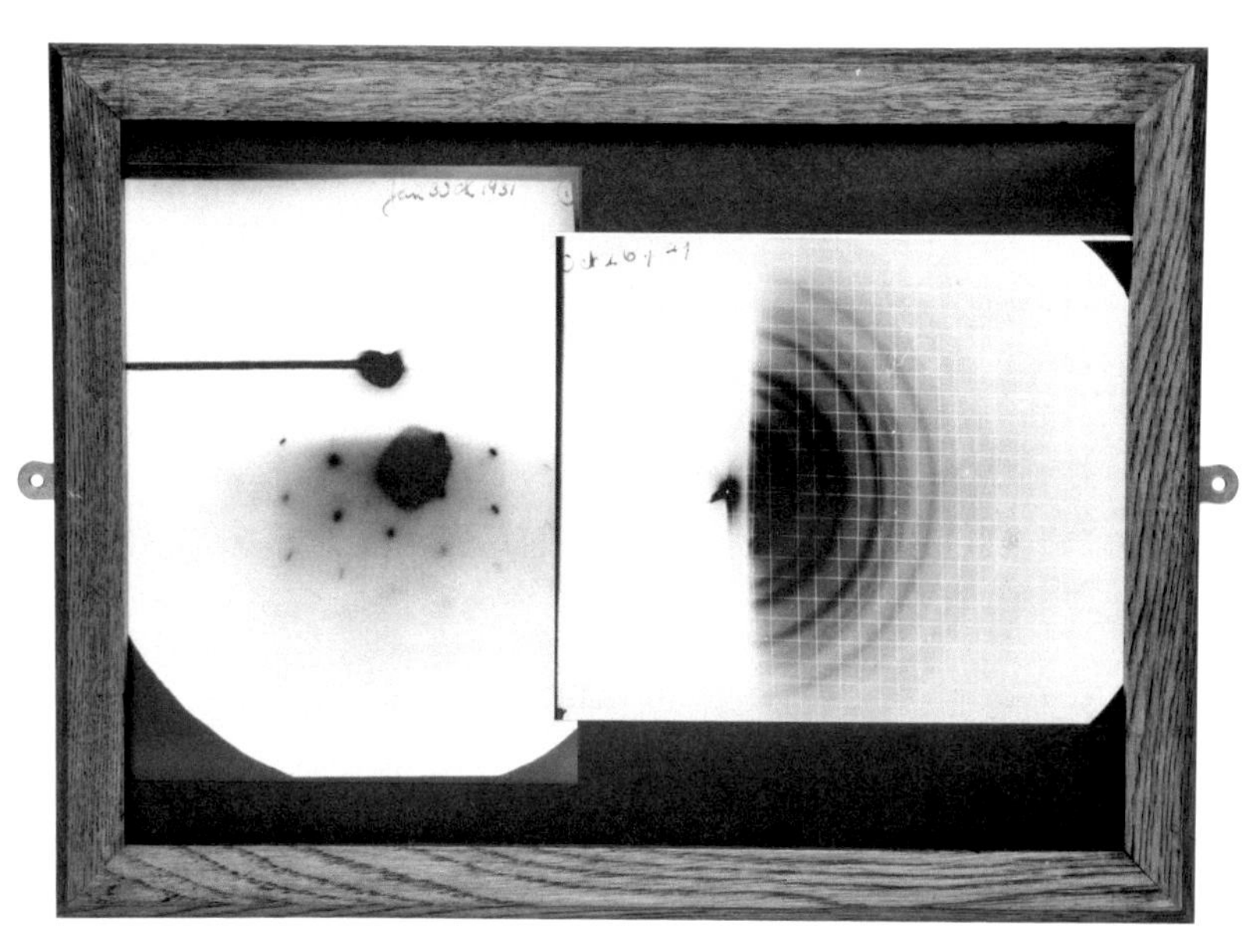

射し、かつ、光子がどちらのスリットを通ったのかを見ることが可能になった。最初の一個と次の一個は右のスリットを通り抜けた。三個目は左を通過する。これをどんどん続けるうちに決まったパターンはなくなり、左右のスリットを通り抜ける光子の数はほぼ同じになる。

では三枚目の板紙を見てみよう。そこには、波がぶつかって生まれる縞模様ではなく、光子がぶつかった痕跡（こんせき）が二つ同じ大きさで並んでいる。あれ……波はどこ？　ヤングの干渉縞は？　さあおかしなことになった。その理由を私は説明することができない。なぜなら、地球上の誰一人としてまだしっかり理解できていないから。そう言われて不満を覚える人は、これから先の話も納得できないだろう。既に見つかっている最小スケール――量子（りょうし）――の世界では、観測するという行為で結果が変わってしまう。

それでは、今度はどちらのスリットを通ったかを見ないようにして、光子を発射しよう。誰も見ていなくても、光子は規則性なく2本のスリットを通り抜けている。そこで目を開けると……光と影の同心円の縞模様が投影されている。ヤングの干渉縞だ！　信じられないだろうが、光子がどちらのスリットを通ったかを見るか見ないかで、3枚目の板紙に現われるパターンが変わるのだ。そんなバカなと言われるのは承知だが、過去に行なわれたどの実験でも、観測者の有無が結果を左右していた。干渉縞が得られなかったのは、光子1個まで光を分割したからではなく、どちらのスリットを光子が通るかを実験者がじっと見ていたからだ。

でも誰かに見られていることを光子はどうやって知るのか。光子には目はないし、脳ももっていない。光子1個は極めて小さく、複雑な装置を用いないと見ることはできない。その装置が悪さをするのでは？　でもそれでは、見ているときに粒子で、見ていないときに波になる理由が説明できない。光が粒子であれば、観測者がいようといまいと波の干渉縞は生じないはず。縞模様をつくるとき、個々の光子は3枚目の板紙にぶつかる位置をどうやって決めているのか。これはミクロな世界での物理現象を記述する量子力学の核心に迫る大きな謎だ。

アイザック・ニュートンとクリスティアーン・ホイヘンスはどちらも半分正しく、半分間違っていた。光は波と粒子の両方であり、どちらでもない。これは光子に限らず原子より小さい粒子に共通する振舞いだ。光子、電子などの素粒子は、観測者がいない所では、確率の法則が支配する不確定状態にある。しかし観測が始まった途端、別のものになるのだ。

ホイヘンスがいなかったら、私たちは量子世界で身動きが取れないだろう。量子世界をつかさどる法則を理解するには、今でも彼の確率論だけが手掛かりなのだ。すべての粒子は偶然に左右され、確率は絶えず変動する。今、目の前にあるものが、次の瞬間別の何かに変わる幻想を見ているようだ。

このマクロな世界の法則が、考え得る最小のスケールに適用される別の法則体系に切り替わる境界があるはずだ。そこでは日常の感覚は通用しない。次元も規則も異なる世界を理解するのは、容易なことではない。

フラットランド

エドウィン・アボットが１８８４年に書いた名作『フラットランド 多次元の冒険』は、量子世界の謎を考える上で格好の入門書だ。１９８０年の《コスモス（宇宙）》では、宇宙の大きな構造と時空のひずみを説明するところで、この作品を引用した。ここでも、科学と数学が見せてくれる反直感的な体験に注目してみよう。『フラットランド』は二次元世界の住民の物語だから、次元が一つ増えた世界がどうなるか想像しやすい。

町の風景を想像してほしい。平屋根の家々が並び、道路には長方形の平たい乗り物が行き来している。その町を見下ろすと、一見普通だが、この町には高さ――三番目の次元がない。そこにあるすべてのもの、すべての人が平べったい。家も四角や三角、ときに八角形と複雑だったりするが、どれも完全な平面だ。

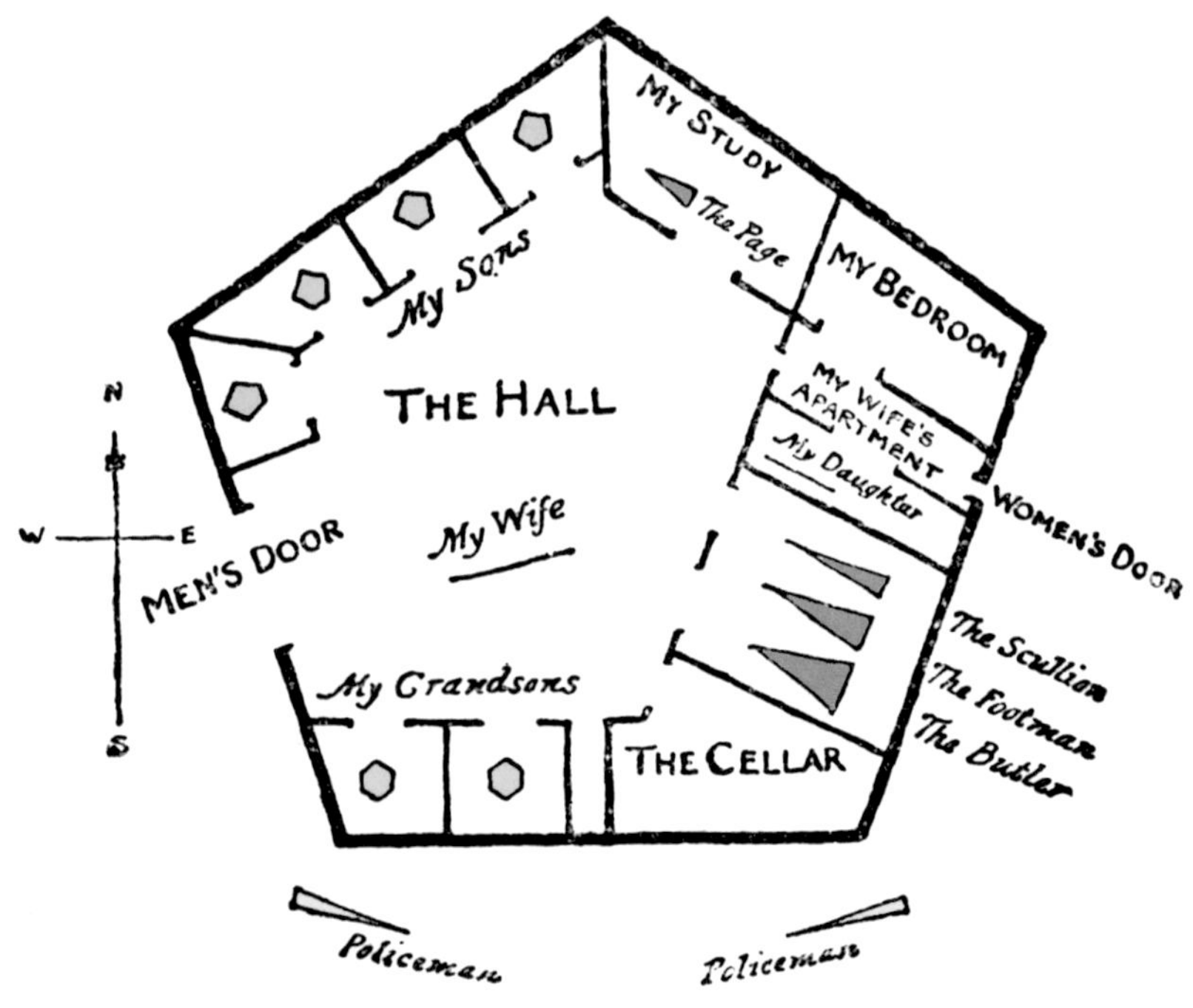

エドウィン・アボットが 1884 年に書いた小説『フラットランド 多次元の冒険』は、二次元世界が舞台だ。住人たちはこの図のような家に暮らす。

ではフラットランドの住人に近づいてみよう。錠剤みたいな形をした生き物が、小さな多角形の乗り物に乗ったり、通りを歩いたりしている。二次元なので前進と後退、右折と左折はできるが、上下の動きはできない。

三次元に住むあなたから彼らに声をかけてみる。空間に、声がこだまする。

返事はない。でも足音が聞こえる。住人が家から飛び出して、異様な声の出所を探しているのだ。細長くて平べったい住人はとまどっている。頭がどうかしたのだろうか？　さっきの声はまるで自分の内側から出てきたようだ。上から聞こえるという発想はない。

この世界に「上」はないからだ。

三次元世界から来た者は、靴底と地面が接している部分でだけ存在している。外に出た住人は、目の前にある靴底面にぎょっとする。

ひざまずいて、慎重に住人をつまんで持ち上げよう。「驚かせてすまない。でも心配いらないよ。三次元の世界を見せてあげる。自分のいる世界を新しい視点から眺めてごらん」

住人は仰天していたが、やっと事情が飲み込めたようだ。「これが〃上〃だよ」と言われて見下ろすと、広がる平たい家々や仲間たちが視界に飛び込んできた。二次元世界を三次元から見るのは、天地がひっくり返るほどの衝撃だ。

もう十分だろう。住人を二次元世界にそっと戻してやる。仲良しの女の子が駆け寄ってきた。彼が突然姿を消したと思うと、またどこからともなく現われたのだ。

三次元世界に安住している私たちが、一つ次元の少ない世界を想像するのはたやすい。ゼロ次元は点があるだけ。一次元はすべてが直線だ。二次元がフラットランド。そして三次元は私たちが今いる世界だ。ではそこから次元が一つ増えたら？

三次元世界を想像できないフラットランドの住人の姿は滑稽（こっけい）だ。でも量子現実では私たちも同じこと。三次元世界も、ある意味フラットランドなのだ。

量子もつれ

この宇宙には、まだ発見されていない次元があり、矛盾した現実が存在する。私たちが認知する世界も一つのレベルでしかなく、その上や下がある。そんな別のレベルに行く扉をたまたま見つけた研究者がいる。ニュートンとホイヘンスしかり、トマス・ヤングしかり、マイケル・ファラデー、ジェームズ・クラーク・マクスウェルしかり。アインシュタインもそうだった。だが彼らほど知名度はないものの、どこにも通じていないと思われていた扉を蹴り破った者がいる。それほど宇宙の矛盾にがまんできなかったのだ。

光は波であり粒子である。このパラドックスに挑んで敗れた者は数知れず、科学界にとってはいっそ忘れてしまいたい問題だった。20世紀前半まで、このテーマを選んだら科学者生命はそこで終わりに等しかったのだ。それに納得できなかったのが、ジョン・スチュワート・ベルだ。その名前を知らなくても、数で表せないほど深く私たちの生活や未来と関わっている。ベルの革命が進展するのはこれからだが、その前にきっかけとなった謎について説明しよう。

二重スリットの実験のように、光線を個々の光子に分割するところからドラマは始まる。光子をある物質に当て、光子のペアを取り出す。この2個の光子は物理的に深く結びついた状態にあり、量子力学では「もつれ」という。時間と空間にどれだけ隔てられても、そのつながりはびくともしない。古代ギリシャの哲学者プラトンは、完全な存在が二つに分かれ、片割れが相手を探し求めるのが愛だと説明し

量子もつれの概念図。量子もつれとは、誰かが測定しない限り破られることのない謎めいた関係だ。

ジョン・スチュワート・ベルは、アインシュタインができなかったことをやってのけた。
自然の書に白紙のページがあることが許せなかったベルの奮闘で、量子技術の革命が起きた。

たが、それにちょっと似ている。片割れ同士はお互いの唯一のソウルメイトであり、宇宙の端と端に離れていても、相手の内面にぴったり同調するのだ。

光子のスピンを測定すると、もう一つの光子のスピンが瞬時に変化し確定する。特別なことではなく、そういう規則になっている。この長距離恋愛は宇宙の歴史が始まってからずっと続いている。１３８億年前に宇宙ができた最初のころ、光子のペアが別れて反対方向に飛んでいった。お互い何百億光年も離れたが、絆は揺るがなかった。

光子に限らず、電子などの素粒子ペアが、いったん量子もつれの状態になると、永遠の愛を誓うのはなぜなのか。さらに不思議なのは、誰かがどちらか一方の素粒子を観測するだけで、この関係を断ち切れるということ。1個の光子のスピンを測定しさえすればいいのだ。どれでもいいから光子を1個選ぶ。よし、あれにしよう！　この瞬間、何十億光年と離れた所にいるソウルメイトが異変を感じる。めくるめく愛の喜びは消え、心は通い合わなくなった。片割れを観測しただけなのに、時の始まりから続いてきた絆が断ち切られたのだ。

第三者のたった一度のなにげない行為が、なぜ光子の強固な絆を永遠に終わらせてしまうのか。宇宙の反対側にいるソウルメイトに別れを告げ、即座に相手がそれを受け取るとなると、光よりも速くやり取りできることになるが、それは可能なのか。これらは科学に残された二大難問だ。だから悩んでも仕方がない。いったん考えだすと、アインシュタインほどの偉大な頭脳でも生涯悩み続けることになる。

論理的にあり得ないことは、科学者をとりこにする。光の速さが宇宙の制限速度であるならば、遠く離れた光子同士が瞬時にやり取りすることはあり得ない。アインシュタインは、そんな「不気味な遠隔作用」が起き得る宇宙は受け入れがたかったようだ。

二重スリットの実験で、発射された光子が左右どちらのスリットを通過するかは全くの偶然だ。だがその偶然も、何らかの規則に従っているに違いない――それがホイヘンスの確率論と、サイコロばくちの配当率計算の基になっている。

光子の量子もつれに確率論を当てはめることに、アインシュタインは戦慄（せんりつ）を覚えた。光子があつかましくも光速を突破するとなれば、自然の法則が何一つ成り立たず、宇宙とその創造物はただのカジノになってしまう。恐怖から逃れるために、アインシュタインはサイコロに未知の何かが仕込まれていると考え、それを「隠れた変数」と呼んだ。光子ペアが別れた段階で、変数が数十億年後の振る舞いをあらかじめ粒子に指示していたのだと。それならば光速より速いやり取りは不要になり、やっかいな謎も説明できる。

これは私たちが既に通ってきた道だろう。数十万年前に火を使いこなしたときだ。私たちの祖先は火の正体を知らないまま活用して、文明を築いていった。物理学も同じこと。本質を理解しなくても、科学やその他の分野でさまざまな応用ができる。複雑極まりないこの量子力学の謎にしても、私たちは数十年間謎のまま受け入れてきた。

ところが、この謎を是が非でも理解したいと思う者が現われた。1928年、北アイルランドのベルファストに生まれたジョン・スチュワート・ベルだ。アインシュタインが推測した「隠れた変数」が本当にあるのか確かめたい。そこでベルは、数学の単純な概念と確率論を下敷きにして、量子もつれの状態にある光子が角度のついた偏光板に向かって進む思考実験を考え出した。ある特定の方向にだけ振動する光子のみが偏光板を通過できるので、通過する光子もあれば、しない光子もある。ランダムな結果一つ一つを記録してすべてを集計することを想定する。

すべての光子は、測定する前からどの方向に偏光しているか決まっているとしよう。それを確かめるために、角度を変えられる偏光板を使う。偏光板が垂直な方向のときに通過する光子の数を数えたら、次に45度傾けて、通過する光子の数を数える。もし光子が隠れた変数に支配されているのなら、偏光板の角度によって通過する光子の数は変わってくるはずだ。だが変数は見つからなかった。もし隠れた変数があったならば、光子同士がお互いの状況を光速で伝えあうことができないくらい遠くあったことに

電極のあいだにあるのは正電荷を帯びた１個のストロンチウム原子。
もう一つの「ペイル・ブルー・ドット（青白い点）」だ。直径 2150 億分の１ミリメートルだが、
レーザー光を吸収し、再放射しているので肉眼でも確認できる。

なり、そうすると、もっと大きなスケールで何か——おそらく「不気味な遠隔作用」——で伝えあうということになる。

思考実験ではなく実際の実験を実現できるまで6年かかった。実験を何度繰り返しても、光子の振る舞いはジョン・スチュワート・ベルが想像した通りになった。隠れた変数が存在することは、数学でも実験でも証明できなかったのだ。アインシュタインが恐れたことは本当だった。私たちはついに古典物理学の及ばない領域、1個の光子が同時に2カ所に存在する領域に足を踏み入れたのだ。そこでは私たちを含む万物の構成要素である素粒子が、自らが知り得な

い状態に反応する。量子世界の無法カジノには、客観的に実在するものがないのだ。

超決定論

奇妙な量子世界はどこか遠くにあって、未知の衛星に引っ張られているだけではない。私たちの中にもあり、日常のあらゆる場面で不思議な魔法のような力を発揮している。

この本のページでも、犬でも、月でも、じっと見つめてみよう。光がつくるその像は目の網膜に届き、網膜内の細胞が化学的に変化する。それは対象物が細胞に光子で刺激を与えたからだ。この変化が網膜内に保存されるのは約0・8秒だけ。すぐに消されて、次の光子の飛来に備える。ただし網膜が感知できるのは、やってくる光子のほんの一握りだ。網膜内のどの細胞が光子を捕まえるかも予測がつかない。視覚という極めて重要な感覚でさえ、確率頼みなのだ。絶対確実な現実なんて存在するのだろうか？

量子世界のなかでも、古典的な現実をなんとか生かしておけないものか。従来の因果関係を保っておく方法として考え出されたのが、多世界解釈だ。科学的に実証する手段が（まだ）ないため、仮説と呼ぶことはできないが。起こり得るすべてのことは、私たちが締め出されている並行世界のどこかで起きている。世界の数は無限大で、今この瞬間にも新たな分岐を繰り返している。

もしかすると、確率そのものが私たちの無知が生み出した幻想なのでは？　時間が始まったときに、あらゆる出来事一つ一つが既に定められた世界に私たちは生きているのかもしれない――つまり超決定論である。超決定論的な世界では、大小にかかわらずすべての出来事――国家間条約の破綻（はたん）、くしゃみ、ミツバチの授粉、今この本を読むあなた――が、宇宙がビー玉ぐらいの大きさのときにもう決まっている。宇宙の始まりの瞬間に、将来が書き記されたのだ。宇宙の万物と同様、私たちも素粒子でできている以上、量子世界を支配するのと同じ法則が適用される。

超決定論にはもう一つ長所がある。量子もつれの謎――もつれた粒子が、明らかに光速を超えて遠大な距離のあいだをやり取りできるのはなぜか――を説明できる可能性があるのだ。超決定論的宇宙では、もつれた粒子同士がどれほど離れていようと、相手の連絡を待ってスピンを変える必要はない。なぜなら「今、ここで」そうすることがあらかじめ定められているから。さらに言うなら、突然観測者が現われて絆を断ちきられることも予定内ということになる。

カチッ……

次に起きるのはこれ……

コチッ……

そのあとに起きるのはこれ……

ロゼッタストーン

超決定論は量子もつれの謎を解決する――これは良い知らせ。だが悪い知らせもある。私たちの行なうあらゆる働きかけ、自分で物事を決め、道を進む能力が無効になるのだ。超決定論的世界では、138億年前に書かれた筋書き通りに動くだけ。人間はなんて賢いんだ、なんて自分勝手なんだ、な

んて勇敢なんだと言い聞かせながら。せめて自分自身のちょっとした何かぐらい変えられたら……でも自由意志のない世界では、私たちは決定論ロボットにすぎない。

それでも人間は才長けているから、不確定性に便乗したり、理解が不完全でも新しい技術を生み出したりできる。量子時計もその一つ。ねじを巻く必要がない上に、150億年でズレは1秒という正確さだ。150億年というと、宇宙の年齢よりも長い。

確かに決定論的世界では、私たちは事前にプログラミングされた粒子の集まりかもしれないが、でもそのような生き方をする必要はないし、そもそも超決定論が真実かどうか知る由もない。そう考えると、トマス・ヤングのおかげで、量子の世界の探究という自由を手に入れたと言えるだろう。古代エジプト文字の解読に道を開いたのもヤングだった。ヒエログリフが、意味だけでなく音も表わしていることを初めて発見したのだ。解読の足掛かりになったのは、紀元前2世紀の勅令が3種類の言語で刻まれたロゼッタストーンだ。3種類のうち一つが、ヤングの知っている古代ギリシャ語だった。

ヤングの研究は、誰かが盗もうとした瞬間消える量子暗号化へとつながる。解読のための鍵を送る手段が量子もつれ光子だ。スパイが勝手に読もうとしたら、光子のつながりが断ち切られ、メッセージはもはや解読不能となる。

光子がなぜ粒子であり、同時に波でもある状態でいられるのかわからない。科学は、そんな曖昧さも受け入れるよう私たちに求める。私はそれが科学の素晴らしいところだと思う。おのれの無知を素直に認め、証拠が見つかるまで判断を保留する。そして手元にあるわずかな知識を頼りに、実在する新しい言語を発見し、解読していくのだ。

ロゼッタストーンは3種類の言語で勅令が刻まれ、
そのうちヒエログリフは古代エジプトの書記言語だった。

この広大な宇宙では、誰もがフラットランドの住人だ。それでも科学は次元の違う世界を想像し、「上」を見つけようとする。

10

2個の原子の物語

A TALE OF TWO ATOMS

船がサンピエールに近づくにつれ、山から空高く噴き上がる巨大な赤い炎が激しく踊っているのがわかった……入港後まもなく、7時45分にすさまじい爆発が起きて山が砕け散った……まるで炎のハリケーンだった。

1902年、マルティニーク島サンピエールに停泊中、
プレー山噴火を目撃したロライマ号乗組員の証言

原子について知ろうとする原子の集まり、それが物理学者だ。

ジョージ・ワルド
L・J・ヘンダーソン『環境の適合性 The Fitness of the Environment』（1958年版）に寄せた序文

1958年、太平洋の環礁で行なわれた大気圏内核実験で、
爆轟（デトネーション）を観察する軍関係者。

物質王国には、いろいろな階層で宝物が収納されている。つい最近まで、物質には一つの階層しかないと思い込んでいたのだが、そうではないことがわかってきた。

マッチを擦ると、化学反応によって分子がもっていたエネルギーが放出される。それまでの化学結合が壊れて新しい結合ができるのだ。隣り合った分子の動きが激しくなり、温度が上昇する。この変化はひとりでに広がり、加速していく——一種の連鎖反応だ。燃え上がる炎は、原子同士が電子を仲介して化学結合し、長いあいだ閉じ込められていたエネルギーが別の形態になったものだ。だが物質をもっと深く掘り下げると、原子の真ん中、すなわち原子核内部に別の種類のエネルギーが埋もれている。

この秘密の宝物は、地球もまだ生まれていないころ、遠い恒星の火炉(かろ)でつくり出された。生命の秘密はこの小宇宙で見つけることができる。さらには人類の未来も、原子と原子核のスケールで決定されるだろう。良くも悪くも科学が鍵を握っている。

原子とは何者なのか。材料はどんなもので、どうやって結合するのか。あんな小さいものが、どれほどの力を秘めているのか。原子は一体どこから来たのか——それは、私たちと同じ所からだ。原子の起源をたどるのは、人類の始まり探しでもあり、時空の深淵へと分け入ることになる。では2個の原子の物語を始めるとしよう。

炭素原子とウラン原子

それは地球が生まれていない遠い昔のこと。冷たくて希薄なガスが浮かんでいた。中身は水素とヘリ

創造と破壊、荘厳と恐怖——火は人類の発展に不可欠な役割を果たしてきた。

ウムだけ。ガスの濃い部分が自己重力で収縮し、回転とともに平たくなっていった。中心部分ではガスが収縮するにつれて内部の原子同士が近づき、動きが活発になり、温度が上昇していった。やがて十分に高温となり、天然の核融合炉になった。漆黒の闇の中で、原子は物理法則に従って出会い、くっついたのだ。やがて光が暗闇を照らした。恒星の誕生だ。

水素原子が核融合して、ヘリウム原子が形成されていった。それから数十億年が過ぎ、星はすっかり年を取った。もっていた水素燃料をみんなヘリウムに変えてしまったのだ。近づく死を前に、星は幼少期のように再び内部で核融合反応を行う。今度は、たくさんあるヘリウム原子3個が一つになって我らが炭素原子へと変身し、宇宙空間へ旅立った。

天の川銀河の別の場所でも、恒星の誕生と死が続いていた。物語のもう1人の主人公も、死にゆく星の中心部で形成された。星の死である超新星爆発の中で、合計２３８個の陽子と中性子が融合してウラン原子になった。それぞれ別々の場所でできた炭素原子とウラン原子、2個の原子は天の川銀河をどこまでもさまよった。

炭素原子は長い旅をして、小さな惑星の一部となった。そして数億年後、複雑な構造をした分子の一員となる。この分子は自己複製という珍しい特徴をもっていた。これこそが生命誕生の立役者であるデオキシリボ核酸、ＤＮＡだ。生命の始まりには、炭素原子が微力ながら貢献したことになる。深い海の底に出現した単細胞の生命体にも、古代魚の虹色のうろこにも、海から陸に上がった両生類のかぎ爪にも炭素は必ず入っていた。どんな形を取るにせよ、炭素原子には自己意識も自由意志もなかった。自然の法則に従って作動する宇宙装置の、ごく小さな歯車の一つでしかなかったのだ。

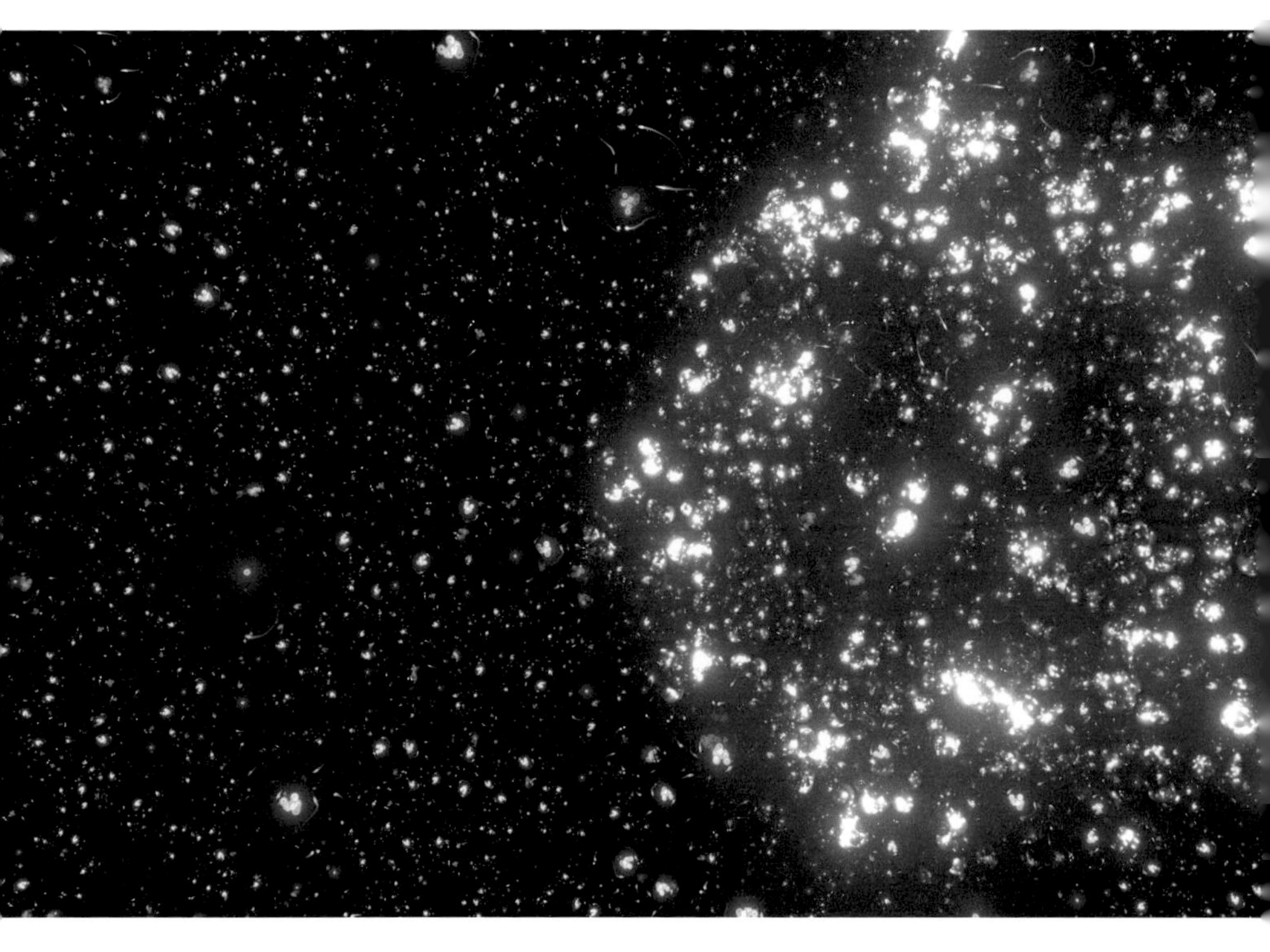

分子レベルの化学反応は、マッチを擦るのと同じで、一度始まったら止めようがない。
原子同士の結合が壊れて新しい結合が生まれるとき、エネルギーは光と熱になって一気に放出される。

　では超新星爆発でできたウラン原子はどうだろう。生まれたばかりの地球が燃えさかっていたとき、そこにウラン原子が引き寄せられた。超新星爆発の衝撃波に運ばれたか、太陽の重力に引っ張られたか。ともかくウラン原子は地球に飛び込んで、奥へ奥へと潜っていった。

　地球は表面が冷えた後も、内部は融けた岩石や金属のマグマでどろどろしていた。マグマはゆっくりと回転し、ウラン原子もその流れに乗るうちに地表へと押し上げられていく。地球の深部は温度も圧力もすさまじいが、ウラン原子はびくともしなかった。原子はとても小さくて固く、古くて丈夫なのだ。最初のころは地表の岩石にウラン原子がたくさん存在していたが、長い時間とともに岩石は深く沈み込み、高いマツ林にすっかり覆われた。万物は原子でできている。もちろん私たちもだ。でも19世紀終盤になるまで、原子内部が熱狂のるつぼだとは誰も知らなかった。

天の川銀河の両端に別れた2個の原子が、ついに出会うときが来た。

マリ・キュリー

舞台はパリ。1898年のある朝、キャンバス地の袋を積んだ馬車がロモン通りを走っていた。袋の中身は、はるばる東欧のボヘミアから取り寄せたくず鉱石だ（その中にはウラン原子も含まれていたはず）。馬車が停まったのは粗末な小屋で、以前は近くにある医学校の死体置場だった。

小屋で待っていたのが31歳のマリ・キュリー、それまでの物質観を塗り替えた科学者である。（我らの炭素原子は目の網膜に存在していた。）薄汚れた大きな袋を見てマリは小躍りする。エックス線発見からまだ数年しかたっておらず、マリと研究仲間で夫でもあるピエールは、皮膚や壁さえも透過する驚きの性質が生まれる仕組みを突き止めたかった。夫妻のお目当ては岩石に含まれるピッチブレンド鉱石だった。現在は閃（せん）ウラン鉱と呼ばれ、エックス線に似た放射を生み出す物質だ。ひもを切って袋の口を開けると、鈍い茶色の鉱石が出てきた。松葉も混ざっていて、さわやかな香りが漂う。これからピッチブレンドから物質を分離しなければならない。それは想像を絶する重労働で、のちにマリは「その作業が生活のすべてとなり、まるで夢の中みたいだった」と書いている。劣悪な環境のなかで夫妻はウラン含有量が50〜80パーセントのピッチブレンドを精製した。抽出された物質はガラス容器に入れて壁際に置かれた。これだけでも十分に立派だが、マリとピエールはもっと希少な獲物を狙っていた。2人はさらに3年かけて何トンもの鉱石を精製し、1グラムのわずか10分の1という微量の物質の分離に成功する。それが、マリがラジウムと名づけた物質だった。

ほとんどの物質は高温にさらされると性質が激変するが、貴重なラジウムは極端な温度にも全く影響を受けないことがわかった。不思議な性質はほかにもあった。自発的にエネルギーを出すのだ。化学反応ではない未知の仕組みが働いているようだ。マリはそれを放射能と呼んだ。計算すると、ラジウムが発するエネルギーは同じ量の石炭を燃やしたときよりはるかに大きい。放射能は化学的なエネルギーの100万倍にもなりそうだ。マリとピエールはこの時点では理解しきれていなかったが、これは分子がもつエネルギーと、もっと深いところに蓄えられたエネルギーの違いだった。

実験小屋の棚には、ピッチブレンドの精製に使用したビーカーや瓶がずらりと並ぶ。ある夜、夕食後に小屋に行ってみた夫妻は驚いた。ガラス容器がぼうっと光を発しているのだ。マリはガス灯をつけようとする夫を制した。瓶やフラスコや試験管がどれも青っぽく光っている。「粗末で貧相な小屋で光を放つ試験管——それは地上の星だった」とマリは後年記している。

放射能を有する原子の内部で何かが起きている。青い光はそのせいに違いない。マリの出した結論は正解だった。何千年ものあいだ、原子は不可分なものとされてきた——そもそも原子を意味するａｔｏｍという単語が、ギリシャ語で「切り分けられないもの」という意味だ。だから原子は物質の

マリ・キュリーが夫ピエールと研究に励み、
彼の死後もウランと放射能の性質を探究したパリの研究室。

最小単位となる。夫妻が見た「地上の星」は、原子それ自体が一つの世界であり、誰も知らなかった舞台で、誰も見たことのない活動が行なわれている証拠だった。しかも化学反応の影響を受けないときている。謎を解くには、新しい戦略、新しい自然法則、新しい技術が必要だ。

マリ・キュリーが使ったノートや料理本は、1世紀以上を経た今でも放射能をもっている。１９０６年、ピエールが46歳で馬車にひかれて即死する。マリはその後28年間精力的に研究を続け、66歳で再生不良性貧血で死去した。放射線を日々浴び続けたせいではないかといわれている。

マリは、自分が世に送り出したラジウムが医療や産業に貢献すると信じていたから、その危険性は頑として認めなかった。しかし先見の明を持つ作家Ｈ・Ｇ・ウェルズが、ほどなくその不吉な側面に気づいてしまう。彼は科学の最新成果を取り入れて、胸躍る物語に仕立てる天才だった。タイムマシンを登場させ、宇宙人の襲来を描いたウェルズは、原子が兵器になる未来世界を想像した。

１９１４年に出版された『解放された世界』のなかで、彼は「原子爆弾」という言葉をつくり、無力な一般読者に向けて発射した。設定は１９５０年代で、当時からすると想像もつかない遠い未来だ。ライト兄弟が初めて飛行機で空を飛んでから10年しかたっていないのに、ウェルズは原子力でイギリス海峡を渡る飛行機を想像したのだ。ゴーグルとヘルメットを着用したパイロットは、目の前に現われたベルリン市街をまっすぐ見すえている。表情を引き締めた彼は前かがみになって重たい爆弾を持ち上げ、撃針を歯でひっこ抜き、腕を伸ばして下に落とした。爆弾は目標に命中してさく裂し、すさまじい爆風で飛行機は左右に激しく揺れる。ベルリン中心部は、火山が噴火したように火の海となった。

科学が小説に追いついたのは、それからわずか20年後のことだった。

シラード

H・G・ウェルズの小説を読んだ1人に、ハンガリー出身の若き物理学者レオ・シラードがいた。1933年9月12日、ロンドンのストランド・パレス・ホテルに滞在中だったシラードは、タイムズ紙に掲載されたアーネスト・ラザフォードの演説を読んで頭に血がのぼった。ラザフォードは原子物理学の父と呼ばれ、放射線は元素が別のものに変換するときに放出されることを突き止めたほか、数々の業績を残した。新たに解明された原子構造の知識がエネルギー生産の役に立たないという、ラザフォードの言葉に気分を害したシラードは、散歩に出ることにした。考えを巡らすときのお気に入りの方法だ。

シラードは歩きながら、原子核の構造を思い浮かべた。原子核は陽子と中性子で構成され、その周りを電子が忙しく動いている。サウサンプトン・ロウ通りがラッセル・スクエア通りにぶつかる交差点で横断歩道が赤になり、立ち止まったとき、一つの考えが浮かんだ。中性子を1個取り込んで2個放出する元素なら、2個が4個に、4個が8個になって連鎖反応がずっと続き、原子核がもつ莫大なエネルギーが放出されるのでは？　これは化学反応ではなく、原子核の連鎖反応だ。

シラードは信号待ちの人ごみのなかに立っていた。このとき、H・G・ウェルズの小説に出てくる原子爆弾を連想しただろうか。信号が変わって歩き出した歩行者に押されても、身じろぎ一つしなかったかもしれない。カール・セーガンがずいぶん昔に私に話してくれた、チェスの逸話をシラードは知っていただろうか。あれから時間がたったが、指数関数の威力をこれほど実感できる方法はほかにないので、

紀元 1000 年頃のペルシャのチェスの駒。
左から王 2 個、ルーク、ビショップ。材質は象牙で、ルークは区別のため緑に塗られている。

ここでも紹介しよう。チェスの起源についてはインドやペルシャなど諸説あるが、いちばん重要な駒が王で、王を捕らえれば勝利となる。ペルシャ語ではチェスはシャーマートと呼ばれた。シャーは王、マートは死を意味する。王手を宣言するときのチェックメイトも、シャーマートがなまったものと言われている。

チェスを考案したのは、7世紀のバグダッドで王に仕えた大宰相だったという説もある。初めてチェスをやってみた王はたいそう喜び、褒美を取らせることにした。大宰相の答えは、意外なほど控えめだった。「では恐れながら、米を頂きとうございます。チェス盤の最初のマスにひと粒、2個目のマスにはその2倍、3個目にはさらに2倍入れていき、盤いっぱいになれば結構です」

「米と申すか?」王は自分の耳を疑った。「見渡す限りの肥沃な土地、力みなぎる馬が並ぶ馬小屋、エメラルドやダイヤモンドやルビーを所望するのかと思ったが」だが大宰相は米がよい、米以外はいらないとかたくなだ。「では好きにするがよい」ずいぶん簡単に話がついたと王は思った。

米の袋が運び込まれ、粒を数えながら盤に乗せていく。最初の数マスまではよかったが、すぐに米がなくなって袋が追加された。数えるのもひと苦労で、1人では手に負えない。計数係が増やされ、チェス盤に積まれる米粒の山はどんどん高くなっていく。とうとう部屋にいる人間も家具も、玉座さえも米粒に埋もれ始めた。2倍の繰り返し――指数関数的増加と呼ばれる――はこれほど強力なのだ。チェス盤の4列目の真ん中で、なんと5億粒になっている。米は宮殿からあふれ出し、洪水となってバグダッドのみならず、周辺を埋め尽くすだろう！

最後の64マス目まで来たら、米粒は1850京個、重さにして700億トンになる。今の世界の総人口をもってしても、全部食べ終わるのに150年かかる計算だ。約束を果たした王は破産したという。そして言い伝えによると、次に王位についたのは数学の知識だけが武器の大宰相だった。チェックメイト！

原子核の世界で連鎖反応を起こすことができれば、ウェルズの小説に出てくる原子爆弾も不可能ではないだろう――指数関数の力を知っているがゆえに、レオ・シラードは戦慄（せんりつ）を覚えた。だがそれは、はるか遠い時代に始まり、発達しながら続いてきた暴力の最新状況にすぎないのだった。

殺戮の効率化

文明の良し悪しはどこで決める？　経済の仕組み、通信や交通の充実度。戦費の割合や、兵器の殺傷半径、兵器1個の殺傷能力。どの範囲の者まで面倒を見るかという社会意識。何年先のことまで考え、それに備えるかという展望。

悲しいことだが、人類の歴史は殺戮の効率化の歴史でもある。5万年前のヒトは群れで放浪し、狩猟と採集に明け暮れていた。声をかけ合える範囲であれば、音の速さ、すなわち秒速約３４０メートルが通信速度となる。もう少し遠くであれば走っていく。離れた相手を殺す手段は、放った矢が届く範囲まで広がった。戦闘員と犠牲者の比率は1対1、すなわち1本の矢で殺せるのは1人までだ。ただし私たちの祖先は好戦的というほどではなかった。とにかく数が少ない上に、土地も広大だ。わざわざ武力衝突するよりは、その場を立ち去るほうがいい。武器は狩り専用だった。仲間の数もせいぜい50～１００人で、集団はこじんまりしていた。

ところが農業の発明で、時間感覚ががらりと変わる。時期と場所を選んで植えつけする作業は長時間の重労働だし、収穫は何カ月も先になる。今の満足よりも将来の利益を優先させ、先のことを考えて計画を立てるようになった。

およそ２５００年前、宇宙カレンダーでは12月31日が終わる6秒前から、人類は新しい種類の戦争をするようになった。マケドニアから始まりインダス川まで版図を拡大したアレクサンドロス大王のように、何百万もの人間を支配下に置く者が次々と出現したのだ。このころ長距離の輸送と通信でいちばん速いのは馬と船だったが、兵器も進歩して殺傷半径、殺傷能力は指数関数的に高まった――10倍である。かつては1人の死体しかなかった戦場に、10の死体が転がるようになった。しかも離れた所で攻城兵器を操作する兵士は、城壁の向こう側で起きている殺戮の様子を知らず、敵の顔を見ることもない。

紀元前4世紀のスパルタ王アルキダモス3世は勇猛な人物で、敵との白兵戦を好んだ。弓の原理で石

や弾を撃ち出す弩砲（バリスタ）を初めて見たとき、彼は悲痛な声で叫んだ。「ヘラクレスよ、人は戦う勇気を失ってしまった！」

現在、移動手段が出せる最大の速さは、地球脱出速度の時速4万キロメートル強だ。通信速度は光の速さである。同族意識も格段に範囲が広がり、10億人以上を仲間と見る人もいれば、人類全体、さらには少数ながら生き物全体を視野に入れる人もいる。そして殺傷半径は、最悪のシナリオだと地球全体がすっぽり入る。

なぜこんなことになったのか。それは科学と国家ががっちり手を組んでしまった結果だ。どんなに甚大な破壊力が実現しても、それ

右は約１万年前のアルジェリアの壁画。弓矢を持つ人が描かれている。
左はポンペイのモザイク画で、紀元前４世紀のアレクサンドロス大王とペルシャのダリウス３世の対決の様子だ。兵器の進歩は目覚ましい。

では不足だと思う科学者が最低1人は存在した。最初の核戦争が始まった瞬間を特定するのは難しい。起源を探してさかのぼるうちに、木の向こうに矢を飛ばしていた時代にまで戻るかもしれない。

原子爆弾

1939年4月24日。アドルフ・ヒトラーは数日前に誕生日を迎えたばかりだった。ドイツの若手研究者パウル・ハルテックは総統に特別な贈り物をするために、陸軍宛ての一通の手紙をたずさえてハンブルクの通りをいそいそと歩いていた。原子物理学の最新研究で、従来兵器とは比較にならない爆発力を得ることが可能になったのだ。原子爆弾を総統にプレゼントしたいとハルテックは考えていたのだが、あいにくそれは実現しなかった。ナチスドイツの息がかかった地域では、ユダヤ人や自由主義思想、あるいはその両方の物理学者はみんな殺され、投獄され、欧州から追放されていたからだ。

同じ年の8月2日、アルベルト・アインシュタインへの任務を帯びた2人の科学者が、米国ロングアイランド、カッチョーグに車を走らせていた。2人ともハンガリー出身の物理学者で、この日だけは任務を果たすために協力したが、その後は対照的な人生を歩むことになる。

1人は前出のレオ・シラード。当時はみんなそうだったが、彼にも戦争の足音が聞こえていた。マンハッタンから出かけるときは、いつも決まった研究者が運転手をしてくれるのだが、たまたまこの日は用事があった。そこでシラードはエドワード・テラーという若い科学者に頼むことにした。ブダペストで迫害を受け、家族ともどもミュンヘンに逃げたテラーだが、このとき交通事故で右足を失っている。1930年代初頭にはドイツにもいられなくなり、最終的に米国に落ち着いた。テラーの運転で向かったカッチョーグには、アインシュタインの夏の別荘があった。案内された食堂は本や書類だらけで、偉大な科学者とシラードはテーブルについた。テラーは若手の立場をわきまえて、隣の台所に控えた。

ドイツでハルテックがヒトラー総統に手紙を出したのは、それが自分の義務だと考えたからだ。シラードも、原子爆弾の恐るべき可能性をフランクリン・ルーズベルト大統領に伝えなくてはと思った。そこで大統領の注意を惹くために、比類ない名声と影響力を持つアインシュタインの署名をもらうことにしたのだ。

手紙を読みながら、アインシュタインの心は激しく揺れた。この新しい知識は危険で、ひとたび実用

1939年にレオ・シラードがアルベルト・アインシュタインの元に持参にした手紙。世界で最も有名な科学者が、原子爆弾の恐るべき可能性をルーズベルト大統領に警告することを期待していた。

Albert Einstein
Old Grove Rd.
Nassau Point
Peconic, Long Island

August 2nd, 1939

F.D. Roosevelt,
President of the United States,
White House
Washington, D.C.

Sir:

Some recent work by E.Fermi and L. Szilard, which has been communicated to me in manuscript, leads me to expect that the element uranium may be turned into a new and important source of energy in the immediate future. Certain aspects of the situation which has arisen seem to call for watchfulness and, if necessary, quick action on the part of the Administration. I believe therefore that it is my duty to bring to your attention the following facts and recommendations:

In the course of the last four months it has been made probable - through the work of Joliot in France as well as Fermi and Szilard in America - that it may become possible to set up a nuclear chain reaction in a large mass of uranium,by which vast amounts of power and large quantities of new radium-like elements would be generated. Now it appears almost certain that this could be achieved in the immediate future.

This new phenomenon would also lead to the construction of bombs, and it is conceivable - though much less certain - that extremely powerful bombs of a new type may thus be constructed. A single bomb of this type, carried by boat and exploded in a port, might very well destroy the whole port together with some of the surrounding territory. However, such bombs might very well prove to be too heavy for transportation by air.

American work on uranium is now being repeated.

Yours very truly,
A. Einstein

化されたら後戻りはできない。長期的にどんなことになるのかわからないが、ヒトラーに核兵器をもたせるのは想像するだに恐ろしい悪夢だ。アインシュタインは、マンハッタン計画と呼ばれる米国の原爆開発に関わることはなかったが、原子核のもつ力を戦争に使う可能性を大統領に示唆することになった。ペンを持つ手が一瞬止まり、アインシュタインはためらいがちに署名した。

戦後アインシュタインは、ドイツが原爆開発に失敗するとわかっていれば署名はしなかったと記者に話している。ただし若きエドワード・テラーにそんなためらいは皆無で、原子を兵器にする作業に早くかかりたかった。

ソ連の物理学者G・N・フレロフもまた、国の指導者に原子核連鎖反応の軍事利用を繰り返し進言していた。だが1942年2月にはソ連はドイツ軍に包囲されていた。そんな危機的な状況で、開発に何年もかかる「原子爆弾」は問題外だった。

フレロフは空軍中尉として赴任していた北西部のボロネジで、大学図書館を訪ねた。原子物理学の論文を発表したばかりで、欧米の名だたる研究者の反応を知りたかったのだ。ところがどの学術誌のページをめくっても、全く言及がない。自分の論文はそんなに価値がないのか。フレロフはとまどい、傷ついたが、やがて気がついた。米国とドイツの学会誌から原子物理学関係の論文が排除されているのは、両国がひそかに原子爆弾を開発中だからだ――ほえる犬は目立つ。学術誌から情報が消えたことで、フレロフは核兵器開発をいっそう強くスターリンに働きかけた。

殺傷能力を飛躍的に高めることができる――ドイツでも、米国、ソ連でも、そのことを指導者に知らせたのは軍人ではなく科学者だった。

テラーの夢

アメリカ合衆国 陸軍省がマンハッタン計画の拠点に選んだのは、ニューメキシコ州ロスアラモスだった。辺鄙（へんぴ）なこの場所を推薦したのが、責任者で物理学者のＪ・ロバート・オッペンハイマーだ。10代の頃、療養で滞在したことがあったのだ。計画に参加したエドワード・テラーにとって、原子爆弾は通過点にすぎなかった。彼が夢見ていたのは破壊力が桁違いの兵器——水素爆弾だ。これに比べれば、原子爆弾など導火線に点火するマッチぐらいのもの。テラーは水素爆弾を「スーパー」という愛称で呼んでいた。

テラーと好対照だった人物がいるとすれば、それはジョセフ・ロートブラットだろう。ワルシャワの裕福な家に生まれたが、テラーと同様戦争ですべてを失った経験をもつ。１９３９年夏、ロートブラットは英国リバプール大学で研究をすることになった。ところが出発直前、愛妻トーラが急性虫垂炎（ちゅうすいえん）にかかる。回復するまで渡航は無理だ。トーラは、ロートブラットだけ先に行って新居の準備をしておいてと言った。2、3週間もすれば自分も行けるからと。

マンハッタン計画で科学者たちが直面した課題は、レオ・シラードがロンドンの交差点で思い描いたような原子核連鎖反応を、化学的にどうやって引き起こすかだった。計画に参加していた科学者も技術者も、かつてない破壊力をもつ爆弾を実現すれば、重大な危機を回避できると自らに言い聞かせていた。我が国はもちろん、他のどこの国も、そんな兵器を攻撃に使うはずがない。

つまり彼らは、核兵器をつくることが、それを使わせない抑止力になると考えたのだ。ヒトラーが原爆をもったらどんなことになるのか。その恐怖が開発の原動力となり、マンハッタン計画には連合国の科学者数千人が参加した。だがその後ドイツが降伏してヒトラーが自殺しても、大勢の科学者が研究を続けた。降伏前に離脱した1人を除いて。

それがジョセフ・ロートブラットだ。後年、倫理を優先した決断かと問われるたびに、ロートブラットは笑顔で否定して、妻が恋しかったんですと答えた。ロートブラットが出発した直後にナチスドイツがポーランドに侵攻したため、トーラはワルシャワに足止めされ、混乱のなかで連絡が取れなくなった。欧州での戦争が終わり、ようやく消息をたどることができたが、妻の名前は死亡者名簿に載っていた。ベウジェッツ強制収容所でホロコースト（ナチスによるユダヤ人大量虐殺）の犠牲になったのだ。ロートブラットはその後60年生きながらえるが、再婚はせず、核兵器廃絶の活動を精力的に続けた。

戦時中に原爆開発を始めた3カ国のうち、終戦までに完成させたのは米国だけだった。歴史家は、米国が多くの移民を受け入れたことを成功の要因にあげる。マンハッタン計画の中心となった研究者のなかで、米国生まれはわずかに2人。米国の大学で博士号を取得した者は1人だけだった。

科学者たちの抑止力信仰は誤りだった。米国は広島と長崎に原爆を投下して戦争を終わらせた。トルーマン大統領はホワイトハウスの執務室にオッペンハイマーを招き、謝意を伝えようとした。しかしオッペンハイマーは喜ぶどころか、部屋に入るなり「大統領閣下、私の両手は血にまみれています」と口走った。

大統領はむっとした表情を浮かべ、見下した口調で言った。「バカを言いたまえ。両手が血まみれな

1945年7月16日、ニューメキシコ州アラモゴードで初の核実験が行なわれ、関係者が現場を検分した。盛り上がった土に片足をかけているのがJ・ロバート・オッペンハイマー。

のはこの私だ。だが私は気にしない」

オッペンハイマーはさらに食い下がる。「ソ連が原爆を手に入れるまでどのぐらいかかると思われますか？」

「絶対無理だ！」トルーマンは言下に否定した。

オッペンハイマーが辞したあと、トルーマンは補佐官に怒りを爆発させた。「あんな軟弱科学者を二度と私に近づけるな！　わかったか！」

それから4年もたたないうちに、ソ連が初の核実験を行なう。ハルテック、シラード、フレロフ。3名の科学者の手紙が示唆した通り、核兵器競争は恐怖の第2段階に突入した。

桁外れの殺傷能力を実現したいと

いうエドワード・テラーの夢は、戦後ようやくかなうことになる。米国で赤狩りの嵐が吹き荒れた1950年代初め、テラーはかつての上司であり、マンハッタン計画を成功に導いたロバート・オッペンハイマーの経歴に問題ありと匂わせて、公職追放へと追いやった。オッペンハイマーは「スーパー」の開発に反対していたのだ。さらにテラーは、大気圏内実験は「核兵器の維持と改良に不可欠」と誤った主張を展開して、包括的核実験禁止条約の批准阻止に中心的な役割を果たした。

核兵器の数は大幅に減ったとはいえ、核戦争の恐怖は今も私たちにつきまとっている。世界全体を破壊してもまだ余るほどの核兵器が、現に存在しているのだ。噴煙を上げている火山の麓で、枕を高くして寝られるはずがない。そんな底知れぬ危険に直面して、夢のなかで金縛りにあったみたいに、身動きが取れない人たちがいた。時代は少し戻る。

自然の脅威

カリブ海に浮かぶマルティニーク島は、プエルトリコとベネズエラのちょうど真ん中に位置する。1902年4月23日の夜、島の中心部サンピエールの酒場に2人の男が入っていった。2人は警官で、酔っぱらいのけんかを止めるために呼ばれたのだ。店では2人の男がにらみ合い、ほかの客がそれを遠巻きに見ていた。1人はリュドガー・シルバリス、27歳。アフリカ系で、背が高く筋肉質な身体には過去の古傷がいくつもあり、「サムソン」のあだ名で呼ばれていた。シルバリスは幅広の短剣を振り回すが、相手もひるまず酒瓶を割って飛びかかった。シルバリスが振った短剣が相手に深い傷を負わせたところで、警察が到着したのだ。警官はシルバリスに手錠をかけ、留置場に引っ立てた。石段を降りた先にある不気味な地下牢は狭く、悪臭がして、寝台すらなかった。穴倉に閉じ込められるのは怖かったが、シルバリスは床に座り込み、警官たちを傲然とにらみつけた。小さな穴が一つあるだけの鉄の扉が閉じられ、シルバリスは暗闇に一人きりになった。

フランス植民地時代に発展したサンピエールは、人口が3万人で、真っ白な壁の家々が並んでいた。フェルナン・クレールは町いちばんの金持ちで、屋敷のバルコニーからはラム酒の蒸留所や家具工場、サトウキビやコーヒーの畑が一望できた。その向こうに威容を見せるのがプレー山だ。島に点在する山のなかで最も高く、長く眠っている休火山だった。

クレールは妙なことに気づいた。あたり一面うっすらと白くなっているのだ。こんな晴れた暖かい朝に霜が降りたのか？　バルコニーの手すりを指でぬぐうと、それは霜ではなく粉塵のようだった。

大聖堂の鐘が鳴り出した。望遠鏡で町の様子を観察してみる。まだみんな眠っているようで、通りは人っ子一人いない。望遠鏡をプレー山に向けた瞬間、耳を覆うほどの轟音が響いた。妻のベロニクが十字架を握ってバルコニーに飛び出し、何があったのかと夫に目で訴えた。

灰が降ってきたとき、米国領事夫人のクララ・プレンティスは、マサチューセッツに帰ることを一瞬考えたが、すぐに打ち消した。翌週は自分が主催するパーティーが開かれる。延期なんてあり得ない。

レ・コロニー紙の編集長兼発行人で、若くて元気いっぱいのマリウス・ユラールは、その日の最新版を眺めていた。第一面では、「プレー山は脅威ではないと専門家が保証」と伝えていたが、問題はその専門家がユラール本人ということだった。同じ面には、「体操・射撃クラブへのお誘い」もあった。

遠足旅行に参加しませんか？　プレー山火口を目指し、迫力ある噴火を見物した後はのんびりピクニック。忘れられない思い出になるでしょう！

不吉な予感を覚えたのは、名前が残っている人だけではなかったはず。だが彼らは貧しく、島を脱出する手段がなかった。死んだ鳥が空から次々と落ちてくるなかで、人びとはこう言われていたに違いない。「心配いらない。以前も同じことが起きたが、大丈夫だった。新聞にだって心配いらないと書いてあるし」

通りは灰で埋まった。

フーシェ市長は、キリスト教のお祝いである昇天祭の公式晩餐会と舞踏会の詳細を練るために遅くまで執務室にいた。制服姿の召使が、家具や調度、銀やクリスタル、陶磁の食器具を並べたテーブルに白い麻布をかけていく。しかしその上にたちまち灰が積もった。窓は閉まっていたのに、どこからともなく入り込んだのだ。ホテルの従業員は部屋を掃除して、床に仕上げのブラシをかけ、テーブルに積もった灰を払った。扇で仰ごうと構える者もいた。彼らは不安そうな表情で目くばせするものの、仕事を放棄することはなかった。

マルティニーク島でいちばん科学に近かったのは、小学校教師ガストン・ランドだった。植物園で丹精していた草花や多肉植物は、みんな火山灰にやられていた。ランドは眠りから目覚めた火口を自ら見にいき、活動が激しくなっているという観察結果を新聞で伝えている。

煙とガスで窒息した鳥の死骸が地面に散らばるようになった。それでもランドが気にしていたのは、近く予定されていたパリでの講演だった。島の植生を説明するのに、実物を持参するつもりだったが、大量の降灰で植物は全滅していた。

サンピエール大聖堂のミサに出席した信者たちの粗末な服は、火山から出るすすや塵で染みだらけだった。司祭は詩篇第46章を引用した。

ゆえにたとえ地が動き、山が海の真中に移るとも、我らは恐れない。
たとえ水がとどろき、泡立つとも、それによって山は震えようとも、我らは恐れない。

海辺には、火山からの泥流が運んできた巨大な岩や倒木が散乱する。時折地が割れるかと思うような轟音が火山から響いてきた。

フーシェ市長はなすすべもなかったが、なんとか気力を奮い起こして告知を作成した。「市民の皆さん、怖れることはありません。当面は火山の溶岩が町に到達することはありません。プレー山までは7キロメートルもあり、どれほど大量の溶岩が流れても、二つの大きな谷と湿地を越えて町に入るのは不可能です」

フーシェは間違ってはいなかった……溶岩に関しては。だが火山から噴出されるのは溶岩だけではない。それよりもはるかに高温で、高速で、水のように広範囲に流れるものがある。それでもサンピエールの住人の多くは、手に入る情報をもとに、留まることが正しいと判断した。見て見ぬふりを続ける者

もいれば、少数ながら船で安全な場所に逃げる者もいた。いずれにしても、火山が内部に鬱積（うっせき）した圧力がどれほどのものなのか、誰一人想像できなかった。

噴火の徴候が現われてから2週間以上たったその日、最初のニュエ・アルダント――熱雲――が白熱した木々を連れて流れ出した。噴火が引き起こす火山雷が空を切り裂き、溶岩ドームが赤や黄に光る様子はこの世のものとは思えなかった。大量の熱雲は谷を軽々とまたいで麓の町に襲いかかった。

5月8日未明、マルティニーク島沖合に停泊していた帆船では、船員たちが冗談を飛ばし、談笑しながら火山を見物していた。噴火は収まり、危険は去ったかに思われた。目の前の火山は静かで、空気はひんやりと新鮮だ。海も鏡のようにないでいる。サンピエールの町並みも美しい。ところが次の瞬間、目もく

1902年、プレー山大噴火で壊滅したマルティニーク島サンピエール。

らむ閃光とともにプレー山が大噴火した。噴き上げられた岩屑（がんせつ）が雲の塔となり、高さは3キロメートルになった。

船員たちの驚きは恐怖に変わった。噴火の衝撃波で吹き飛ばされ、隔壁に激突する者もいれば、甲板から海に落ちる者もいた。午前8時2分、プレー山が大噴火した轟音は800キロメートル離れたベネズエラまで聞こえた。

高温のガスと岩と塵がつくる熱雲が、ハリケーン並みの威力と速さで斜面を駆け下り、谷を飛び越えて、稲光まで連れて、わずか数分で市街地に到達した。死の雲は海の手前で停止して町を食い尽くし、朝なのにあたりは真っ暗になった。

9000年前のチャタル・ヒュユク遺跡には、細く立ち上る煙を描いた不思議な壁画が残る。これが確認されている世界最古の噴

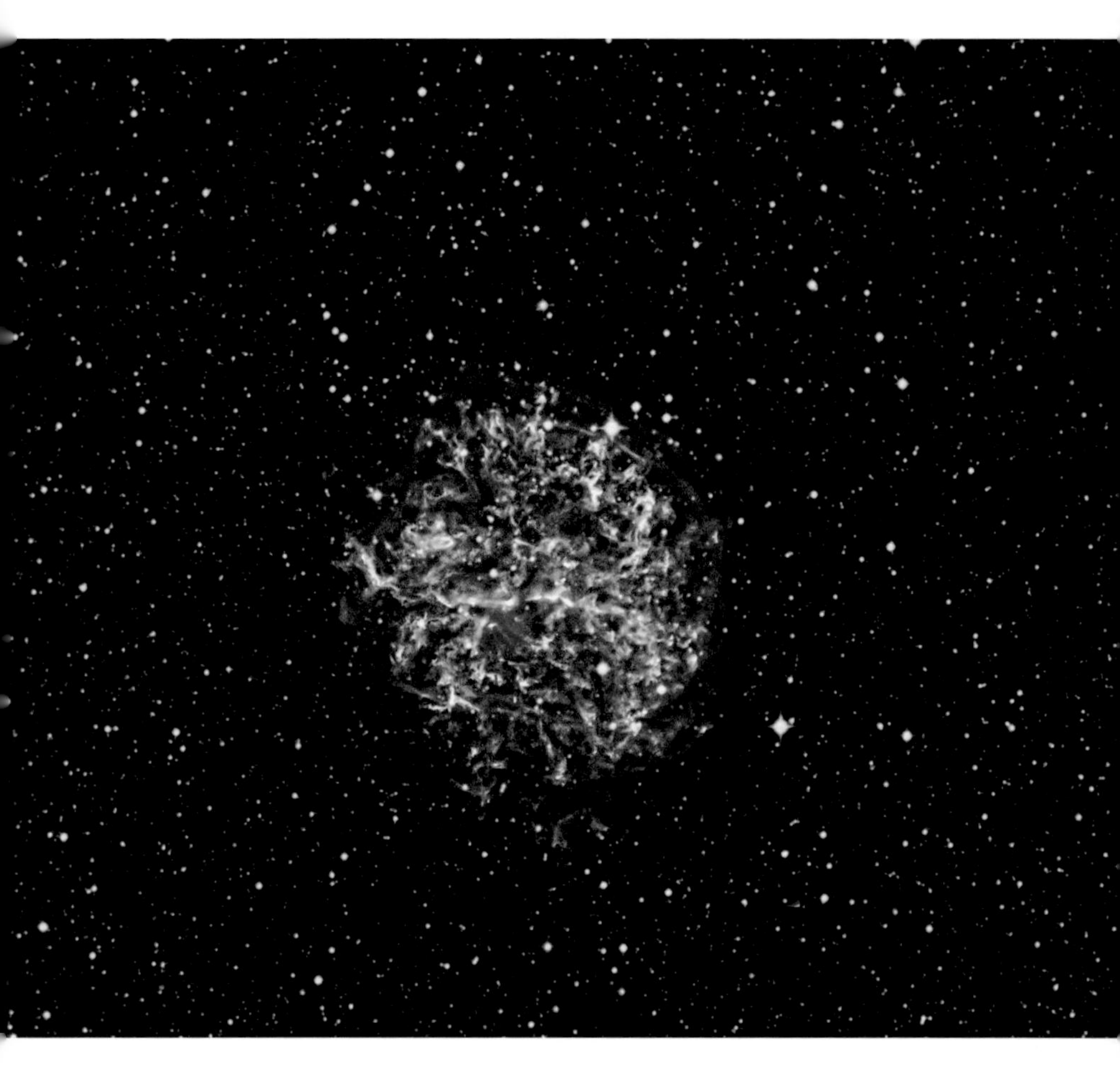

NASA のチャンドラ X 線観測衛星がとらえた、急速に膨張する超新星残骸 G292.0+1.8。
天の川銀河内で、豊富な酸素が観測された超新星残骸の一つ。
こうやって宇宙にばらまかれた生命に必要な元素を取り込んだ状態で地球が生まれた。
画像は、酸素（黄とオレンジ）、マグネシウム（緑）、ケイ素と硫黄（青）の疑似カラー合成。

火の絵であり、作者は火山の存在を認識して記録したことがわかる。サンピエールをわずか数分で壊滅させたプレー山噴火で、人間と火山の関係は新しい段階を迎えた。火山学という研究分野が誕生し、ニュエ・アルダント（「燃える雲」の意）というどこか祝祭的な名称も、客観的な「火砕流」に置き換わった。サンピエールを灰の町にしたのは火砕流の仕業であり、噴火の爆発は戦略核兵器1個分に相当する威力だった。

大噴火から3日後、まだ煙が立ち上るサンピエールの町で遺体の回収が始まった。焼け残った所を燃やしていると、くぐもった泣き声がどこからか聞こえてくる。人びとは顔を見合わせ、急いで声がするほうに向かった。警察署があった場所に近づくと、悲痛な泣き声が大きくなった。

リュドガー・シルバリスのような体験をした人間は、人類の長い歴史を振り返ってもそういないだろう。火山が噴火したとき、警官たちの悲鳴が聞こえたものの、すぐに静まりかえった。独房の小さい通気口から熱気が吹きこみ、シルバリスは身をよじって避けようとしたが、両肩に重い火傷を負った。それから3日間、彼は激痛に苦しみ、壁にできた水滴をなめて耐え忍んだ。壁の厚い地下牢に放り込まれたおかげで、命が助かったのだ。

サンピエールの住人3万人のうち、生き残ったのはシルバリスともう1人だけだった。健康を取り戻したシルバリスは、バーナム・アンド・ベイリー・サーカスの呼び物として世界中を巡り、身の毛もよだつ恐怖の体験を語り続けた。

私たちは自然の脅威を見くびっていないだろうか。自然が引き起こす危険について、すべてのシナリオを想定できているか。逃げるべき状況を正しく判断できるのか。島を出られないとなったら、いったいどうすれば?

星のかけら

2個の原子の一つ、ウラン原子を再び追いかけるとしよう。ウラン原子の核が振動を始めた。もともと不安定なウラン原子はいずれ崩壊し、原子核から粒子が1個飛びだすだけで、トリウムという全く別の元素になる。原子より小さい粒子は、電子を共有する分子からなる生命の微細構造を弾丸のように突き抜ける。それが電離放射線で、生き物に少なからぬ影響を与えてしまう。核兵器が通常兵器よりはるかに危険なのはそのためだ。放射線が弱ければ問題ない。しかし強力な放射線にさらされると細胞が暴走反応を起こし、指数関数的に増殖を開始する——ガン細胞化するのだ。放射線はもっと長期的にも影を落とす。染色体を損傷させ、遺伝子変異を引き起こして、まだ見ぬ子孫の運命を変えていく。傷ついた遺伝子は代々受け継がれ、私たちの未来を壊してしまう。

私たちを構成する原子は、何十億年もの昔、何千光年も離れた恒星で生まれた。人類の起源をたどる旅は、人類誕生どころか地球誕生よりずっと前までさかのぼる。人間もまた星のかけらであり、宇宙と深く結びついている。私たちをつくる物質は、宇宙の炎から生成されたのだ。

およそ7×10^{27}個の原子でできていて、悠久の時をかけて進化してきた私たちは、物質の核に潜んでいる宇宙の炎を呼び出す手段を見つけてしまった。この事実を無しにすることはもうできない。

そして悲しいことに、人類は常に狂気をはらんでいる。

3人の科学者がそれぞれ書いた手紙は、世界に悪夢の扉を開いた。それから時を経た1955年にも、科学者たちは世界に向けて一通の手紙をしたためている。物理学が新しい知識を得た今、発想の転換を求める内容だ。「争いの遺恨が残るからといって……死を選んでもいいのでしょうか。私たちは人類として、すべての人類に訴えたい――人の道を思い出してほしい、それ以外は忘れてほしいと」この手紙はバートランド・ラッセルが文章を練り、ジョセフ・ロートブラットが発表した。署名者の一人アルベルト・アインシュタインは、3カ月ほど前に世を去っており、最後の意志表明となった。

ところで、もう一つの炭素原子はどうなった？

それはあなたのなかにいる。

11

おお無敵の王よ

OH, MIGHTY KING

精神を征服するのは力ではなく、愛と気高さである。
バールーフ・デ・スピノザ『倫理学』1677年

民が飢えているとき、穀物を抱え込んで値上がりを待ってはならない。
ゾロアスター教の教え

イラン中部の岩山にあるゾロアスター教の寺院、ピーレ・サブズの入口。

ササン朝最後の王の娘ニークバーヌーがここに逃げ込んだという。洞窟に滴る水滴を彼女の悲しみの涙に例えて、この寺院は「ポタポタ」という擬音を意味するチャク・チャクとも呼ばれる。

さて、今の私たちはどうだろう。農業が発明されて1万年ほどたち、宇宙への目が開いて、つたないながら探索も始めている。その一方で短絡的な思考と強欲が災いし、自らの文明を危うくしている。そうならないためには、自らを変えていかなくてはならない。だが、ヒトという種に自己変革はできるのか？　それとも内に潜む何かが自己破壊へと向かわせるのか？

そんな疑問が頭から離れないカール・セーガンと私は、ともかく証拠を丁寧に押さえていくことにした。そして調査を重ね、考えを掘りさげた成果が書籍『はるかな記憶――人間に刻まれた進化の歩み』だった。この章もそれを下敷きにしているが、歳月を経て私たちの疑問はいっそう切迫感を増している。人類の記憶が生命の始まりまでたどれたら、答えは難しくないのかもしれない。けれども、人間が遠い過去にまで意識を向けるようになったのは最近だ。意識的な記憶がまだなかったころ、人間に何が起きていたのか。ヒトという種がもつ先天的な欠陥は、もしかすると進化のはるか上流で起きたことが原因ではないのか。それを探り、再構築する試みはまだ始まったばかりだ。

ずっと記憶喪失で、勝手な昔話をでっち上げてきた人類だが、過去を再構築できる手段がようやく見つかった。それが科学だ。とはいえ人類幼少期を物語る数少ない遺物を探して、土をふるいにかけるのは地道な作業だ。

ワンダーウェーク洞窟

南アフリカ、北ケープ州のクルマンヒューウェルズにあるワンダーウェーク洞窟は、人類の聖地の一

リチャード・リーキーの調査隊がケニアで発掘した骨の数々。3種類の異なるヒトが、
150万年前に同じ場所で生きていたことを裏づける証拠だ。
左からホモ・ハビリス、ホモ・エレクトス、アウストラロピテクス・ロブストス。

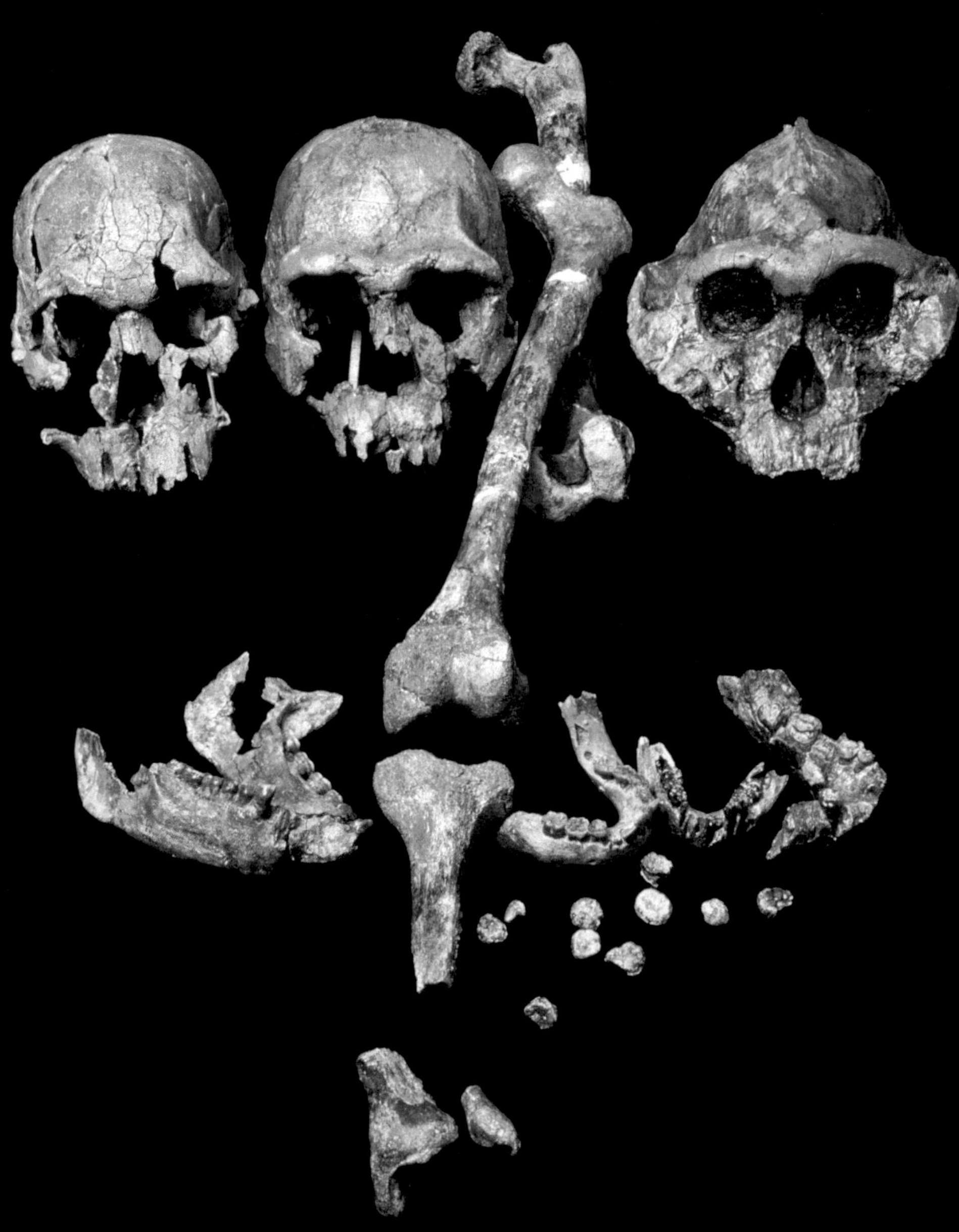

つだろう。ここは人間が火を使いこなしていた痕跡が残る、現時点で最古の場所だ。およそ100万年前、私たちの祖先はここに集い、最初の文明の火をともした。

洞窟はダンスホールのように広々としており、奥行きは120メートル以上ある。背の高い人でも悠々と歩き回れる大きさだ。さまざまな分野の研究者がここを訪れては、素人にはわからない独自の「儀式」を執り行う。レーザー光線で洞窟内をスキャンしたり、光刺激発光年代測定や宇宙線生成核種を用いた年代測定技術を駆使したりしてミクロン単位の花粉や沈

南アフリカ、ワンダーウェーク洞窟には人類最古の炉が残っている。
100万年前の私たちの祖先は、ここでたき火を囲み、今日に続く社会構造を発明した。

殿物を詳細に調べる。この場所の埋もれた歴史を明らかにして、当時の人類の姿を描き出そうというのだ。

顕微鏡で灰のねじれぐあいを見れば、自然の火なのか、人為的に起こして維持されていた火なのかを区別できる。洞窟の奥で何十万年も前に消えた火の残骸から、私たちの祖先は暖をとり、調理するために火を燃やしていたことがわかった。

ホモ属に分類される人類のうち、今生きている私たちはホモ・サピエンス、その名も「賢い人間」である。ワンダーウェーク洞窟にいたのはホモ・エレクトス、「立ちあがった人間」という意味だ。全く同じではないものの、私たちのなかに彼らは息づいている。彼らのことはよくわかっていないが、道具づくりの腕があり、老いたり病んだりした者を世話していたらしい。

太陽の周りを回るすべての天体――彗星や小惑星、衛星、そして惑星――のなかで、火を起こすことができるのは、ここ地球だけ。それは、大気中に酸素が豊富に含まれているから。そうなったのは4億年前からで、宇宙カレンダーではたった10日間にすぎない。ワンダーウェーク洞窟では、私たちの祖先が火を上手に扱い、その恩恵を受けていた。火を使って調理すると、食材が柔らかくなる。生で硬い肉を延々とかんで食べるより、より多くのエネルギーが取り込める。火は身体を温め、恐ろしい外敵を遠ざけてくれる。夜はみんなで火の周りに集まり、食事をしながら話をする。そうやって、子どもや年寄りも含めた集団のアイデンティティーが醸成され、共有されていった。

ゾロアスター教

火の使用は、動物のなかでヒトだけの特徴とされる。(植物は、競合者に勝利するために野火を利用する生存戦略を進化させているが、自分で火を起こしたり消したりはできない。)人間の意識や文化には火が中心的な役割を果たしているが、それが信仰や儀式の形に昇華して世界最古の宗教の一つが生まれた。

今からおよそ4000年前、古代ヘブライの預言者アブラハムと同じ時代に、ペルシャ(現在のイラン)にもう1人預言者がいた。アブラハムもそうだが正確な生年は謎で、さまざまな情報をもとに推

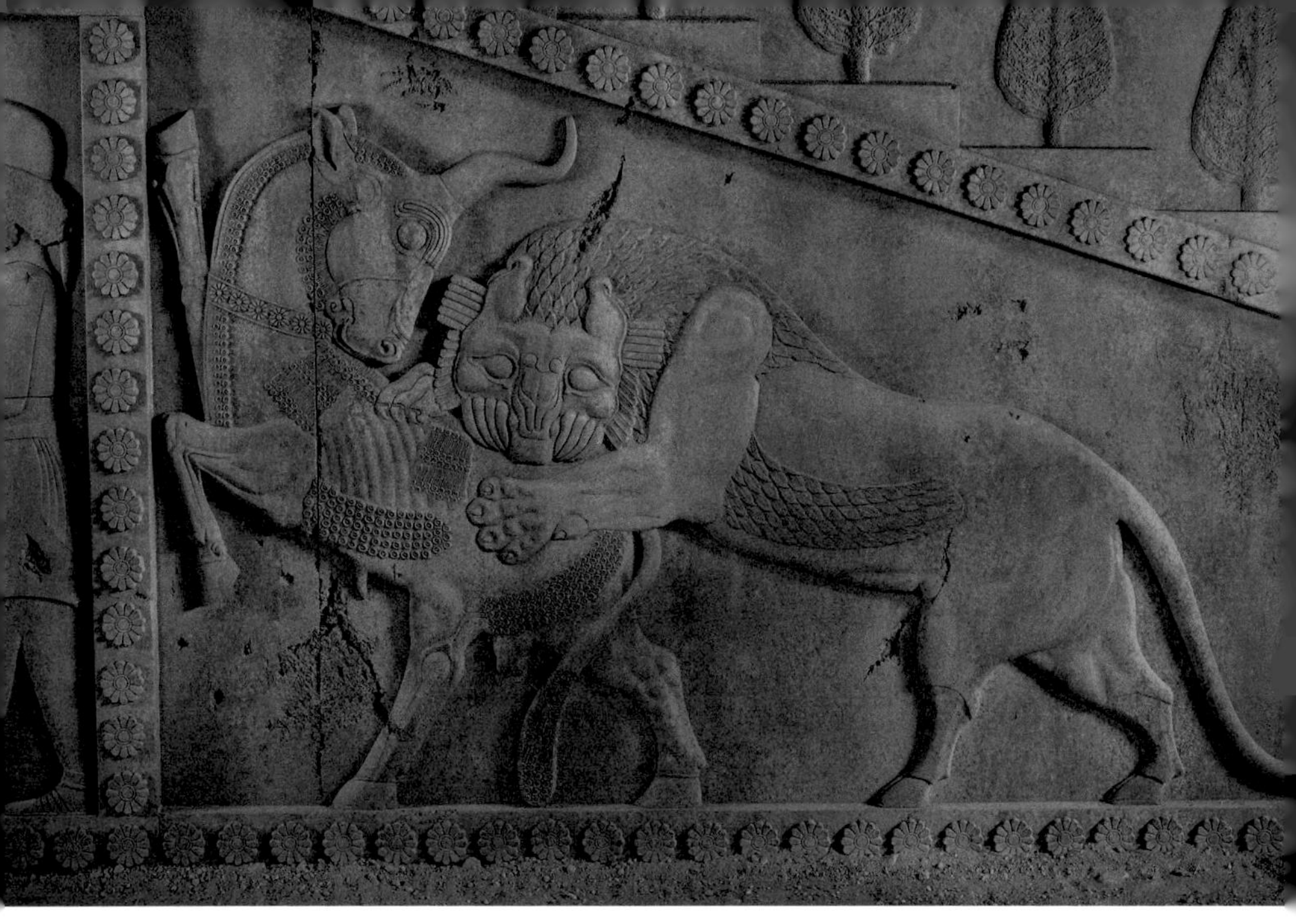

古代の都ペルセポリスに残る浮彫りから描き起こした画像。
ゾロアスター教の悪の象徴アンラ・マンユが雄牛にかみついている。

定するしかない。預言者の名はゾロアスター。彼が信奉していたのは火だった。ゾロアスター教の寺院は火で清められ、永遠の炎を燃やし続けることが信徒の数少ない務めの一つだ。火は神の清らかさと啓発された精神の光を象徴していた。

ゾロアスター教の神アフラ・マズダは、いけにえも金銭も要求しない。聖なる火をあかあかとともし、良いことを考え、良い言葉を話し、良い行ないをすること。人間に求めるのはそれだけだ。だが、こんな簡単なことも人は守れない。悪いことを考え、悪い言葉を口走り、ときには恥ずべき犯罪を行なってしまう。いったいどうして？

この問いに対する決定的な答えはまだないが、世界最古の宗教の一つゾロアスター教も、それを見つけようと試みている。人間が犯す罪だけでなく、自然災害や伝染病など、この世に起こるすべての悪いことは、アフラ・マズダの対極の存在である邪悪なアンラ・マンユの悪影響がもたらすとされる。人間がアンラ・マンユを打倒するのを見守り、助けてくれるのがアフラ・マズダだ。宇宙の未来全体が善悪どちらに向かうのか、人間の行ない一つで決まるのである。

紀元前6世紀、世界で唯一の超大国だったのが古代ペルシャ帝国だった。ペルシャの歴代皇帝が建設した巨大な都ペルセポリスに、アンラ・マンユを生き生きと描いた浅浮彫りが残っている。短くて太い角、先のとがった尻尾、ひづめのある足……おや、どこかで見たような？　私たちが悪魔と聞いて描くイメージは、遠くアンラ・マンユに由来している。ゾロアスター教はギリシャからインドまでの地域で、1000年にわたって広く信仰されていたから、その後登場した宗教に影響を与えても不思議ではない。

アフラ・マズダという神は猫派ではなく犬派だった。うっかり犬を1匹殺したら、罪を償うのに猫を1万匹殺さなくてはならない。対してアンラ・マンユは猫派だった。悪魔の手下である魔女と一緒に猫が出てくるのは、その名残だろうか。

狂犬病ウイルス

科学がまだなかった世界では、悪いことが起きるとアンラ・マンユの仕業と考えるしかなかった。

あなたが古代ペルシャの住人だったとしよう。長年かわいがり、忠実な番犬を務めていた愛犬サルー

弾丸型をした狂犬病ウイルスのコンピューターモデル。
ピンク色の糖たんぱく質の突起が細胞に取りつき、不運な感染者の性格を一変させる。

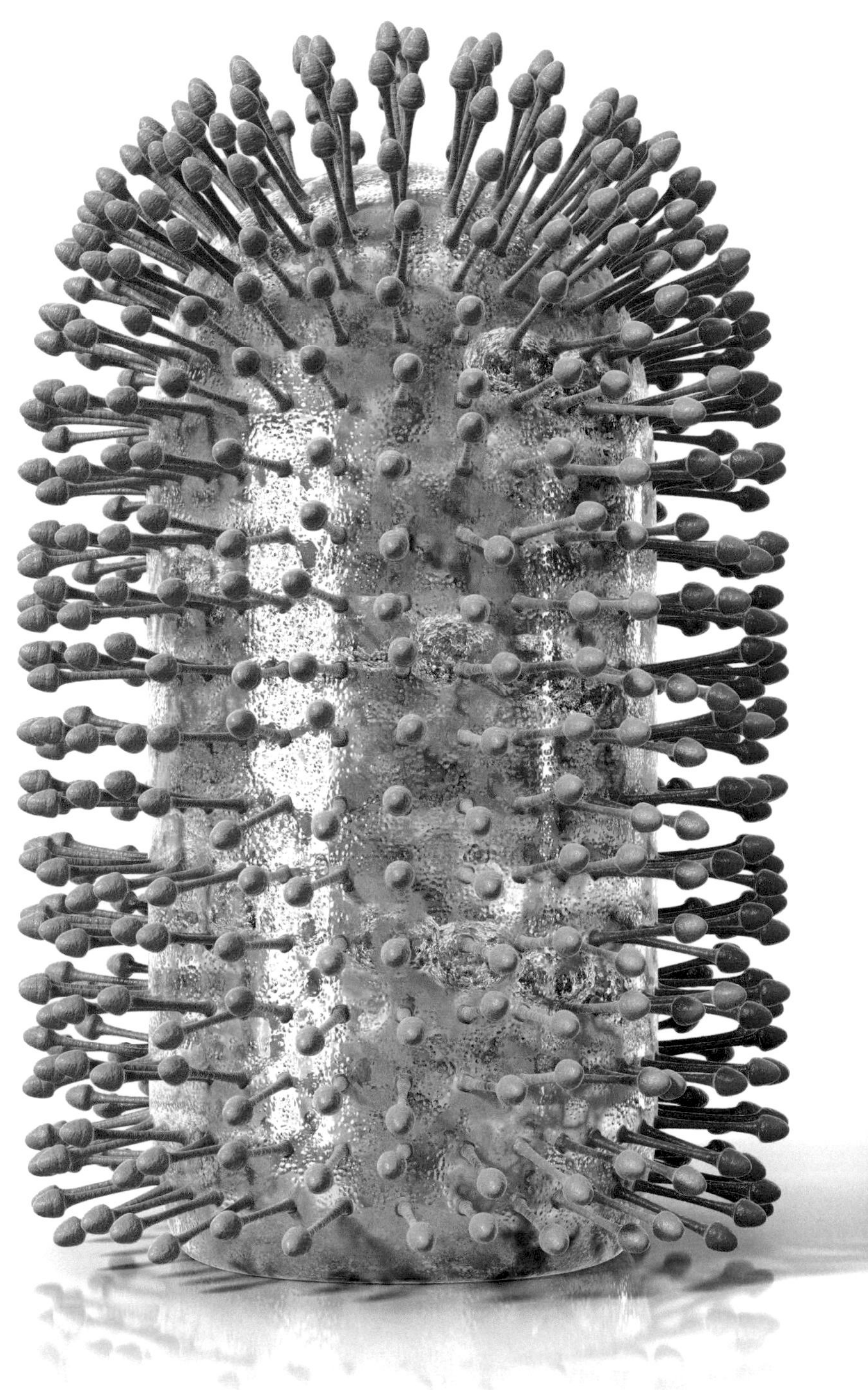

キが突然けだものになった。敵意がたぎっていることは一目瞭然だ。激しくうなって牙をむき出し、口の端から泡を吹いている。そんなサルーキが急に立ち上がって、かごのなかですやすやと寝ている生後7カ月の末娘に向かっていった。誰が見ても赤ん坊を襲うつもりだと思い、戦慄が走るだろう。この変わりぶりは、悪魔が取りついた以外にどう説明できる?

しかしこれは善悪とか、神と悪魔の戦いといった話ではない。あえて言うなら顕微鏡レベルでの捕食者と被食者の物語だ。捕食者である病原体はずる賢い狩人で、標的を病気の媒介手段としてさんざん利用してから倒す。哀れなサルーキは狂犬病にかかっていた。3週間から数カ月前のどこかでコウモリと接触し、ウイルスに感染したのだろう。何の落ち度もないのに、ホラー映画のゾンビになってしまったのだ。

弾丸のような形の狂犬病ウイルスは、体内に侵入すると血液に混じって脳に到達し、辺縁系を攻撃する。狂犬病ウイルスに代表されるリッサウイルス属は、古代ギリシャの狂気と憤怒の女神リッサにちなむだけあって、神経細胞に襲いかかり、怒りの神経回路を乗っとってしまうのだ。発病した犬は凶暴なオオカミに先祖返りして、主人への忠誠心も愛着も消え、恐れ知らずで無情な怪物になるのだ。

狂犬病ウイルスは脳の辺縁系を征服したあと、別動隊をのどに送りこんで麻痺させ、唾液を飲み込めなくする。犬が垂れ流す唾液は身体や床につき、周囲にまき散らされたウイルスは次の標的に取りつきやすくなる。

ウイルスはこの巧妙な攻撃戦術をどうやって編み出したのか? 感染した動物の怒りの中枢が、脳のどこにあるかなぜわかるのか? その理由がわかったのはつい最近のことで、自然選択による進化のなせるわざだった。どんなに高度で専門的な能力――例えばウイルスが標的ののどを麻痺させる――も、十分な時間をかけて偶然の変異を繰り返していけば手に入る。それによって生き残る可能性が上がれば、子孫にも確実に受け継がれていく。狂犬病ウイルスが邪悪な炎を燃やし続けるには、誰かが感染し、誰かにうつしてくれさえすればよい。

恐ろしい神経症状といい、整然かつ精密な攻撃といい、狂犬病ウイルスは標的を操作する名人だ。侵略してから支配下に置く作戦は細部まで練り上げられており、歴史に名を馳せた名将も顔負けだろう。根っからの戦略家なのである。

ウイルス、細菌、ホルモン、さらには自身のＤＮＡ。私たちはこれらの見えない力に振り回されている。愛犬が急に凶暴になり、20代を迎えた娘が見えない何者かに命じられて奇妙な行動を取り始める。これが悪魔の呪いでなくて何なのか？

人新世

そうした変化は生物学的な仕組みが引き起こすものだとわかってきてからも、人は悪魔の概念からなかなか離れられない。邪悪な振る舞いや行動は見えない力に操られているだけで、当人に罪はない。アフラ・マズダやアンラ・マンユへの神頼みをやめて、今の自分たちや世界がこうなっている理由を正しく理解しようとすることが大切だ。しかし大衆文化は、悪の擬人化と善の化身にあふれている。超能力を持つ善は苦戦して悪に追い詰められるが、最後には必ず勝利する。

宇宙人、もしくははるか未来の考古学者になったつもりで、客観的に今の文明を理解してみよう。21世紀に入ってからの科学技術の発展は目覚ましかった。人間の五感はかつてないほど拡大され、物質の奥の奥にずっとしまい込まれていた微細構造まで明らかにしつつある。シームレスな3次元の仮想現実もつくり出せるようになったのだ。こうした新しい技術は、宇宙の新しい発見や、自然の理解を深める旅に連れて行ってくれるだろうか。実はそうではない。巨大で強力なロボットづくりに活用され、やるかやられるかの戦いに使われてきた。アフラ・マズダ対アンラ・マンユのぶつかり合いが、形を変えて再現されているのだ。壮絶な戦いは町を壊滅させ、無数の生命を奪っている。人間の破壊欲求はとどまるところを知らない。

そして今、絶滅種の館（やかた）では第6の展示室が着々と準備中だ。そこを人新世（じんしんせい）と名づけたのは、珍しく人間の自己認識が正しく働いたのだろうか。展示室には、絶滅した種や破壊された生態系が猛烈な勢いで追加されている。いったいどこまで行けば、私たちはショックを受けて我に返るのだろう。

デカルト

私たちの身体の細胞、つまり40億年にわたる生命の書には、こうした結末が書き込まれているのだろうか。生存競争を指揮する遺伝子の対決で、少しだけ良い特徴をもっていたり、余計な特徴がなかったりした動植物が、今を生きているということ？　生命も歴史もつまるところＤＮＡが定めた運命に従っているだけ？　この疑問に答えを見つけようと、さまざまな角度から研究が続けられている。私たちは自分のことも、人間が属する大きな自然のことも、まだほとんどわかっていない。

カールと私は、生き物に特定の行動を誘発する化学物質があることを知って驚いた。死にかけたミツバチは「死のフェロモン」ことオレイン酸を出す。すると匂いを察知した仲間のハチによって、巣の外に運びだされる。健康なハチに微量のオレイン酸を付けても同じで、どんなに暴れても問答無用で放りだされるのだ。巣で最も重要な存在である女王バチも例外ではない。

この話は衝撃的だった。まるで人間の葬儀だ。死体を巣に放置したら、腐って感染症が発生しやすいことをミツバチはわかっているのだろうか？　そもそもハチに死の概念はあるのだろうか？

何千万年という集団体験の積み重ねのなかで、死の直前以外にオレイン酸を放出するハチは1匹もいなかった。だからオレイン酸に死以外の意味を読み取る必要はなかった。オレイン酸を吹きつけられた元気なハチが死んだものとして放り出されたのも当然だ。

このような誰かから命令されたわけではない、短絡的な行動は、多くの動物に見ることができる。ガンの巣から卵が転がりでたら、母親はくちばしで押して戻す。この行動には、遺伝子を残すためという明白な理由がある。だが卵に似たものを置いても、ガンの母親はせっせと巣に戻すだろう。彼女は自分の行動の意味をわかっているのだろうか？と問いたくなる。

室内の明かりに誘われて窓ガラスにぶつかるガはどうだろう。光に集まるのは、何百万年もかけて形成されてきた性質だ。だが透明な窓ガラスは、つい１０００年ほど前に出現したばかり。それを避ける行動はプログラミングされていない。

甲虫に精神はあるのだろうか。悠久の進化は、宝石のように美しい甲虫を数多く生み出してきたが、

意思決定能力や意識、感情を与えることはできなかった？　独創性や自発性、即興性を持つことをDNAに許されなかったロボットみたいなもの？　私たちは？

生き物の行動を操作しているのはDNAの暗号だ。だからミツバチや甲虫、さらにはガンでさえも頭がからっぽのロボットと言われてついうなずきたくなる。では私たちホモ・サピエンスはどうなのだろう？

そんな疑問が、1人の若きフランス人兵士の頭に浮かんだ。時は1619年11月の冷えこむ夜、場所はバイエルン公国のとある町の暖房がききすぎた部屋だった。ランプを消して、ベッドに横になったが、考えが次から次へと湧いて眠れない。彼は後年、この夜聖霊が自分に新しい考えかたを授けてくれたと振り返っている。彼は授かった叡智(えいち)を広めようと模索した。

この若者はルネ・デカルト。「我思う、ゆえに我

地球上に35万種いる甲虫のなかでも、自然選択が生み出したとびきり美しい6種。
左から：ホウセキカミキリ（Sternotomis bohemani）、スタンレーミツノカナブン（Neptunides stanleyi）、ゴミムシダマシのオス（Proctenius chamaeleon）、ホソネクイハムシ（Donacia Vulgaris）、メレグリスゴライアスオオツノハナムグリ（Goliathus meleagris）、シワバネヒラタオサムシ（Carabus intricatus）

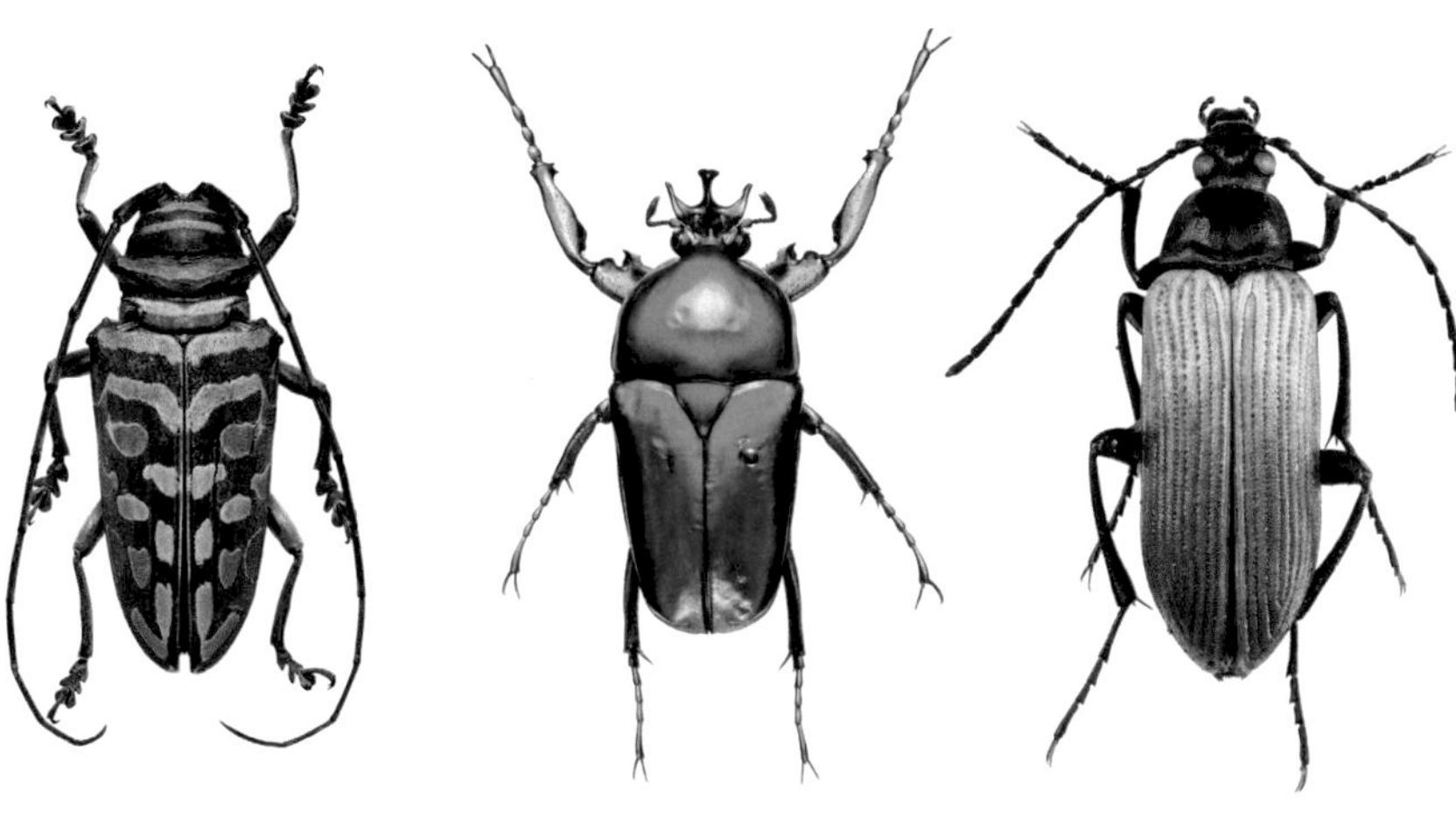

あり」で知られる哲学者だ。この夜デカルトの脳裏にひらめいた発想は、現代文明を決定づけるものだった。デカルトは聖霊から、哲学と科学を結合するよう命じられたという。何が本当かを知るには、科学という誤りを修正できる厳密な仕組みを通して、数学的な証明を試みることが不可欠だ。

デカルトの思想の根幹にあるのは、現代世界の最大の特徴――疑いだ。17世紀初頭という時代に、それがどれほど過激な発想だったことか。ガリレオは、地球が太陽の周りを回っているという数学的に証明可能な主張をしただけで、裁判にかけられ、有罪判決を受けて牢に入れられた。教会は1000年ものあいだ、言論統制をうまくやっていた。信仰に疑いを挟むなどあってはならないことで、新約・旧約聖書の内容が論じられることは皆無だった。しかしデカルトにとっては、疑いこそが知識の出発点だったのだ。

デカルトは無神論者ではなかった――少なくとも表向きは。神の存在を繰り返し主張し、不死の魂をもてるのは人間だけだと考えていた。彼から見れば、ハチ、ガ、甲虫はどれも小さな機械だった。時計が技術の最先端だった時代だ。虫たちも時計と同じく優美で効率的な機械仕掛けであり、魂は入っていないものだった。

しかし今日の私たちは、デカルトの疑いの原理にのっとってさらに思考を押し進める。ヒト以外の動物も思考したり、決断したりするだろうか？　彼らがもし言葉が話せたら？　ガンの母親はボールを転がして巣に入れてしまうが、ひながかえってからは、別の形で我が子とつながる。ひなの匂いや鳴き声、外見の組み合わせがぴったり合ったときに、初めて母親として関心を示すのだ。だからボールと我が子を混同しないし、ほかの母親のひなと間違えることもない。何という頭の良さだろう。「賢い」ことを自称する人間（ホモ・サピエンス）は、ひなの見分けもつかないのに！

一方、甲虫はというと、小さな身体に感覚一式と生殖能力、その他たくさんの能力を詰め込んでいる。歩く、走るはもちろん、飛ぶこともできる。目標に向かって前進したり、後ろ脚で立ち上がったり、後ずさったりもできる。こうした多彩な行動のための能力と器官がきっちり備わっているのだ。

では意識はどうか。この話題になると科学者は慎重だ。それも当然で、人間はほかの生き物に自分を投影し、擬人化したがるからだ。とはいえ慎重になりすぎかもしれない。ロボットのプログラムと意識は、思ったほどきっちり分かれていないのでは？　そんな奇妙な感覚が私にはある。何を食べ、誰から逃げ出し、どんな相手に性的に魅了されるか、甲虫は自分で決めている。だとすれば、ちっちゃな脳に意識らしきものがあると考えてもよさそうだ。

この疑問は、小さな虫をはるかに超える広がりをもつ。いろんな要素を考慮した上で、それでも虫をロボットと見なすとしよう。生死のすべてに関わる機能は、DNAのプログラムで実行されているのだと。でもそれって人間も同じことでは？　人間の行動もまたDNAに支配され、あらかじめプログラミングされているのだとすれば、自由意志はどうなる？　善悪の議論は？　良い行ないも悪い行ないもアフラ・マズダとアンラ・マンユに操られているというゾロアスター教の教えと、どう違うのか。遺伝子に操縦されるのではなく、もっと高い理想に従って自分の行動を選択し、運命を形づくっていくことはできないのか？

アショーカ王

希望がもてる話が一つある。人間の両極端な行動が現われた人生の物語だ。長い時間を経て、もはやどこまで本当かはわからない。その男の人生には、対立する宗教の逸話がまとわりついて判然とせず、真実を突き止めることが難しいのだ。何が真実かはともかく、この男の物語を闇に葬り、彼の人生や、彼が書いたりつくったりしたものを歴史から消そうとする動きがあったのは間違いない。それでもこの男の記憶は輝きを放ち続けている。つまるところ、昔日の夢を地図にして進むのであれば、歴史でも神話でも構わないのだ。

預言者ゾロアスターから約200年後の紀元前4世紀、マケドニアの田舎から現われた若者が、10年も経ずしてアドリア海からインダス川を越えるまでの大帝国を築いた。その若者の名はアレクサンドロス3世。世界最大の帝国だったアケメネス朝ペルシャを敵に回し、強大な軍隊を撃破した彼は、さらに多くの世界を征服する欲望に取りつかれた——インドも欲しい。
しかし紀元前３２４年、インド北西部、現在のパキスタンまで手に入れたところで、部下が反乱を起こす。世界帝国の野望がさほど強くなかった彼らは家が恋しくなり、荷物をまとめて帰ってしまった。彼らが去った後帝国建設に乗り出したのは、古代インドの戦士チャンドラグプタ王だ。彼はわずか3年でマウリヤ朝の帝国を築き、その領土はインド北部と現在のパキスタンにまで及んだ。

アレクサンドロス3世配下の武将で、帝国の一部を継承したのがセレウコス1世ニカトルだ。彼は先王の遺志を果たそうとインダス川を渡り、チャンドラグプタの軍勢と対決して大敗を喫する。戦争より結婚の方がはるかに合理的だという結論になり、何百頭というゾウや大量の媚薬を贈り合って築いた関係を基盤に、インドとギリシャの交流は長く続くことになった。

優れた為政者でもあったチャンドラグプタは、大規模な灌漑網を整備した。金属で補強した近代的な道路を建設したのは、帝国を統一して交易と戦争を円滑に行なうためだった。チャンドラグプタの後を継いだ息子のビンドゥサーラは、偉大な2人の王に挟まれて、世代のつなぎ目の役割をかろうじて果たしただけだった。

ビンドゥサーラの息子で紀元前３０４年頃に生まれたアショーカは、幼時にかかった疱瘡の跡が醜く残り、その顔に嫌悪した父王によって宮廷から追放されたともいわれる。しかしこれは、後年のアショーカの暴虐ぶりを心理的に後づけする逸話だろう。

ビンドゥサーラが病に伏すと、多くの正妃や側妃とのあいだに生まれた息子たちが跡目争いを始める。アショーカは王位を得るために兄弟を殺害したことになっているが、その数は1人から99人までと諸説

仏教に帰依したアショーカ王を描いたチベット仏教の絵画。身ぶりや服装はブッダに倣っている。
マウリヤ朝当時の肖像が残っていないのは、暴虐ぶりへの怨恨のせいだ。

ある。善意に解釈して1人だけだったとしても、その方法は残虐だった。燃えさかる炉に閉じ込めたのである。

非道な暴君。それがアショーカ王の代名詞となった。想像を絶する恐怖を与えないと、敵を倒したことにならないのだ。父王ビンドゥサーラの死の床ですらそうだった。ビンドゥサーラが後継者に指名していたのは別の息子だった。おそらくアショーカが焼き殺した兄弟だろう。父に憎まれた息子は、王にしか許されない盛装で病床に現われたと思うと、「私が次の王だからな!」とあざけるように宣言した。ビンドゥサーラは怒りで顔を真っ赤に染めたかと思うと、崩れ落ちて息を引き取ったという。父王に悲惨な末期を迎えさせたアショーカは、満面の笑みをたたえていたことだろう。それが伝説だけでなく、歴史の記述さえも一致する非情なる若き王の姿だ。

それから数年も経ずして、王位を脅かす者はみな姿を消した。アショーカは宮殿の周囲にある果樹が気に入らず、すべて切り倒してしまえと命じた。驚いた家臣たちに考え直すよう進言されると、アショーカの怒りがさらに燃えあがる。「では代わりにおまえたちの首をはねるとしよう」家臣たちは兵士に引きずり出され、斬首された。だがそれは始まりにすぎなかった。

アショーカ王は棟が五つもある巨大な宮殿を建設した。その完成に合わせて、領内の君主たちに優雅な招待状が届く。そのころマウリヤ朝は、最南端および東海岸の2カ所を除いてインド亜大陸をほぼ手中に収めていた。招待された人びとはさぞ喜び、得意の絶頂だったことだろう。新宮殿の絢爛（けんらん）さに目を見張り、内部を誰よりも早く見られる名誉をかみしめたに違いない。

中央の大広間から、五つある棟の一つに1人ずつ案内されたとき、客はようやく悟る。アショーカ王

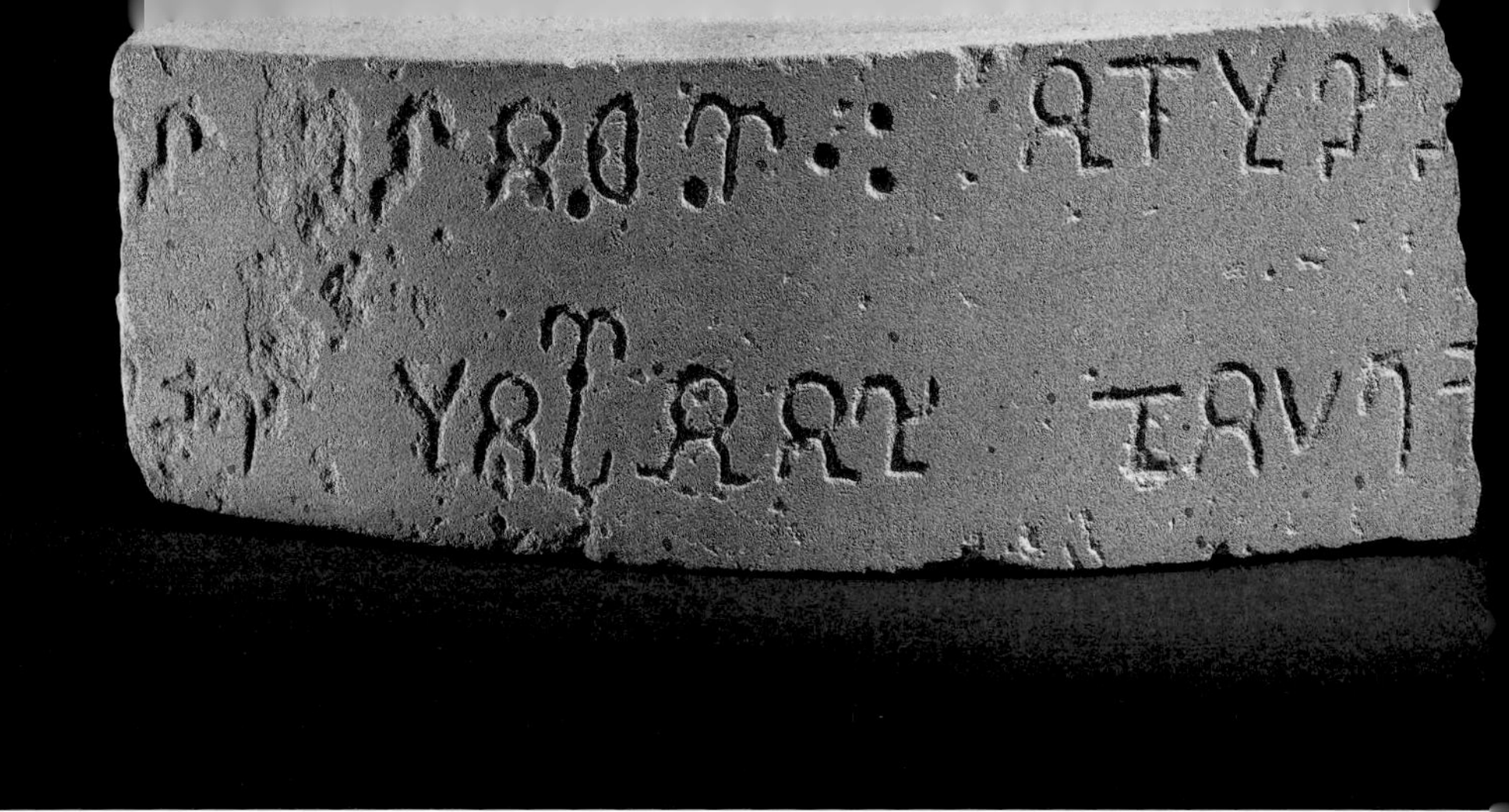

新しい観念を広大な帝国に伝えるために、アショーカ王は石や柱に仏教の教えを刻ませた。これまでに約150点が出土している。写真の断片は、法勅がブラーフミー文字で彫られている。

の考える最も残虐な方法の一つで殺されることに。もはや逃げ場はない。噂は広まり、宮殿はアショーカの地獄と呼ばれるようになった。敵になりそうな人間は徹底的につぶすという評判が世間にすっかり定着する。アショーカ王の暴君ぶりはとどまるところを知らなかった。

ところが、アショーカ王の恐怖支配が及ばない国があった。インド北東部の沿岸で繁栄していたカリンガ国だ。王をもたず、開放的な文化で知られていたカリンガ国は、当時としては最も民主主義に近い社会だった。自由交易の港もあり、サディストの王国に飲み込まれることなくやりすごしてきたのだった。

しかし即位から8年、アショーカ王はついに併合に乗りだす。カリンガ国の人びとは、狂人との和平などはなから期待

してお らず、果敢に抵抗した。それがアショーカ王最大の蛮行を招くことになる。

アショーカ王の軍勢はカリンガ国を1年にわたって包囲し、相手が飢えて弱ったところで城壁を破った。家々に火が放たれ、激しい接近戦が始まる。アショーカ軍の兵士は非道の限りを尽くした。戦いが終わったとき、死者は市民と兵士合わせて10万人になっていた。さらに独立精神の旺盛な人間が一つにまとまらぬよう、15万人が各地に追放された。

これがアショーカ王の得たご褒美だった。戦場は死屍累々として足の踏み場もない。見渡す限り死の国だ。死体の山のなかで、王は勝利をかみしめていた。

そのとき、ぼろをまとった男が近づいてきた。将軍たちは色めきたち、刀に手をかける。男は両手で何かを捧げもっていた。横暴な独裁者にもひるむ様子はない。護衛がただちに男を殺そうとするが、王は制止した。男の勇気に好奇心を持ったのと、やせおとろえた物乞いごときを恐れる必要はなかったからだ。男は王の前に立ち、持っていたものを差し出す——赤ん坊のなきがらだった。アショーカ王の大勝利の犠牲者である。男は王の目をまっすぐ見つめて言った。「無敵の王よ、あなたさまは何十万という命を気まぐれに奪えるほどの力を持った方です。どうぞそのお力で、命を一つだけよみがえらせ、この赤子にお戻しく

アショーカ王の法勅を伝える塔。4頭の獅子を支える法輪は仏教の象徴で、中心から24本の線が放射状に伸びている。この図案はインドの国旗にも採用されている。

インド北東部、花こう岩の岩山につくられたロマス・リシ洞窟。優美なアーチをくぐると内部は質素で、音がよく響く。アショーカ王は紀元前３世紀にここを訪れた。

ださい」。アショーカ王はなきがらを見つめるばかり。勝利の歓喜も陶酔も、まるで別のものに変容していた。

アショーカ王の悪行を堂々と指摘する恐れ知らずの物乞いは、いったい何者なのか？　正確な人物像は伝わっていないが、ブッダの信奉者であったと思われる。ブッダは約200年前に非暴力と悟りと慈悲を説いた哲学者だ。アショーカ王の時代には、その存在はあまり知られていなかったが、信奉者は富を捨て、ブッダの教えを身をもって示しながら放浪していた。カリンガ国に現われた僧もおそらくその1人だろう。彼の勇気と知恵は、無情な男の心を呼び覚ました。

アショーカ王は死体で埋め尽くされた戦場に目をやる――勝者の傲慢さはどこへやら、その顔には自責と嫌悪がにじみ出ていた。王は最大の罪を犯したこの場所をはじめ、各地に塔を建立した。上部には四方をにらむ4頭の獅子が彫られ、最初の法勅の一つがブラーフミー文字で刻まれていた。「すべての者はわが子であり、私は彼らに安寧と幸福を望んでやまぬ」

13番目の法勅には、王の良心の呵責が記されている。「カリンガ併合直後より、神聖なる国王陛下は信仰の法の擁護に努め、法を心から愛し、熱心に説くようになった。その心に、カリンガの民を征服したことへの自責が芽生えた。征服されたことのない国を手にするために、民に殺戮と死をもたらし、彼らを捕らえて追放したからだ。それが神聖なる陛下の深い悲しみと後悔の理由であった」

アショーカ王はそれまでの暴虐を悔いるだけでなく、全く新しい種類の指導者へと生まれかわった。

アショーカは、かつて王の名を聞くだけで震え上がっていた周辺の小国と和平を結んだ。そして30年余りの治世に学校や大学を創設し、病院やホスピスまでつくった。女子教育に着手し、聖職者への道も開いた。村や町に水を供給するために井戸を掘らせ、旅人を歓迎し、動物が木陰に憩えるように道に木を植え、雨風をしのげる建物をつくった。すべての宗教を等しく尊重し、無実の罪で拘束されたり、乱暴な扱いを受けたりした者がいたら、裁きを見直すよう命じた。死刑も廃止した。

王は人間だけでなく、あらゆる命に心を寄せた。動物をいけにえに捧げること、娯楽で狩りをすることを禁じ、動物病院を全土につくって、動物を大切にするよう説いた。従来なら遺伝子を共有する割合が高い血縁者の生存を優先させるのが、血縁選択という進化の戦略だが、アショーカはそれを無視していたのか？　いや、そうではない。血縁者の範囲をどこまでも広げただけである。

アショーカ王はさらに、時代を何千年も先取りする斬新な考えを打ちだした。王の息子に生まれたというだけで王座につくのではなく、最も賢明な者が国を治めるべきだと考えたのだ。

とはいえ、王の残虐ぶりが完全に鳴りをひそめたわけではない。36年間の治世の末期には、若いころのような残忍な怒りを爆発させたこともあったようだ。それでも善政を模索する試みはたゆみなく続けられた。

ロマス・リシ洞窟

アショーカ王が老いて死を迎えたあと、マウリヤ朝はわずか50年で滅亡した。寺院や宮殿、それにインドに広く建立された塔はことごとく破壊された。階級制の厳格な維持のためには神格が欠かせないと信じる者にとって、神を信じないアショーカ王の存在が許せなかったのだ。しかし、18世紀から19世紀にかけて王の法勅が再発見されたこともあり、アショーカ王の伝説は生き続けている。20世紀、近代国家として独立したインドはアショーカ王の獅子を国章に定めた。

仏教は、世界で最も重要な宗教哲学の一つになった。それはひとえにアショーカ王の功績だ。イエスが生まれる200年前、アショーカの塔にはイエスの言葉であるアラム語など、複数の言語で法勅が刻まれた。それは言うなれば、憐みと慈悲、謙虚さ、平和を説くロゼッタストーンだ。アレクサンドリアなど中東の都市を訪れたマウリヤ朝の使者は、刻まれた奉勅(ほうちょく)以上に大きな影響を与えたことだろう。

インド、バラーバルにあるロマス・リシ洞窟は、アショーカ王時代の貴重な寺院の一つだ。内部は銘文が少しあるだけで実に簡素だが、際立った特徴がある。残響がとても長いのだ。音は磨き抜かれた壁にぶつかりながら次第に弱まっていき、最後は跡形もなく吸収される。あとは完全なる静寂だ。

だがアショーカ王の夢は違う。その残響は時間とともにますます大きさを増していくように私には思える。

12

人新世の成熟期

COMING OF AGE IN THE ANTHROPOCENE

人類は、自然ではなく自分自身を統御することがかつてないほど求められている。
レイチェル・カーソン『沈黙の春』

2018年10月10日、フロリダ半島の西の付け根部分を史上最大のハリケーン・マイケルが襲った。海水温と気温の上昇で、威力が増す一方のハリケーンは、人新世の特徴の一つだ。

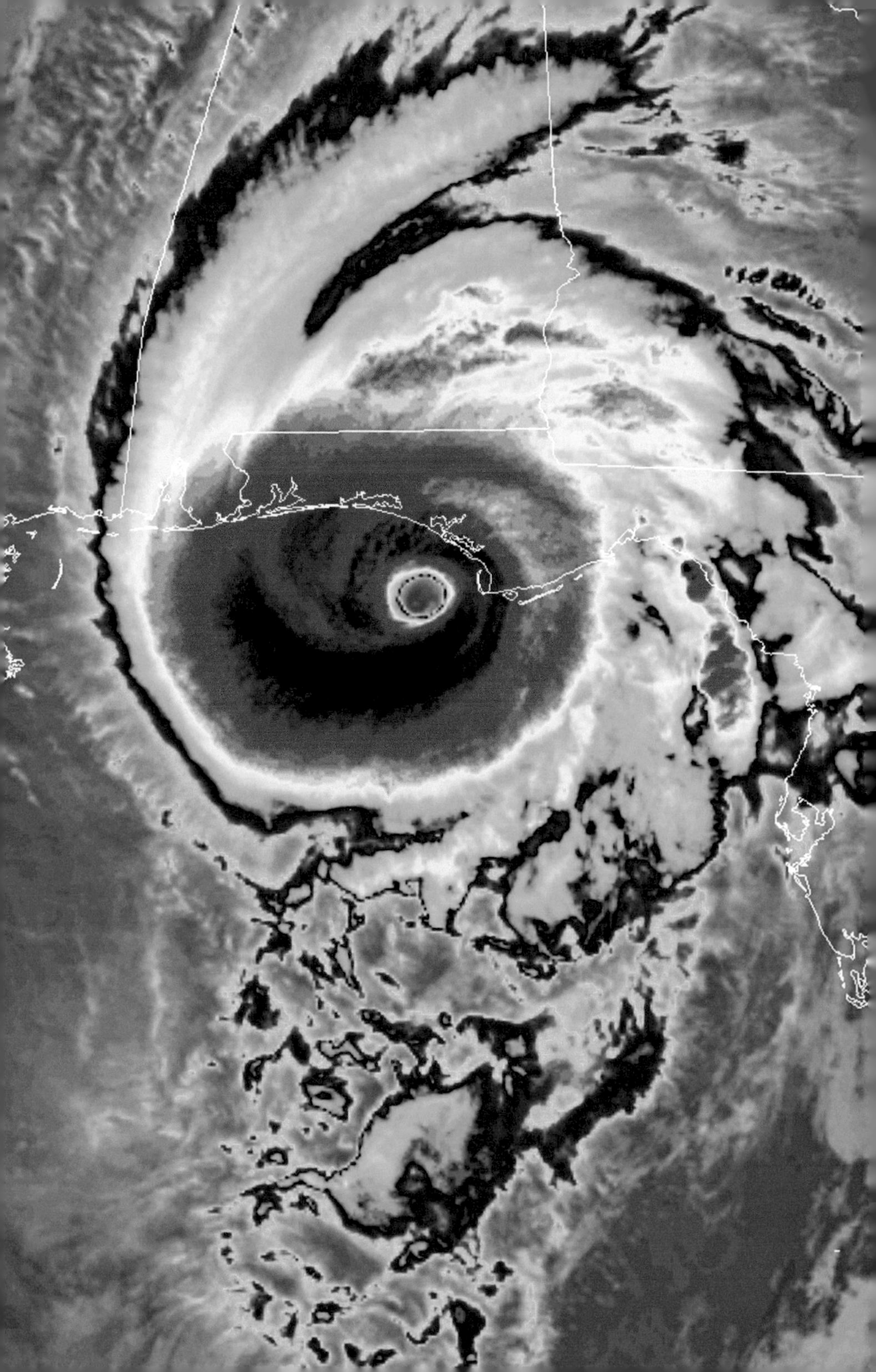

人類の文明は、約1万1650年前から続く完新世（かんしんせい）と呼ばれる地質時代のたまものといっていいだろう。宇宙カレンダーでは、12月31日が終わるまで30秒を切ったころだ。しかし人類が地球環境や生物に与える影響はますます大きくなっており、それを反映した新たな地質年代を設けるべきではないか。地球を地道に研究し、目立つことをしないと思われている地質学者だが、これに関しては多くの意見が一致した。こうしてつくられたのが、ギリシャ語で「人間」を意味するanthroposと、「新しい」という意味の -cene を組みあわせた anthropocene（人新世（じんしんせい））という言葉だ。

人新世の始まりについてはさまざまな意見がある。完新世に入ってから、人類の乱獲による種の絶滅が始まったことを考えると、完新世と同時に人新世は始まっていたと考える研究者もいる。洞窟に残されたマンモスや巨大なキツネザルの壁画は、絶滅した彼らの往時の姿を残そうとしたのか？　人類が原因による絶滅は今に始まったことではないようだ。とはいえ、ご先祖さまを非難するわけにはいかない。全体像が見えていなかったし、生き延びることが先決だったからだ。目の前のこいつを仕留めたら、種が消滅する――そんなことがわかるはずもない。身近に起きることしか知りようがなかったのだ。

地面に最初の一粒の種が落ちて、農業という革命が始まったときが、人新世の幕開けなのかもしれない。それ以前の地球は樹木の数が倍で、大量の二酸化炭素を吸収しては酸素を吐き出していた。しかし農業の発明で、人類は放浪生活をやめて定住し、農地を切り開いて都市をつくった。土地を確保するため、あるいは船の材料にするために木が伐採されて、良くも悪くも人類は世界を股にかけて活動する生き物となった。

動物の家畜化が、人新世の合図だったともいえる。野草を食べるウシはメタンを出す。これも気候変

フランス、ラスコー洞窟に描かれたオーロックス。
ユーラシアに生息していたウシの仲間で、巨大な角をもち、今日の家畜牛の起源とされている。
既に絶滅しているが、遺伝子工学の技術で復活の試みが進んでいる。

動の一因となる温室効果ガスだ。草を消化するときに発生するのだが、その仕組みが科学的に解明されたのは現代になってからだ。ほんの数頭のウシが害になる、ましてや地球環境を激変させるなんて、誰が想像しただろう。家族を食べさせ、とくに幼い子が飢えることなく育つよう必死だったのだ。

あるいは、ささやかな住居を温める炉——それが始まりとも考えられる。約４０００年前の中国大陸で画期的な発見があった。よく燃えて長もちし、寒さや湿気を追い払ってくれる石だ。その正体は、何千万年も前に枯れて土に埋もれた植物や樹木が炭化したもの。この石炭の発見が、人新世の扉を開いたのだろうか。森林はもっぱら木材用に伐採されるようになり、鍛造（たんぞう）や鋳造（ちゅうぞう）用、家庭用での石炭の重要度が高くなった。最初のうちは、石炭を燃やす煙も大したことはなかった。しかし人口が急激に増加して、薪や石炭を燃やす量も桁外れになる。大気に排出される二酸化炭素で、地球全体が温まり始めた。

いや、本格的な人新世は１０００年ほどあと、アジアで稲作が広まったころではないか。そこでは水を張った田に苗を植える「水田」が考案された。汗水流して作業する農民たちが、水田から何千万トンというメタンが発生することを知るはずもない。水に浸った土壌は酸素を失い、植物を餌とする嫌気性の微生物が活動してメタンを生成する。さらに悪いことに、稲の葉はメタンを空気中に放出しやすい構造になっている。だがそんな微小な世界のことは、科学の時代が到来するまで誰にもわからなかった。農民たちは自分と家族が食べていくので精いっぱいだった。

地球の岩石には時が刻まれる。その文字さえ読めれば、地球の歴史に起きたさまざまな出来事の物語を紡ぐことができる。最も劇的なくだりは薄い色で刻まれている。それは地球全体に分布している、イリジウムという希少金属の青白い地層だ。６６００万年前の巨大生物の死と白亜紀の終わりを告げる

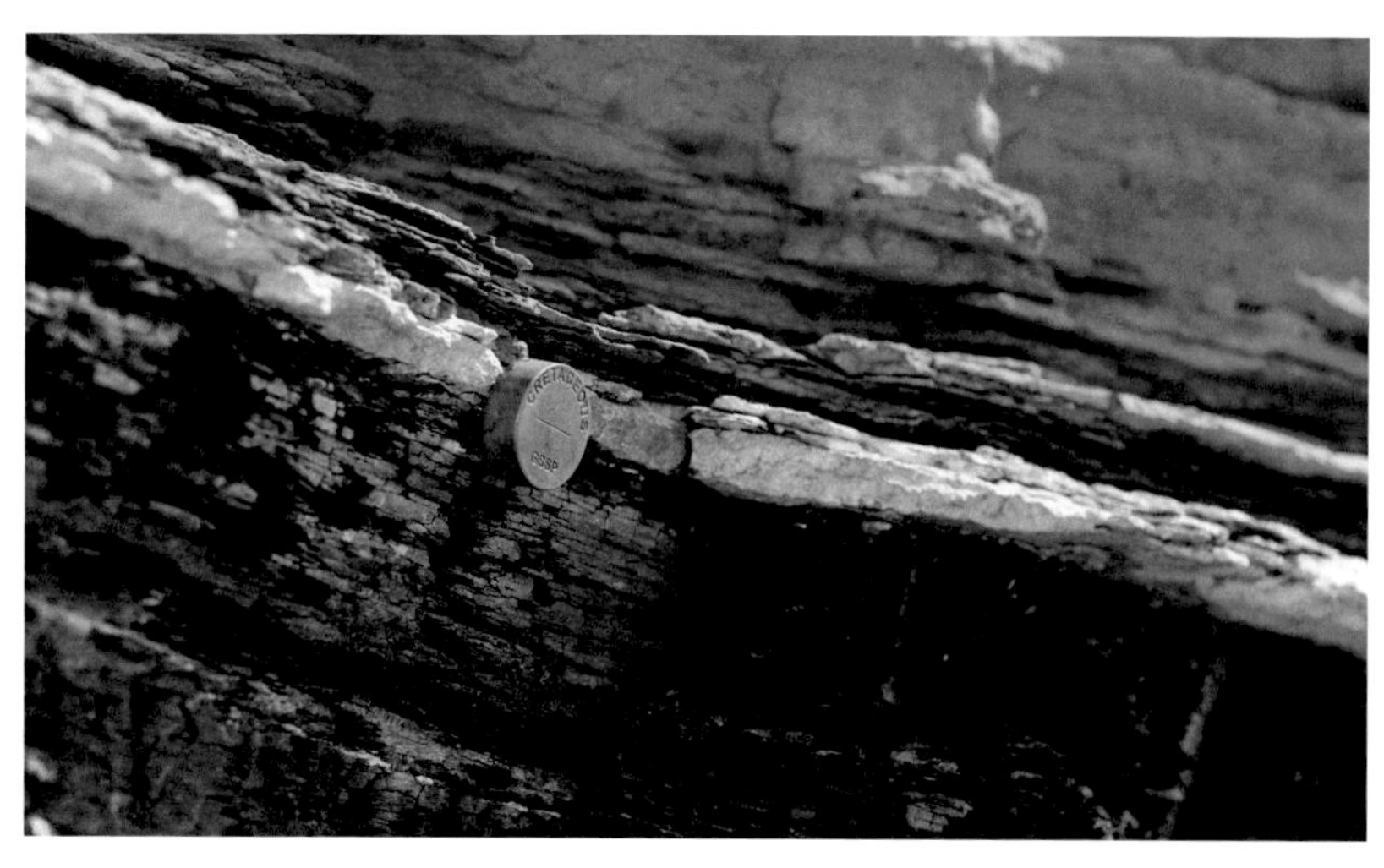

地層の境目に打ち込んで、地質年代が変わっていることを示すゴールデン・スパイク。

叙事詩でもある。このとき恐竜が姿を消し、地球上の動植物の4分の3が絶滅した。

地質学の世界には一つの習慣がある。地質年代の明確な境界が見つかったら、目印としてゴールデン・スパイクをハンマーで打ち込むのだ。今が人新世、つまり人類が原因で種が滅亡する時代であるとしたら、ゴールデン・スパイクはどこに打ち込めばいいだろう。

それは「私」かもしれない。私が生まれた年、世界では二つの超大国が覇権を争っており、どちらも勝つためならすべてを危険にさらそうとしていた。１９４５年、原子内部に閉じ込められているエネルギーを解放する兵器を米国は開発する。それから4年後、１９４９年の夏に私は生まれたが、今度はソ連が核実験を敢行して狂気に拍車をかけた。さらに米ソは、恒星内部で起きている核融合のエネルギーを利用する悪魔の兵器まで実験した。大気圏内核実験が終了するまでの数十年間に、両国が爆発させた核兵器の数は何千個にもなった。核実験では、中性子が過剰で不安定になったストロンチウム90が放出された。こうした放射性同位体は世界中の母親の母乳を汚染した。母親たちはこんな世界で子育てはできないと立ち上がり、反核運動を展開する。そして１９６３年、部分的核実験停止条約が締結された。

私を含めた同世代の人間は、体内に炭素14という放射性同位体を過剰にため込んでいる。放射性同位体には半減期がある。それは樹木の年輪のようなもので、数えればその木の年齢がわかる。軍拡競争で、大気中の炭素14の濃度は倍増した。もし私が認知症になって自分の年齢がわからなくなっても、生まれた年の夏に繰り返された核実験の名残が教えてくれるはず。私の中に打ち込まれた「ゴールデン・スパイク」こそが、人新世の開始を告げるものではないだろうか。

大気圏内の核実験が禁止されたあとも、私たちは地球を汚し続けた。いつか完全にだめになる日がくるとわかっていながら。どうせ何の手も打てないのだったら、危険性を詳しく学んでも仕方がない。知らないほうが身のためだ。知ってしまうと呪われる。

フロン

過去に一度も起こらず、これからも決して起こらない物語は不朽の命を保つ……それが神話だ。何千年も前に生まれたそんな神話の一つに、人間が争いで正気を失い、名状しがたい破壊行為に及んだ例がある。

古代ギリシャの光明の神アポロンは、トロイア王プリアモスの娘カッサンドラに恋をする。アポロンはカッサンドラに予言の力を授けてやったが、結局は求愛を拒絶された。怒ったアポロンは呪いをかけ、カッサンドラの予言は誰にも信じてもらえなくなった。兄パリスがスパルタに行くと言い出したときも、カッサンドラには彼がスパルタ王の妻ヘレネを誘惑し、トロイアが滅亡する結末が見えていた。だが彼女の予言に耳を貸す者はいなかった。トロイア人のみならずスパルタ人にとっても、カッサンドラは不吉で陰鬱な予言を口にする女でしかなかったのだ。

カッサンドラの忌まわしい予言はその通りになった。ギリシャの軍勢に攻め込まれ、トロイア自慢の塔の数々は崩壊し、市中は炎に包まれた。目的を果たしたトロイアの木馬は、空っぽになってその場に立ち尽くす。カッサンドラの予言が無視され、トロイアは取り返しのつかない事態に陥って、アポロンは溜飲を下げた。

カッサンドラにとっては、未来を知ることは災いだった。だが知ることは大いなる祝福にもなる。そんな物語を紹介しよう。その昔、まだ冷蔵庫がなかった時代。夏は食べ物がすぐに傷むのが悩みだった。そのころ、大きな氷の塊を馬車で売り歩いていたのがアイスマンだ。注文があるとのみで氷を割り、大きなはさみで苦労して勝手口まで運ぶ。氷はアイスボックスに入れておくのだが、暑いとすぐに溶けて、床を水浸しにするのだった。

やがて、食べ物を冷やしておく別の方法が考案された。アンモニアや二酸化硫黄を冷媒にするのだ。これなら氷の大きな塊は必要ない。万事解決？

いや、そうではなかった。アンモニアも二酸化硫黄も有毒だし、臭いがすごい。漏出すると子どもや

悲劇的な運命を避けてほしいと兄のプリアモスに懇願するカッサンドラ。
だが未来は彼女にしか見えない。16 世紀のタペストリー。

ペットに被害が出る。冷蔵庫内を循環して、仮に中身が漏れ出したり、冷蔵庫を廃棄処分したりしても被害を出さないもの。臭いをかいでも気分が悪くなったり、目がちかちかしたり、虫やネコが寄ってきたりしないもの。だが自然界のどこを探しても、そんな物質は見つからない。そこで米国とドイツの科学者が、炭素、塩素、フッ素の原子をくっつけて新しい物質をこしらえた――クロロフルオロカーボン類（ＣＦＣ類）、俗称フロンだ。

　ＣＦＣ類は冷媒として

期待以上の働きをしてくれた。冷蔵庫だけでなくエアコンにも使われ、なめらかな泡が出るシェービングクリーム、ヘアスタイルを崩さないためのスプレー、消火器、発泡断熱材、工業溶剤、洗浄剤など、たちまち用途も広がる。スプレーペイントも気軽に楽しめるようになった。ＣＦＣ類の代表的な商品が米国デュポン社のフレオンだ。フレオンは長く使用され、とくに問題もなさそうに思えた。これほど安全な物質はないとされてきたのだ。

だがそれも１９７０年代初めまでのこと。きっかけは、カリフォルニア大学アーバイン校で地球の大気を研究する２人の化学者だ。マリオ・モリーナはメキシコ出身で、レーザー化学が専門。シャーウッド・ローランドはオハイオ州の小さな町の生まれで、さまざまな条件下での分子と気体の動きを研究していた。モリーナは、それまでの実績とは一線を画し、研究者として飛躍できる題材を探していた。エアコンから漏れたフレオン分子はどうなるんだろう？　モリーナはそんなことを考えた。当時はアポロ計画の月飛行が順調に行なわれ、ＮＡＳＡはスペースシャトルを毎週飛ばす構想も練っていた。ロケット燃料をこれだけ盛大に燃やして、地球の大気圏と宇宙空間の境目にある成層圏に悪い影響はないのか？

科学とは得てしてこういうものだ。最初は別の問題の答えを探していたのに、全く異なる予想外の現象にぶつかる。

ローランドとモリーナは、シェービングクリームやヘアスプレーにまで広く使われ、不活性で「無害」とされるＣＦＣ類は、用済みになっても消えないことを突き止めた。余生を送るＣＦＣ類はたまっていく一方だ。地球のはるか上空に漂う大量のＣＦＣ類のせいで、太陽の有害な紫外線から私たちを守っているオゾン層が刻々と薄くなっている。その後の研究で、その速度が油断できないものであることが

1974 年、シャーウッド・ローランドと当時ポスドクだったマリオ・モリーナは、CFC がオゾン層を破壊することを発見した。この考えは当初は企業や政府に嘲笑されたものの、現在では科学的事実として認められている。

わかった。

CFC類の分子は紫外線を受けて分解し、塩素原子を放出する。この塩素原子が、人間の生存に不可欠なオゾン分子をがつがつと食べていくのだ。今から25億年前、海の生物が陸に上がって生活できるようになったのも、成層圏にオゾン層が形成されたからだ。だが塩素原子1個は、10万個のオゾン分子を破壊する。CFC類があらゆる場面に使われていた1970年代、製造業者はＣＦＣ類のない世界が想像できなかった。オゾン層の減少は当時既に確認されていたのに、業界は科学的根拠は定まっていないとあくまで主張した。

人類は地球上の全生命を危険にさらす力をもっている——この事実を受け入れるのは難しかった。オゾン層に開いた大きな穴は、ほかに原因があるはずだと犯人捜しも行なわれた。日焼け止めを塗って、帽子とサングラスをかければいいとのたまった企業のトップもいる。だが、食物連鎖の基盤となる植物プランクトンや草木にそんな対策は取れないと科学者たちは反論した。

モリーナとローランドは粘り強く警告を続けていたが、ローランドには迷いもあった——いくら未来を予言できても、その実現を座して待つことしかできないのであれば、科学が進歩する意味はあるのか？　カッサンドラとローランドが話す機会があったなら、二人は意気投合しただろう。ところが事態は大きく変わった。

世界中の人が声を上げ始めたのだ。１９６０年代、女性たちが大気圏内核実験の中止を強く求めたのは、汚染された母乳を我が子に飲ませたくなかったからだ。そして１９８０年代には、消費者がＣＦＣ類の製造をやめるよう企業に迫った。さらに驚くべきことに、各国政府もそれに同調した。現在ＣＦＣ類が禁止されているのは１９８の国と地域、世界全体の半数をゆうに超え、地球の不安材料リストから抹消できるまでになった。傷ついたオゾン層も回復傾向にある。多少の変動はあるものの、ローランドとモリーナの発見から１００年後の２０７５年には完全に元通りになるだろう。

もしローランドとモリーナが成層圏に興味を抱かなかったら？　あるいは彼らの警告がカッサンドラの予言と同様無視されていたら？　オゾン層が地球の生き物を守る役割は40年で消滅していただろう。

私たちの孫の世代が大人になったとき、子どもの日光浴はご法度になっていたはずだ。草食動物は死に絶え、肉食動物はその死体を食べてしばらくは生き延びるものの、いずれは姿を消したに違いない。私たちは、生存を左右する銃弾をすんでのところでかわすことができた。だが銃弾は1発だけではない。

地球温暖化

最後にもう一つ、未来を予言することのできた人物の話を。彼の生涯と業績は、科学界以外ではほとんど知られていないが、その予言能力を知ったらアポロンさえもうらやむはずだ。彼があらかじめ示した壮大な叙事詩は圧倒的な正確さで的中し、世界中の人間がその恩恵を受けている。

その人物は真鍋淑郎(まなべしゅくろう)。生まれ故郷の愛媛県は手つかずの美しい自然が残る土地だが、少年時代はもっぱら地面の下で過ごした。第二次世界大戦のまっただなかで、地下防空壕に逃げ込むことが多かったのだ。父も祖父も医師だった真鍋は、自分も同じ道を歩むつもりだったが、10代のころ物理学の魅力に目覚める。ただ数学が不得意で成績がいっこうに伸びない。やがて彼の興味は一つのテーマに集中し始めた――地球の大気と気象はなぜこうなっているんだろう?

気温は季節ごとに変動するが、平均気温は毎年ほぼ同じだ。地球のサーモスタットがその設定で保たれているのはなぜか。あらゆる変数――大気、気圧、雲量、湿度、地表の状態、海流と風――を取り込んだ気象モデルをつくることはできるだろうか? 言っておくが、日本の気象研究にまだコンピューターなどなかった時代である。真鍋は脳がしびれるような計算を手作業で続けた。

1958年、真鍋は米国国立気象局（NWS）に招かれて渡米する。世界初のスーパーコンピューターの一つが使えるようになったのは5年後だった。当時最強の計算能力を誇るコンピューターだったが、真鍋が地球の気象データを入力すると量が多すぎてクラッシュした。それからさらに4年間データを収集した真鍋は、いよいよ大胆かつ悲劇的な予測を発表する。

トロイア王の娘の心によぎるものだけが予言ではない。「天が落ちてくるぞ!」という類いではなく、科学論文の難しげなタイトルそのものが予言になっている――相対湿度分布を与えた場合の大気の熱平衡。真鍋と共著者のリチャード・ウェザラルドは、人間が大気中に放出する温室効果ガスの増加が地球の気温をどう変え、いかなる深刻な事態を招くか予測した。2人が見ていたのは、私たちより下の世代が迎える遠い未来だ。科学的に立証されていないという声もあるが、真鍋とウェザラルドは50年以上にわたる地球の気温上昇を正確にはじき出している。それが私たちのせいでないとしたら、原因となっている二酸化炭素はいったいどこから来たというのか。

真鍋らの研究を受けて、多くの専門家が地球温暖化の影響を指摘してきた。沿岸部の都市を洪水が何度も襲う――当たり。海水温が上昇してサンゴが大量死する――当たり。人命を奪うほどの熱波と干ばつや、制御不能な山火事が頻発する――当たり。科学者たちはちゃんと警告を発していたのだ。

化石燃料で商売をしてきた大企業と、その支援を受けている政府は、事実がまだ確定していないと主張して、貴重な歳月を無駄にした。たばこのときと同じだ。

今から80万年前も、大気中の二酸化炭素濃度は現在と同じくらい高かった。ただし当時は変化の速度が遅く、生き物は適応する時間が十分にあった。それに対し現在では、数億年かけて地球に蓄積されて

きた炭素を、わずか数十年で大気中に二酸化炭素として放出しているのだ。しかし１９６７年、このままでは地球がおかしくなると2人の科学者が声を上げ、事実その通りのことが起こった。未来の破滅を予言できる力は、昔は神だけが与えるものだった。しかし科学にもそれができることがわかった。それでもローランドは嘆く——いくら未来を予言できても、その実現を座して待つことしかできないのであれば、科学が進歩する意味はあるのか？

サンゴ礁やアマガエルが死ぬぐらいでは、人間の重い腰は上がらない。でもあなた自身の未来、あなたの子どもたちの未来がかかっているとしたら？

わが子の幼稚園の入園式が、気温が高すぎて危険という理由で延期になったら？　山火事が迫って、子ども時代を過ごした思い出の家から着の身着のまま避難するとしたら？　結婚式で振る舞われるのは、シャンパンではなくもっと貴重な水だ。北極圏の永久凍土が融け出して、10万年間眠っていた悪性のウイルスが目覚め、爆発的な感染が起きるかもしれない。

もちろん、まだ手遅れではない。そうではない未来、別の世界の可能性は残っている。人新世は人類の目覚めの時代にもなり得る。新たに獲得した力に危険があることに警告を発し、地球規模で自然と調和しながら科学とテクノロジーを使っていくのだ。意識のある人びとは世界中にいて、インターネットで連携を強めている。

未来はまだ選べる。ならばともに選択しようではないか。

白化現象が起きたサンゴの残骸。サンゴは体内に共生する微細な藻類に栄養をもらい、美しい色をつくり出している。しかし二酸化炭素が増えて海水温が上昇したり、海水の酸性度が上がったりすると、藻類は死に、サンゴ礁は真っ白になって墓場と化す。

13

いくつもの世界

A POSSIBLE WORLD

ユートピアのない世界地図はちらりとも見る価値はない。人類愛が必ず上陸する国が省かれているということだから。上陸した人類愛は周囲を見渡し、より良い国があるとわかるとすぐに出発する。

オスカー・ワイルド『社会主義下の人間の魂 The Soul of Man Under Socialism』

書物は人間のなかにある凍った海を割るおのでなくてはならない。

フランツ・カフカがオスカー・ポラックに宛てた書簡（1904年1月27日）

初めて月を周回したアポロ8号から45年を記念して、新しく合成された「地球の出」。
当時撮影されたオリジナルの画像に、最近NASAの月周回無人衛星がとらえた、
はるかに鮮明になった月の地形データを重ねた。

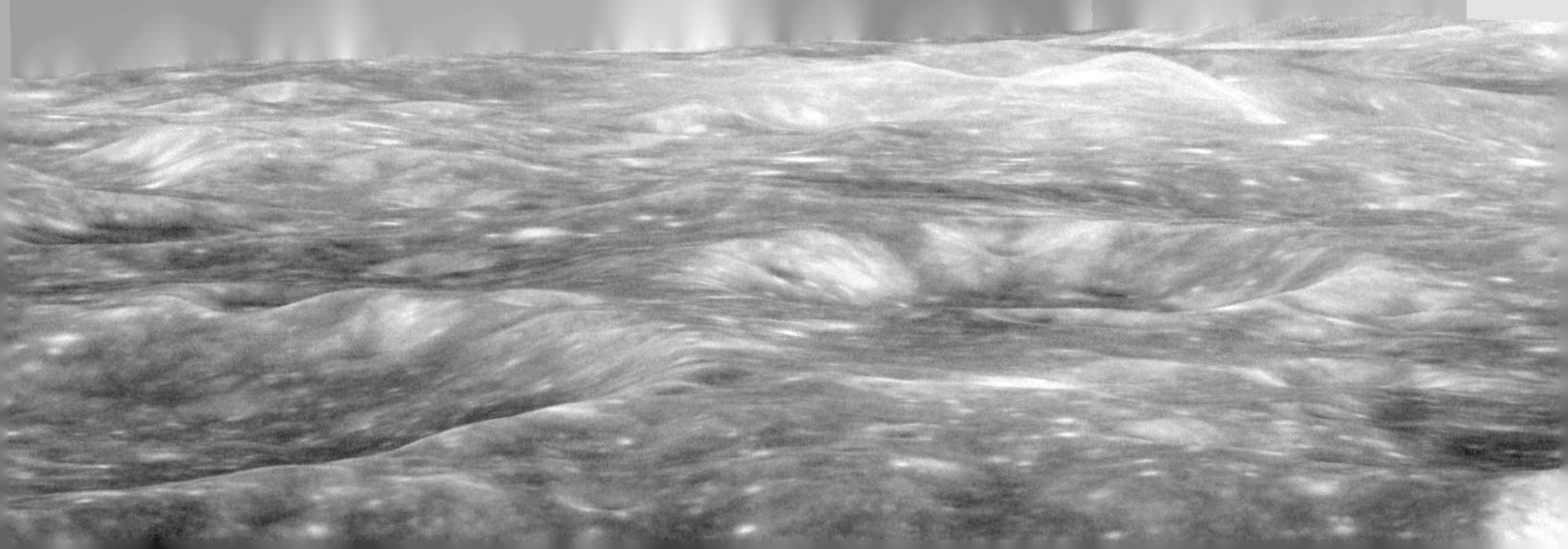

地球の極冠氷が小さくなり、花こう岩のように硬かった永久凍土がぐずぐずになっているのに、私たちのなかの凍った海はびくともしない。人類が自分の首を絞める危険は何十年も前から知っていたのに、子どもや孫の世代に無感覚なまま、絶望の未来へ夢遊病患者のように歩いている。大衆文化が扱う未来は例外なくディストピアで、廃棄物で埋め尽くされた荒廃地が描かれる。私たちの心に潜む恐怖を、そのまま映し出しているのだ。しかし夢を地図に描けるのなら、素晴らしい未来の夢が、悪夢から抜け出す手助けをしてくれるはず。

そんな夢は、どこに科学的根拠があるだろう。いたずらに信じ込んだり、頭から否定したりするのではなく、人類の未来に確かな信頼を置くにはどうすれば？

この本とテレビシリーズの両方で協力してくれた息子のサミュエル・セーガンが、プロジェクトを通じて私に突きつけたのがそんな疑問だった。彼は父親に似て、安心ではなく現実を好む。サミュエルのあくなき探究に刺激されて、私も自分に問いかける。人類が希望をもてる確固とした科学的、歴史的理由は本当に存在するのか。それともそれは現実を直視したくないあまり、科学が自己防衛でつくり上げた楽観思考の産物なのか。

1961年、カール・セーガンの親しい友人で天文学者のフランク・ドレイクは、天の川銀河に存在し人類とコンタクトする可能性のある知的文明の数をはじき出す方程式を考案した。

$$N = R_* \cdot f_p \cdot n_e \cdot f_l \cdot f_i \cdot f_c \cdot L$$

2039年4月、ニューヨーク港を見下ろす巨大な「生命の木」に集まる人びと。
ニューヨーク万国博覧会の開会式を眺められる特等席だ。

N＝私たちの天の川銀河に存在し、人類とコンタクトする可能性のある地球外文明の数
R_*＝私たちの天の川銀河の中で1年間に誕生する恒星の数
f_p＝一つの恒星が惑星系をもつ割合
n_e＝一つの惑星系がもつ、生命の存在が可能な惑星の平均数
f_l＝生命の存在が可能な惑星において、生命が実際に発生する割合
f_i＝発生した生命が知的生命体（文明）まで進化する割合
f_c＝知的生命体が技術を進化させ、その存在を知らせる解読可能な信号を宇宙に発信する割合
L＝知的生命体が解読可能な信号を宇宙に発信する期間

天の川銀河には膨大な数の恒星が存在する。ドレイクとセーガンは、最初の太陽系外惑星の発見まで、まだ30年以上かかると正確に予測した。当然惑星の数もかなりのものになるだろう。ただし、生命を維持できる惑星はそれほど多くないし、知的生命体が高度な技術を発達させる惑星となるとさらに少ない。

ドレイクの方程式の最後に出てくるLには、カール・セーガンのいう「技術的な思春期」が関係してくる。自己破壊できる技術を発達させておきながら、悲劇的結末を回避するほど成熟していない時期のことだ。人類が思春期を脱して、よその知的生命体からの信号を受けるまで存続できるか。この公式が編まれたのは、核軍備競争が泥沼化して、人類の未来に暗雲が立ちこめていた時代だった。それはまた、真鍋とウェザラルドが温室ガス効果を織り込んだ正確な気象モデルを考え出した時代でもある。

それでも未来への希望を捨てないのはなぜか？　思春期の少なくとも一部に関して、決して絶望しな

かった人物を知っているからだ。

　私自身は10代を過ぎても思春期を引きずっていた。無責任で向こう見ず、約束をたくさん破って、両親は眠れぬ夜を過ごした。自分の感情が予測できない。自分の部屋も、一人暮らしのアパートも乱雑で目が当てられない。何か始めても最後までやり遂げることができない。しょっちゅう持ち物を無くす。怪しげなクスリに手を出して、脳だけでなく生命までもてあそんだ。批評的な思考が根づいていないから、適当な話を信じ込み、だまされやすかった。自分勝手で約束を守らず、将来に向けて頑張ることもしないので信用もされない。将来といわれてもちっともピンとこなかった。現実はちっとも現実ではなく、地に足がついていなかった。

　そんな私に転機が訪れる。カール・セーガンと知り合ったのだ。最初はかすかな変化だった。最初の2年間は、ただの友人で同僚だった。私が根拠のないことを思い込んでいても、カールは知識で修正したり、嘲笑したりしなかった。それでいて完璧な問いを投げかける――脳裏にいつまでもとどまって、あとから効く薬のように思考に働きかけるのだ。自分の思い込みを判定する新しい基準をカールは与えてくれた。それまでの小手先はもう通用しない。カールは私の話に耳を傾け、問いかけを重ねた。

　2人が恋に落ちたとき、新しい世界が見つかったように思えた。いつか見つかることを願いながら、それまでかなわなかった世界だ。新しい世界では、すべてにおいて事実が幻想に勝る。大切なのは真実かどうか。嘘や言い逃れをいくら積み上げても、月やほかの惑星に行くミッションは成功しない。それを実現するための何万段階という工程は、一つ残らず真実でなければならないのだ。カールと私が共有する新しい世界に、嘘が入りこむ余地はなかった。2人が一つであることがお互いの幸福であり、どん

2 人の人間が一緒につくり上げる世界。40 歳の誕生日をカール・セーガンと祝うアン・ドルーヤン。

なにささいなものであっても、嘘はすなわち別離ということだ。私たちが一緒にやることは、すべてが愛の行為だった。

真実の愛がもたらす波及効果は数式にできるのだろうか。カールといると、最善の人間でありたいと強く思う。どちらかが愛情を表現すれば、もう一方はさらに上を行こうとする。それまでの私は文章を書くときに力が入りすぎ、悪戦苦闘していた。でも自意識から解放されると、自分を良く見せたい気持ちがなくなり、読者とつながることだけを考えられるようになった。《コスモス（宇宙）》に取りかかってからは、私の仕事はそのままカールへの愛の捧げものになった。私がその日に書いたものをカールが読む。彼は笑いだしたり、帽子のつばに触れるまねをしたりして、そのたびに私の心は舞い上がった。彼の仕事に関われる喜びを、しっかり感じてくれているのがわかったからだ。

太平洋を航海する船上で、星空を見ながらデッキチェアに寝そべっていたときだ。2頭のイルカが波間を泳いでいた。10分ほど眺めていたら、イルカたちはふと波からそれて、海中に潜っていった。その動きは完全に一致していて、まるで謎めいた交信でもしたかのようだった。カールは私を見てほほえんだ。「アニー、僕たちといっしょだ」

20年をともに過ごしたあと、カールが死を迎えた。2人で見つけた世界に戻ることはもうできない。私は死んでしまいたかった。でも子どもたちはまだ小さく、母親である以上生きるしかない。ならばカールと学んだことを大切に胸にしまい、彼がともした炎を燃やし続けることに全力を尽くそう。私はこれまで2人でやってきた仕事をつなぐことに、全人生を捧げると決めた。

科学の夢

カールと過ごした20年間に学んだことが、20年以上たった今でも、私の活動すべてを支えている。この本で語ってきたように、私たち人類は未来のために農業を発明したが、そのころの未来はとても漠然としていた。だが残虐を絵に描いたようなアショーカ王でも、変わることができる。耐えがたい苦難に襲われても、人間は粘り強く生き抜くことができるのだ。そう、バビロフと同僚たちが将来の世代のために標本を守り切ったように。私たちは科学というレンズを使い、果敢にも自分たち自身を見つめる勇気をもった。地球は宇宙の中心であらねばならぬという幼稚な思い込みを引きはがし、無数の惑星のな

ニューヨーク港にそびえ立つ生命の木。材料の石灰岩は、大気から回収した二酸化炭素が原料だ。
いかなる困難にもひるまず立ち向かう人間の姿を象徴している。

かの「ペイル・ブルー・ドット（青白い点）」であることを認めさせたのも科学の力だ。人間が搾取（さくしゅ）し、痛めつけてきたほかの生命体に意識があることもわかってきた。やがて人類は宇宙での孤立状態に終止符を打ち、深宇宙へと乗り出していくだろう。そして地球上でも、自然のさまざまな謎と共存し、耳ざわりのよい偽りの説明を一蹴することを学ぶのだ。科学が発達すれば、生活環境に忍び寄る危険を早くから察知して、遠い未来に新天地へ移住することも可能になるだろう。人類を守るための予言能力さえも、科学は授けてくれるはずだ。誰も重力から逃れられない地球でつつましく暮らす子どもが、太陽系外へ飛び出すことを夢見て、栄えある初飛行の船長になれる

――それが科学だ。

そんな私の楽観主義にもう少しお付き合

いいただいて、将来の夢を語らせてほしい。

時は２０２９年、ある所に10歳の少女が暮らしている。彼女がいる所は未来だが、まだまだ進歩の余地は残っている。彼女が暮らすアパートをのぞいてみよう。時がたつのが遅い午後、彼女は居間の床に腹ばいになってポスターを描いている。カールが少年時代、21世紀の未来を想像して描いたように。周囲の様子や服装から察するに、この時代になってもまだカギっ子は存在するらしい。腕やひじにじゅうたんの模様の跡がついているので、かなり長い時間熱中しているようだ。

ポスターの表題は「地球が元気になる方法」で、その下に彼女が想像するいろんな未来が見出しとともに紹介される。最初は２０３３年で、見出しは「アマゾン熱帯雨林の面積が3倍に！」だ。以下見出しと架空のウェブサイトが続く。場所が足りなくて、単語が尻切れトンボになったりもしている。

２０３４年の話題はエッフェル塔だ。「国際熱核融合実験炉から送電開始！　スプーン１杯の水でパリ全体の需要をまかなう」

２０３５年――シロナガスクジラと交信し、熱狂的な彼らの歌を解読することに成功！

２０３６年――「月の南極に惑星間種子銀行が開設！」　不毛の凍土に未来的な建物が点在する挿絵つき。

２０３７年――「最後の内燃機関が交通博物館の所蔵に」

２０４９年――「重力レンズ望遠鏡が巨大な人工物を発見！」

２０５１年――「火星への植樹が１００万本を達成！」

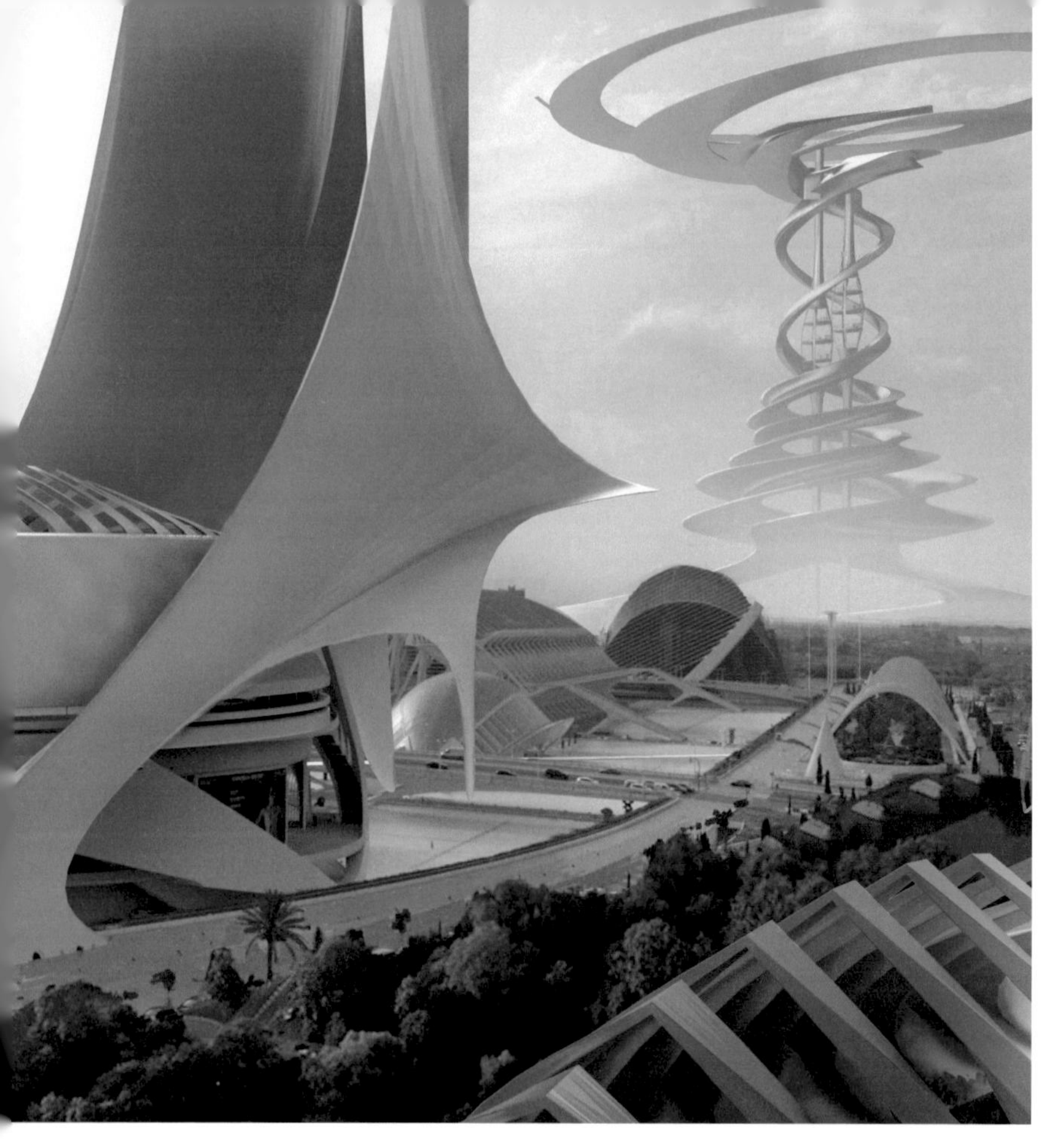

丸で囲まれた見出しが並ぶポスターの中心に、見慣れない建物の絵がある。大西洋のハドソン海底谷に据えつけられ、ニューヨーク港を見下ろす生命の木だ。真っ白な石に見える材料は、貝殻や真珠と同じ炭酸カルシウムだ。原料は地球の大気から回収した二酸化炭素。中では地球上のありとあらゆる生物がそれぞれの居場所を与えられ、展示されている。

生命の木のほかにも、ここには多くの巨大建造物が立ち並び、さながら

巨大パビリオンが並ぶ2039年ニューヨーク万国博覧会の会場。

未来版の世界の七不思議だ。それは科学とハイテクで、気候変動の最悪の結果を回避できた証拠にほかならない。加えてほかの生き物たちと調和した世界を目指す、人類の高い理想も示している。その最初の一歩だった自由の女神が、1世紀以上希望の光で世界を照らした、その場所で。

海中でも変化が起きている。ハドソン海底谷に深く伸びる生命の木の根の周りでは、魚の大群が行き交う。タツノオトシゴ、カニ、エビ、しわの寄った扁形動物、ウナギ、イカ、イルカ、アザラシの姿も見える。ザトウクジラの群れも楽しげに遊んでいる。希少な海洋生物の生命を奪ってきた廃棄漁網も、回収の努力が実ってすっかり無くなった。今は上から何本も垂らしたロープに、ムラサキイガイやカキ、ハマグリがびっしりついている。こうした二枚貝はきれいな海水を好み、水質浄化もしてくれるので、世界中の海で大活躍だ。

2039年ニューヨーク万国博覧会の会場は、かつて5歳のカール・セーガンが大興奮したのと同じ場所だ。楕円形の大きな反射池を、迫力ある未来的な五つのパビリオンが囲む壮観に、入場者は圧倒される。どのパビリオンも生き物のもつ美しさを表現したデザインで、自然への深い敬意が感じられる。人類が最後に月面を歩いた所で停止していた、希望にあふれる明るい未来がよみがえったようだ。

まず訪れるのは探究者のパビリオンだ。大きく見開いた目のような入口を通ると、広い空間にはおなじみの顔がずらりと並ぶ――科学史に名を残す偉大な英雄たちが、バーチャルな生命を与えられてよみがえり、どうやって自然の秘密を解き明かしたかを語ってくれるのだ。決められたせりふを発して終わりではなく、偉人たちの脳の働きをつぶさに分析して、記憶、連想、着想のすべて、つまりコネクトームを再現したロボットだ。彼らは疲れ知らずで、どんな質問にも答えてくれる。「くだらない」と切り捨てられることもないし、知りたいことは臆せず何でも尋ねていい。

刻々と解明が進む宇宙の物語を、おとぎ話や童謡と同じように子どもたちに聞かせる幼稚園があればどんなにすてきだろう。汚れのないニューロンが多くのことを吸収する年代に、つまらない情報を詰め込むなんて時間がもったいない。

そろそろ次に移動しよう。四次元のパビリオンだ。ここでは宇宙カレンダーを最初からじっくり振り

2039年ニューヨーク万国博覧会での水晶のような生命の宮殿。
英雄的に40億年持続してきた生命と、その驚くべき多様性を崇めた寺院になっている。

返ることができる。宇宙が進化を開始した138億年前から、好きな時間と場所を設定して訪れてみよう。科学が体系的に行なわれるようになったのはつい4世紀前だが、それでも人類誕生より何十億年も前に起きたことが、かなり正確にわかってきている。

広々とした建物に入って上を見ると、宇宙を彩るさまざまな天体が忙しく活動している。彗星が天空を駆け、たくさんの恒星が集まって渦巻き状の銀河を構成し、誕生したばかりの恒星の星周円盤から惑星が生まれていく。そして床全体はひと目でわかる宇宙カレンダーだ。すべての日付が入口になっていて、その向こうでは宇宙の進化で起きたことを掘り下げて体験できる仕組みだ。

宇宙の歴史のなかで、いちばん見てみたい瞬間は？　最初の恒星が明るくともったとき、それとも数億年ものあいだ地球を支配していた恐竜の最後の日？　すべての人類が系図をさかのぼったときにたどり着く1人の女性、つまりミトコンドリア・イブに会いにいく？　完成したばかりのエリコの塔を見にいく日帰り旅行も面白そうだ。

次に訪れるのは水晶のような生命の宮殿。雲突くような幾本もの尖塔には海水が満たされている。建物は透明なのに、中は暗闇が垂れ込め、何やら恐ろしいものが姿を現わす。動物のようでもあり、建物の一部のようでもある。それは永遠の口、宮殿の入口なのだ。

不気味で恐ろしい化け物は、よく見るとサッコリタスであることがわかる。第7章に登場した人類とほかのすべての動物をつなぐ共通の祖先だ。現生人類のＤＮＡの進化をたどると、5億年以上前までさかのぼれる。その5億年のあいだ、環境にどんな試練を与えられても、生命はかろうじてつながってきた。人類とサッコリタスが直接つながっている事実は、科学史上最大の発見の一つといえるだろう。生命は形態を変えていく天才だ。これから数億年後は、どんな形になっているのだろう。本物のサッコリタスはとても小さく、肉眼では黒い点でしかない。でも人類の物語に登場する「サッコ」は、動物界の創始者として存在感を発揮する。生命という彫刻家は、そこからどうやって私たちを彫り出したのか。単純な生き物がこれほどまでに複雑で高度な特徴をもてたのも、十分な場所と時間が与えられて、進化が本領を発揮したからだ。

生命の宮殿

永遠の口の「下あご」がゆっくり下りると、そこが生命の宮殿への入口だ。ここでは絶えず揺らいでいる生物の多様性が紹介される。ランが咲き誇り、チョウやハチドリが飛び交う光景は、命の躍動を感じさせる。

生命は40億年の長さで続いてきた1本の糸だ。過去に5回大量絶滅の危機があったものの、そのたびに以前より強くなり、多様化してよみがえった。私たちは単なる部分の寄せ集めではない。窮地に陥ったときは、生命自らが打開策を見いだす。

解決不可能に思える問題でも、もてる知識を正しく自然に応用すれば道が開ける。世界には今、既に忘れられた紛争の遺物として1億1000万個の地雷が残っており、農民や、友だちと遊んでいた子どもが毎年たくさん犠牲になっている。これだけの爆発装置を見つけ出して処理するには、世界規模の努力が必要になる。そんなことは不可能?

生命の宮殿には野花が咲き乱れる草原がある。かれんな白い花を咲かせるシロイヌナズナの群生をよく見ると、数本だけ葉が真っ赤だ。生物工学の技術で、地雷や即席爆発装置に含まれる二酸化窒素に反応して、葉が赤くなる種類を開発したのだ。シロイヌナズナの葉が赤くなれば、そこに地雷が埋まっている警告になる。葉が緑のままなら、お友だちと遊んで構わない。人間が仕掛けたわなを、植物の性質を利用して解除することもできるのだ。

私たちは紛争だけでなく日常生活からも、大量の廃棄物を出してきた。化石燃料を燃やせば有毒物質が出る。消費文明が生みだすゴミも大量だ。原子力発電所や兵器の廃棄物もある。毎年大量に廃棄される電子玩具には、鉛やカドミウム、ベリリウムなど有害な重金属が含まれている。その膨大さに絶望し、心を閉じたくなることもある。しかし生命と科学は、そんな悪夢からも抜けだす道を用意してくれた。それがバイオレメディエーション、生物による環境修復技術だ。

洗浄剤として広く使われてきたトリクロロエチレン（ＴＣＥ）は、発がん性が問題視されているが、ポプラの木はこれを無害な塩化物、つまりただの塩に変える働きがある。2種類のポプラをかけ合わせれば、ＴＣＥ中和能力がいっそう高まることもわかった。ポプラをたくさん植えれば、土壌からＴＣＥをなくすことができる。しかも温室効果ガスの代表である二酸化炭素をとりこみ、酸素を放出する量も増える。

パンやビールをつくるときに欠かせない酵母（イースト菌）も、世界の浄化にひと役買ってくれる。人間が出した危険なゴミのほとんどを無害化してくれるのだ。その代表がロドトルラ・タイワネンシスだ。この酵母とディノコッカス・ラディオデュランスという細菌は、ガンマ線、酸、有害重金属を取り込み、水や環境の汚染を防ぐ力を持っている。傷ついた地球を修復できる機会を、自然が与えてくれたのだ。

だが、同じ過ちを繰り返さないためにはどうすればいい？　未来を守るために、今から算段できることはあるのか？　人間に対する長期的な危険を判断する機関はどこにもないし、ましてや危険に備える体制もない。私たちが先を見越せるのはだいたい3カ月――四半期――まで。長くても米国の場合次の選挙までの4年間だろう。けれども生命の時間は何十億年と続いてきている。連綿と流れてきた過去に意識を向け、未来とのつながりで今の自分の役割を考えることができれば、そのとき本当に世界は変わる。

今のところ先を見通せる賢人を科学でつくることはできない。でも科学で未来の長さを気づかせることはできる。

生命の宮殿のギフトショップでは、量子時計のアクセサリーや腕時計、ペンダントトップが買える。レーザー光線の三次元格子の中に、ストロンチウム原子が浮かんでいる。宇宙のリズムに完璧に一致しているので、150億年たっても1秒と狂わない。もっとも永遠のなかでは、150億年さえもほんのつかの間だ。

今、私たちがやっている戦いに、過去いくつの文明が敗れたのだろう。今の世界の下に、いくつの世界が埋もれているのか。それを知ることはかなわないが、私の夢の博覧会には、とうの昔に死んだ文明が息を吹き返している所がある。それが失われた世界のパビリオンだ。

紀元前5世紀のギリシャで、歴史の父と呼ばれるヘロドトスは、イベリア半島に栄えたタルテッソスについて書いている。地中から掘り出した金と銀で豊かに栄えた古代王国で、独自の言語と文化、舞踊と音楽をもっていたが、見事な意匠の遺物がほんの少しある以外は何も伝わっていない。そんなタルテッソス文明も、この地球から消えてしまった世界の一つだろう。だがパビリオンでは、そんな失われた文明の最盛期をじかに体験することができる。

現在のナイジェリアにはかつてノク文化が栄えていた。鉄を生産し、活用していたノク文化は、

1500年ものあいだ最先端の技術を誇っていたが、今は特徴的な土偶や土器が見つかっているだけだ。しかしこのパビリオンでは、時間に飲み込まれていたはずの彼らの文化が見事によみがえっている。

紀元前2500年ごろに絶頂だったインダス文明は、各地の都市を結ぶ広大なネットワークで、人口は500万にもなった。ギリシャ人がまだ弱小部族で、隊商を組んで各地を放浪していたころ、インダスの人びとは巨大都市モヘンジョダロを計画し、建設した。世界の大部分では20世紀後半になってやっと普及した水道まで、各戸に敷設されていた。地中配管、下水処理、水を流せる台所など水の管理も徹底していた。歯科技術も発達していて、細部にわたって技法が標準化されていた。人体を立体的かつ自然な姿で表現した優れた彫刻も残っている。

インダス文明には文字もあり、建物には看板も下がっていたが、まだ解読されていない。人びとはサイコロばくちやボードゲームに興じていたようだ。さらに好奇心をそそられるのが、美術作品に戦争の描写が全くなく、大規模な武器庫の痕跡もないことだ。入念に計画された都市が敵の侵入で灰じんに帰した証拠もない。それはこの時代のみならず、人類の歴史全体を振り返っても特異なことだ。

失われた世界のパビリオンでモヘンジョダロを訪れると、ちょうど夕暮れどきだ。母親が窓から顔を出して食事ができたと子どもを呼び、子どもたちはぐずぐずしながら家に向かう。あのころも今の私たちと変わらない暮らしがあり、同じ時間が流れていた。

いくつもの世界

失われた世界のパビリオンのすぐ向こうにあるのが、いくつもの世界のパビリオンだ。これから出現するかもしれない世界が紹介されている。天の川銀河のような形をしており、色とりどりの光と霧がゆっくりと回る渦巻を形づくり、恒星間に漂うガスや塵のようだ。真ん中からはいちばんまぶしい光が放たれ、銀河中心を思わせる。全体がゆっくり回るパビリオンは外を水路で囲まれており、入退出用の橋がかかっている。橋の先は、渦巻の腕につながっている。

太陽系の惑星よりはるか遠いところまで、人類が送った探査機は現段階で五つ。今にして思うと原始的で単純な宇宙船だった。恒星間空間の果てしない広がりを考えると、夢の中でかけっこをするぐらいもどかしい速度だ。しかし未来の宇宙船は違う。驚異的な速度で恒星を目指すことができる。既に太陽以外の恒星を周回する何千もの惑星が、地球にいながら発見され、調べられている。ガリレオが初めて望遠鏡を宇宙に向けてからたった400年で、私たちはここまでやってのけた。天の川銀河には約1000億個の恒星があり、惑星はそれよりはるかに多いはずだ。

カール・セーガンは《コスモス（宇宙）》のなかで、生命が存在する全惑星を収録した架空の百科事典『エンサイクロペディア・ギャラクティカ』を紹介している。まだ太陽系外の惑星も見つかっておらず、インターネットもなかったころだ。それから数十年たった今、太陽以外の恒星を周回する惑星は何千個も確認されている。カールが夢見た『エンサイクロペディア・ギャラクティカ』は少しだけ現実に近づいた。
太陽系外惑星に関しては、まだおぼろげなことしかわかっておらず、推論に頼る部分が大きいが、いずれはもっと具体的な情報が得られるだろう。古代のアレクサンドリア図書館のような、天の川銀河の膨大なデータベースが充実すれば、この小さな地球が宇宙で市民権を得る切符になるかもしれない。

ではこのパビリオンで、ゆっくりと回転する渦巻の腕に入ってみよう。中は驚くほど暗く、長い回廊の突き当たりだけ光っている。近づくにつれて、その光は恒星であり、しかも連星の片割れであることがわかってくる。ホログラムディスプレイが回転して、最初の惑星が映し出された。それは亀裂の入った氷の世界で、文明はもちろん、生命の徴候すらない。次の惑星が出てくる。ちょうど夜で、光が網の目のように走っており、文明が発達しているとすぐわかる。カールが構想した『エンサイクロペディア・ギャラクティカ』にこの惑星の記載があるという設定で、該当ページが映し出された。それによると、この文明を担うのは「生きのびた我ら（We Who Survived）」で、人類より少しだけ進歩している。彼らと交流できたなら、その激動の思春期をどうやって乗り越えたのか教えてもらえるだろう。

銀河の腕をさらに進んでいくと、オレンジ色をしたK型主系列星とその周りを回る惑星たちが見えてきた。注目するのは4番目の惑星だ。深いすみれ色の大気に包まれ、北の極冠にはオーロラが輝いている。

私たちよりずっと進歩している文明はあるだろうか。人類が誇る偉大な業績さえもかすんでしまう

《コスモス（宇宙）》に登場する『エンサイクロペディア・ギャラクティカ』は、地球をはじめ、文明が存在する惑星の概要を紹介する架空の百科事典だ。架空とはいえ科学的な裏づけはしっかりしている。ここではカール・セーガンが考えた2項目に新しい1項目を加えている。

エンサイクロペディア・ギャラクティカ

「暗闇に花開く我ら」

文明の種類：1.1R

社会コード：2Y6、惑星間地下共同体、協働理念が発達中

文明の継続時間：4.4×10^{11}秒

現地との接触開始：6.3×10^{10}秒前

銀河埋め込みコードの最初の受信：
3.1×10^{10}秒前
発信源が高エネルギーニュートリノチャネルを開いてグループ会話が開始

生物学的成分：C、H、O、N、Fe、Ge、Si
非光合成無機栄養生物

ゲノム数：5×10^{14}
(半非冗長性ビット／平均ゲノム：～3×10^{17})

存続可能性（100年単位）：72.1%

「生きのびた我ら」

文明の種類：1.8L

社会コード：2A11、

恒星：F0V、スペクトルが変化、
$r=9.717$キロパーセク、$\theta=00°07'51''$、$\phi=210°20'37''$

惑星：6番目、$a=2.4\times10^{13}$cm、
$M=7\times10^{18}$g、$R=2.1\times10^{9}$cm、
$p=2.7\times10^{6}$s、$P=4.5\times10^{7}$s

惑星外植民地：なし

惑星の年齢：1.14×10^{17}秒

現地との接触開始：2.6040×10^{8}秒前

銀河埋め込みコードの最初の受信：
1.9032×10^{8}秒前

生物学的成分：C、N、O、H、S、Se、Cl、Br、H_2O、S_8、多環芳香族ハロゲン化スルホニル。減少中の薄い大気中に移動性の光化学合成無機栄養生物。多配列、単色。m～3×10^{12}g、t～5×10^{10}s、遺伝的補綴なし。
闇合成無機栄養生物

ゲノム数：～6×10^{7}
(非冗長性ビット／ゲノム：～2×10^{12})

テクノロジー：冪乗的に発達して漸近限界に近づきつつある。

文化：包括的、非群居的、多特異的（2属、41種）；数学的詩作

産前／産後：0.52［30］、

個人／共同体：0.73［14］、

芸術／技術：0.81［18］

存続可能性（100年単位）：80%

「人類」

文明の種類：1.0J

社会コード：4G4、

恒星：G2V、$r=9.844$キロパーセク、
$\theta=00°05'24''$、$\phi=206°28'49''$

惑星：3番目、$a=1.5\times10^{13}$cm、
$M=6\times10^{27}$g、$R=6.4\times10^{8}$cm、
$p=8.6\times10^{4}$s、$P=3.2\times10^{7}$s

惑星外植民地：構想中

惑星の年齢：1.45×10^{17}秒

現地との接触開始：1.21×10^{9}秒前

銀河埋め込みコードの最初の受信：適用中

生物学的成分：C、N、O、S、H_2O、PO_4。デオキシリボ核酸。遺伝的補綴なし。移動性の有機栄養生物、光合成無機栄養生物との共生生物。表層種、単一種で多色性、O_2を呼吸する。循環流体内の鉄キレート化テトラピロール。有性哺乳動物。
m～7×10^{4}g、t～2×10^{9}s

ゲノム数：4×10^{9}

テクノロジー：累乗的に発達／化石燃料／核兵器／組織的戦闘／環境汚染／軽率な気候改変／地球規模の生物矯正

文化：～200国家、～6超大国；文化的・技術的な均質化が進行中。

産前／産後：0.21［18］、

個人／共同体：0.31［17］、

芸術／技術：0.14［11］、

存続可能性（100年単位）：50%

文明だ。恒星や惑星、衛星をいくつも通りすぎた所に出てきたのが、黄白くて太陽より少し明るいF型主系列星だ。付属する惑星が目の前を流れていくが、そのなかで陸地が緑に覆われ、明るいオレンジ色をした海が広がる星が現われた。立派な環ももっている。

ところがよく見ると、この環は土星と違って人工的な構築物であることがわかる。材質はプラチナで所々、窓や出入口もある。本体の惑星が手狭になり、資源も乏しくなってきたので、ほかの惑星を分解して環につくり直したのだ。オレンジ色の海に接近すると、巨大なプラットフォームがあちこちに浮かんでいた。この星の未来は明るい。

次に見えてきたのは、赤色矮星（わいせい）だ。数少ない惑星と衛星はどれも光の点で埋め尽くされ、建物が密集しているが、なぜか開発されておらず、ぽっかり穴が開いた所もある。ここでは生命体が生き延びる確率は3人に1人。恒星に着目してみよう。周りを回る大きな宇宙船は、足場のようなものを組み立てている。深刻なエネルギー危機を解決する試みなのかもしれない。恒星のエネルギーを頼っているのだが、低温で暗い赤色矮星では、複数の惑星の文明を支えることが難しい。近づいてみると、足場のようなものは人工殻だった。これで恒星をすっぽり包み、光子を余さず取り込もうというのだ。

1本の枝

『エンサイクロペディア・ギャラクティカ』の地球の項目は、どんな内容になる？　いや、既に天の川銀河内の別の誰かが、地球のテレビ番組や宇宙探査の記録を参考にして書いたページがあるのかも。

そこには天の川銀河内で生命が存在する惑星がずらりと並び、地球の項目には「(100年単位で)存続している可能性は40パーセント」などと書かれているのだ。

40パーセント。もちろんただの推測だ。夕暮れのモヘンジョダロの道ばたでサイコロが転がる乾いた音や、次の住みかを決めるミツバチの集会のざわめきが聞こえてくる。バビロフと研究所員たちの飢餓が襲ってくる。波打つ粗いカーペットのようなストロマトライトからアインシュタインまで、思考の重みがのしかかる。1939年の万国博覧会の幕開けで、アインシュタインが発した言葉がよみがえる――科学がその責務を偽りなくまっとうすれば、その成果は表面的のみならず内的な意味をもち、芸術のように人びとの意識に深く入っていくだろう。

アインシュタインの言う「内的な意味」とはこういうことだ。

138億年前、物質とエネルギー、時間と空間が突如出現して、私たちの宇宙は始まった。どこまでもひんやりした暗闇と、熱にあふれた光、両極端なこの二つが手を組んで物質の体裁を整え、構造をつくっていった。

太陽の何百倍もの質量がある大きな恒星が生まれた。内部でつくられた炭素や酸素は、恒星の最期の爆発でできた金や銀とともにまき散らされ、生命の素となった。と同時に中心部分は暗黒になり、そのすさまじい重力が光さえも引っ張り込んだ。死のかたびらから新しい恒星がいくつも生まれ、互いに手を取って踊りながら、銀河へと成長していった。

銀河の中で恒星が生まれ、恒星の周りで惑星が生まれる。惑星の少なくとも一つでは、るつぼのような中心部から熱が噴出して水を温めた。そして恒星から降ってきた物質が生命となり、意識をもち始めた。

地球の営みと、ほかの生命とのせめぎ合いを通じて、生命は形も役割も磨きがかかっていく。

やがて無数の枝を広げる生命の巨木が力強く成長していった。これまで5回倒れそうになったが、今もなお伸び続けている。私たち人間は小さな1本の枝だ。木がなければ生きていけない。

自然の書を少しずつ読み解き、その法則を学び始めた私たちは、木を育む方法もわかってきた。大海の中でいつ、どこにいるかを把握する手段も、宇宙が一体何者であるかを理解し、恒星間空間へと旅立つ方法も学んだ。

未知の海岸に立ったのは私たちが最初ではない。地球上のあちこちにいた遠い祖先たちが、今の知識の基礎をつくってくれた。

そして科学も、過去の世代が次の五つのシンプルな規則を厳密に守りながら、成果を積み上げていった。実験と観察で仮説を検証せよ。検証に耐えた概念だけを積み上げろ。そうでないものは排除せよ。証拠をひたすらたどれ。権威を含めてあらゆることに疑問をもて。

真実に価値を見いださない限り、道は見つからない。

古代から続く生命の流れは、今あなたの手に委ねられている。

水滴のネックレス。生物学、化学、物理学が手を組んでつくり出す天然の宝石だ。

謝辞

1996年にカール・セーガンが死去したことは、私や家族の悲劇であり、この地球への大きな打撃でもあった。科学の誘導者、あらゆる種類の人間をつなぐ詩人、未来を守ろうとする良心的で勇敢な地球市民、飽くなき真実の探究者がいなくなったのだ。彼の靴を履いて歩いている私は、その大きさをあらためて痛感している。そんなことをやる勇気がもてたのも、たくさんの人の助けがあればこそだ。《コスモス》は書籍とテレビシリーズが密接に結びついている作品なので、今回も両方のコスモス・ファミリーにお世話になった。

1980年の《コスモス（宇宙）》でカール、私とともに共著者を務めてくれたスティーブン・ソーターには真っ先に感謝したい。実現に至らなかった〈Nucleus（核）〉という企画を、本書の第10章に仕立て直す作業でも力を尽くしてくれたし、プレー山噴火研究の最前線を教えてくれたのもソーターだった。カールとソーターに私が協力するという軸は、すべての《コスモス》シリーズに貫かれ、2人の知識と独創性、善良な人柄が、書籍にもテレビシリーズにも反映している。

私の仕事は寛大で優秀なパートナーにいつも恵まれていた。ソーターと私が共同制作した《コスモス》第2シリーズで大いに力を発揮したブラノン・ブラーガは、このたびの第3シリーズで制作する立場になった。ブラノンと知恵を絞り、文章を考え、エピソードをつくり上げた2年間は、素晴らしい時間だった。聖者のような忍耐心で接してくれたこと、《コスモス》の書籍と番組の両方に数多くの貢献をしてくれたことを感謝したい。

第3シリーズの原稿を書くライターズ・ルームには、アンドレ・ボーマニスとサミュエル・セーガンもいた。科学アドバイザーのアンドレは、博識と親切が服を着ているような人だ。古代文明に詳しいサミュエルは、第2、第3シーズンを通じて最も優れたストーリーのヒントを与えてくれ、それ以外にもさまざまな役割を果たした。

撮影も終盤に入ったころ、サミュエルは脳出血で倒れて死線をさまよった。シダーズ＝サイナイ医療センター、神経科集中治療室のネスター・ゴンザレスをはじめとする医師と看護師のチームは、サミュエルの回復を助け、かけがえのない彼の個性を守ってくれた。集中治療室にいた数週間、ロン・ベンバサット医師は絶えずサミュエルの容態に注意を払ってくれた。恐怖にさいなまれた日々を、ジェニス・オンティベロとサーシャ・セーガンは思慮深く支えてくれた。ジョナサン・ノエルとローリー・ロビンソンは、サーシャがこちらに滞在できるよう送り出してくれた。さらにジェニスは素晴らしい声をオーディオブックに提供してくれた。サーシャは祖母レイチェル・セーガンの生前の姿を番組でよみがえらせた。

セス・マクファーレンがいなかったら、《コスモス》は最初の1本で終わっていただろう。新しい世代に《コスモス》を届けたいと熱望したセスが、フォックス・ネットワークス・グループCEOだったピーター・ライスに働きかけてくれた。そしてプライムタイムの番組に対して確固たる理念をもっていたピーターの判断で、2014年の《コスモス　時空と宇宙》を制作する資金と自由が与えられたのだ。フォックス関係者では、シャノン・ライアン、ロブ・ウェイド、フィービ・ティスデイル、アレックス・パイパーの名前も挙げておきたい。またナショナル ジオグラフィック チャンネルがフォックスと対等な形で関わったことで、第2シリーズはかつてない規模で放映された。フォックスとともに今も最高のパートナーであるナショナル ジオグラフィックは、常に援助を惜しまない。とくにゲイリー・ネル、コートニー・モンロー、クリス・アルバートはいつもこちらの期待を上回り、予測の先を行ってくれた。

《コスモス いくつもの世界》は13のエピソードで構成されるテレビシリーズで、1000人以上の5年に及ぶ努力のたまものだ。

共同エグゼクティブ・プロデューサーのジェイソン・クラークは、《コスモス》第2、第3シリーズの準備から全世界配信までのあいだ、私にとって得がたいパートナーだった。この二つのシーズンを通じてアシスタントのジョー・ミクッチは実力をつけ、プロデューサーへと昇格した。番組づくりを支えてくれたのは、とても有能で良心的な人びとだった。ニール・ドグラース・タイソンの見事な仕事ぶりに感謝したい。撮影監督カール・ウォルター・リンデンローブは画面を光と影で色づけしてくれた。受賞歴もあるマエストロ、アラン・シルベストリは音楽を担当してくれた。あざやかなアニメーション場面をつくってくれたカーラ・バロウ、私たちの夢を視覚効果で実現してくれたジェフ・オーカンにもこの場を借りてお礼を伝えたい。

創造力と勤勉さを遺憾なく発揮してくれたコスモス・ファミリーをここで紹介しよう。サブリナ・コープス・アスピラス、アンドリュー・ブランドゥ、ルース・E・カーター、マージョリー・チョドロフ、ライアン・チャーチ、キンバリー・ベック・クラーク、アリグザンドリア・コリガン、ジェーン・デイ、アレックス・デ・ラ・ペーニャ、ハンナ・ドーセット、アダム・ドラックスマン、ジョン・ダフィ、ジャック・ガイスト、ゲイル・ゴールドバーグ、ルーカス・グレイ、ジョン・グリースリー、コビー・グリーンバーグ、ニール・グリーンバーグ、ザック・グロブラー、レイチェル・ハーグレイブズ＝ヒールド、コニー・ヘンドリクス、マーラ・ハードマン、ジュリア・ホッジズ、デビッド・イチオカ、シーラ・ジャッフェ、デューク・ジョンソン、マシュー・ケラー、グレゴリー・キング、トニー・ラーラ、カルロス・M・マリモン、ジェームズ・オーバーランダー、スコット・パールマン、クリネット・ミニス・セーガン、ニック・セーガン、サファ・サミーゼード＝ヤズド、エリック・シアーズ、ジョゼフ・D・シーバートン、デビッド・シャピロ、エリオット・トンプソン、マックス・ボトラト、ブレット・ウッズ。

《コスモス》というミッションを遂行できたのは、これから紹介する一流の科学者たちがこちらの浴びせかける質問に誠実に答えてくれたからだ。それでも誤りが忍び込んでいたら、すべて私が責を負う。

ジョナサン・ルニーン（コーネル大学コーネル天体物理学・惑星科学センター所長で、デビッド・C・ダンカン物理系科学教授）。マイケル・アレン（カリフォルニア大学リバーサイド校植物病理学名誉教授、生物学教授、保全生態学センター所長）。ケネス・カーペンター（NASAゴダード宇宙飛行センター、ハッブル・オペレーションズのプロジェクト科学者）。デビッド・アンダーソン（カリフォルニア工科大学シーモア・ベンザー生物学教授）。トビー・オールト（コーネル大学地球科学・大気科学助教）。ピーター・ベルウッド（オーストラリア国立大学考古学人類学部名誉教授）。ロバート・バイヤー、ウィリアム・R・キーナン・ジュニア（スタンフォード大学文理学部応用物理学科教授、スタンフォード光通信研究センター共同所長）。ショーン・キャロル（カリフォルニア工科大学で理論的宇宙論、場の理論、重力を研究）。アリグザンダー・ヘイズ（コーネル大学天文学助教）。リサ・カルテネガー（コーネル大学天文学准教授、カール・セーガン研究所所長）。バレット・クライン（ウィスコンシン大学生物学准教授）。ピーター・クルーパー（ブレークスルー・スターショット計画エンジニアリング責任者）。アブラハム（アビ）・ローブ（ハーバード大学フランク・B・ベアード・ジュニア科学教授、天文学科長、理論計算研究所所長、ブラックホール・イニシアティブ創設代表、ブレークスルー・スターショット諮問委員会委員長、全米アカデミーズ物理学・天文学理事会副会長）。デビッド・A・B・ミラー（スタンフォード大学W・M・ケック財団電気工学教授、応用物理学教授）。E・C・クラップ（クリフィス天文台長）。メイソン・ペック（コーネル大学機械・航空宇宙工学准教授）。トマス・D・シーリー（コーネル大学ホレス・ホワイト生物学教授）。ピート・ワーデン（ブレークスルー・スターショット計画エグゼクティブディレクター、NASAエイムズ研究センター前所長）。スティーブン・ジンダー（コーネル大学微生物学教授）。

優れたアーティストであり、良き友人でもあるダリオ・ロブリートは、アンジェロ・モッソ、ジョバンニ・トロン、ハンス・ベルガーのエピソードを教えてくれた。アショーカ王の話を入れることにしたのは、サミュエル・セーガンの発案だ。ライターのジータ・メフタがまとめたその生涯を読んで、私はあらためて感銘を覚えた。彼女は私の興味に素晴らしい形で応じてくれた。

20年にわたって献身的に働いてくれたパム・アビー。大きな心で私を支え、原稿作成を応援してくれたバネッサ・グッドウィン。忍耐強く友情を紡いでくれたキャシー・クリーブランド。暖かく応援してくれたパティ・スミス。心から信頼できる彼女たちがいたから、私はこの仕事に集中できた。

この本が世に出たのは、『ナショナル ジオグラフィック』誌編集長スーザン・ゴールドバーグと、ナショナル ジオグラフィックブックスの責任者リサ・トマスとの刺激的な出会いが始まりだった。編集の腕をふるって本を完成させてくれた2人には頭が下がる。第1章から最後のこのページまで、リサと仕事をするのは喜びでもあった。シニアエディターのスーザン・タイラー・ヒッチコック、副編集長のヒラリー・ブラック、シニア編集プロジェクトマネジャーのアリソン・ジョンソン、クリエイティブ・ディレクターのメリッサ・ファリス、写真担当ディレクターのスーザン・ブレア、フォトエディターのジル・フォーリー、マネージングエディターのジェニファー・ソーントン、シニア制作エディターのジュディス・クライン。この本の原稿は、これ以上ないくらい有能な人材の手で形にしてもらった。高い意識と優れた美的感覚で、この本のビジュアルを厳選してくれたことにも感謝したい。

この本で引用したエピグラムのいくつかは、生涯の友であるジョナサン・コットとアーニー・エバンが教えてくれたものだ。デビッド・ノチムソンとジョイ・フェヒリーの賢明な指摘にも助けられた。

最後にリンダ・オブストに心からの愛と尊敬を伝えたい。ロサンゼルスで《コスモス》の本とテレビシリーズを制作するあいだ、バルコニーで彼女と愉快で有意義なおしゃべりをする時間は、何よりの楽しみだった。

参考文献

第１章
- *Catal Huyuk*: A Neolithic Town in Anatolia by James Mellaart (McGraw-Hill, 1967).
- *Çatalhöyük: The Leopard's Tale: Revealing the Mysteries of Turkey's Ancient "Town"* by Ian Hodder (Thames and Hudson, 2011).
- *Inside the Neolithic Mind: Consciousness, Cosmos and the Realm of the Gods* by David Lewis-Williams and David Pearce (Thames and Hudson, 2005).

第２章
- *First Islanders, Prehistory and Human Migration in Island Southeast Asia* by Peter Bellwood (Wiley-Blackwell, 2017).
- *Polynesian Navigation and the Discovery of New Zealand* by Jeff Evans (Libro International, 2014).
- *Polynesian Seafaring and Navigation: Ocean Travel in Anutan Culture and Society* by Richard Feinberg (Kent State University Press, 1988; 2003).

第３章
- *The Vital Question: Energy, Evolution, and the Origins of Complex Life* by Nick Lane (W. W. Norton, 2015).

第４章
- *Lysenko and the Tragedy of Soviet Science* by Valery N. Soyfer, translated by Leo Gruliow and Rebecca Gruliow (Rutgers University Press, 1994).
- *The Murder of Nikolai Vavilov: The Story of Stalin's Persecution of One of the Great Scientists of the Twentieth Century* by Peter Pringle (Simon and Schuster, 2008).
- *The Vavilov Affair* by Mark Popovsky (Archon Books, 1984).

第５章
- *Angelo Mosso's Circulation of Blood in the Human Brain,* edited by Marcus E. Raichle and Gordon M. Shepherd, translated by Christiane Nockels Fabbri (Oxford University Press, 2014).
- *Broca's Brain: Reflections on the Romance of Science* by Carl Sagan (Random House, 1979; Ballantine Books, 1986).
- *Fatigue (1904)* by Angelo Mosso, translated by Margaret Drummond (Kessinger Publishing, 2008).
- *Fear* by Angelo Mosso (Forgotten Books, 2015).

第６章
- *Solar System Astronomy in America: Communities, Patronage, and Interdisciplinary Science 1920-1960* by Ronald E. Doel (Cambridge University Press, 1996; 2009).

第７章
- *The Dancing Bees: An Account of the Life and Senses of the Honey Bee* by Karl von Frisch (Harcourt Brace, 1953).
- *Honeybee Democracy* by Thomas D. Seeley (Princeton University Press, 2010).
- *The Power of Movement in Plants* by Charles Darwin (CreateSpace Independent Publishing Platform, 2017).

第８章
- *The Saturn System Through the Eyes of Cassini* by NASA including Planetary Science Division, Jet Propulsion Laboratory, and Lunar and Planetary Institute (e-book, *https://www.nasa.gov/ebooks*, 2017).

第９章
- *The New Quantum Universe* by Tony Hey and Patrick Walters (Cambridge University Press, 2003).
- *The Quantum World* by J. C. Polkinghorne (Longman, 1984; Princeton University Press, 1986).

第１０章
- *Joseph Rotblat: Visionary for Peace* by Reiner Braun, Robert Hinde, David Krieger, Harold Kroto, and Sally Milne, eds. (Wiley, 2007).
- *The Making of the Atomic Bomb* by Richard Rhodes (Simon and Schuster, 1987; 2012).

第１１章
- *Ashoka: The Search for India's Lost Emperor* by Charles Allen (Overlook Press, 2012).
- *Shadows of Forgotten Ancestors: A Search for Who We Are*, by Carl Sagan & Ann Druyan (Random House, 1992; Ballantine Books, 2011).

第１２章
- *The Sixth Extinction: An Unnatural Extinction* by Elizabeth Kolbert (Henry Holt, 2014).

第１３章
- *Cosmos* by Carl Sagan (Random House, 1980; reprint Ballantine, 2013).
- *The Demon-Haunted World: Science as a Candle in the Dark* by Carl Sagan with Ann Druyan (Random House, 1996; Ballantine Books, 1997).
- *Pale Blue Dot: A Vision of the Human Future in Space* by Carl Sagan (Random House, 1994; Ballantine Books, 1997).

ILLUSTRATIONS CREDITS

Cover, Courtesy of Cosmos Studios, Inc.; endpapers, Rogelio Bernal Andreo, DeepSkyColors.com; 1, NASA/Ames/SETI Institute/JPL-Caltech; 2-3, Nathan Smith, University of Minnesota/NOAO/AURA/NSF; 6, Howard Lynk—VictorianMicroscopeSlides.com; 8-9, Courtesy of Cosmos Studios, Inc., LLC; 10-11, Courtesy Cosmos Studios, Inc.; 12-13, Courtesy Cosmos Studios, Inc.; 15, Poster by Joseph Binder, photo by Swim Ink 2, LLC/CORBIS/Corbis via Getty Images; 17, Model designed by Norman Bel Geddes for General Motors, photo by Library of Congress/Corbis/VCG via Getty Images; 20, David E. Scherman/The LIFE Picture Collection/Getty Images; 23 (BOTH), NASA; 25, Tony Korody, Courtesy of Druyan-Sagan Associates; 31, NASA/JPL-Caltech/SSI; 33, Babak Tafreshi/National Geographic Image Collection; 35, Frans Lanting/National Geographic Image Collection; 37, Copyright Carnegie Institute, Carnegie Museum of Natural History/Mark A. Klingler; 41, Image use courtesy of Christopher Henshilwood, photo by Stephen Alvarez/National Geographic Image Collection; 42, Album/Alamy Stock Photo; 45, Vincent J. Musi/National Geographic Image Collection; 46, Courtesy of Cosmos Studios, Inc.; 49 (LE), Ann Ronan Pictures/Print Collector/Getty Images; 49 (RT), Courtesy of Dr. Rob van Gent/Utrecht University; 55, Eric Isselee/Shutterstock; 56, Craig P. Burrows; 59, The Simulating eXtreme Spacetimes (SXS) project (http://www.black-holes.org); 62, Illustration courtesy Tatiana Plakhova at www.complexity graphics.com, created for Stephen Hawking's project in Breakthrough Initiatives (a flight of nano-spacecraft to Alpha Centauri); 65, NASA-JPL/Caltech; 67, Courtesy of Cosmos Studios, Inc.; 68, Courtesy of Cosmos Studios, Inc.; 70, Kees Veenenbos/Science Source; 73, NASA/JPL/USGS; 77, Walter Meayers Edwards/National Geographic Image Collection; 78, Frans Lanting/National Geographic Image Collection; 83, Mark Garlick/Science Source; 84-5, Mikkel Juul Jensen/Science Source; 89, Memory, 1870 (oil on mahogany panel), Vedder, Elihu (1836-1923)/Los Angeles County Museum of Art, CA, USA/Bridgeman Images; 91, NASA/CXC/JPL-Caltech/STScI; 93, Bob Gibbons/Science Source; 95, Danita Delimont/Getty Images; 96-7 (ALL), John Sibbick/Science Source; 102, Science & Society Picture Library/SSPL/Getty Images; 104, Gary Ombler/Dorling Kindersley/Getty Images; 108, NASA/JPL-Caltech/SETI Institute; 112, Courtesy of Cosmos Studios, Inc.; 117, sbayram/Getty Images; 119, DEA Picture Library/De Agostini/Getty Images; 121, Fine Art Images/Heritage Images/Getty Images; 124, Universal History Archive/Getty Images; 130, Mario Del Curto; 132, From Where Our Food Comes From by Gary Paul Nabhan. Copyright © 2009 by the author. Reproduced by permission of Island Press, Washington, DC.; 135, Russia/Soviet Union: "There Is No Room in Our Collective Farm for Priests and Kulaks," Soviet propaganda poster, Nikolai Mikhailov, 1930/Pictures from History/Woodbury & Page/Bridgeman Images; 138, akg-images/Universal Images Group/Sovfoto; 146, Courtesy of Cosmos Studios, Inc.; 149, Pasieka/Science Source; 151, Dan Winters; 155, Marble relief depicting Asclepius or Hippocrates treating ill woman, from Greece/De Agostini Picture Library/G. Dagli Orti/Bridgeman Images; 156, The Print Collector/Alamy Stock Photo; 159, Apic/Getty Images; 163, Photo: Photographic collections, Scientific and Technologic Archives, University of Torino. Reference: Sandrone, S.; Bacigaluppi, M.; Galloni, M. R.; Cappa, S. F.; Moro, A.; Catani, M.; Filippi, M.; Monti, M. M.; Perani, D.; Martino, G. Weighing brain activity with the balance: Angelo Mosso's original manuscripts come to light. Brain 137 (2), 2014: 621-33; 168, Courtesy Ann Druyan; 172, Wild Wonders of Europe/Solvin Zankl/naturepl.com; 174 (BOTH), Jurgen Freund/NPL/Minden Pictures; 175 (LE), David Liittschwager and Susan Middleton; 175 (RT), Jurgen Freund/NPL/Minden Pictures; 177, Pasieka/Science Source; 181, NASA, ESA, H. Teplitz and M. Rafelski (IPAC/Caltech), A. Koekemoer (STScI), R. Windhorst (Arizona State University), and Z. Levay (STScI); 182, Babak Tafreshi/National Geographic Image

Collection; 184, The Print Collector/Alamy Stock Photo; 186, Carl Iwasaki/The LIFE Images Collection/Getty Images; 189, Courtesy of Cosmos Studios, Inc.; 191, Haitong Yu/Getty Images; 193, David Parker/Science Source; 195, Bettmann/Getty Images; 197, Courtesy of Druyan-Sagan Associates; 201, Sovfoto/UIG via Getty Images; 203, NASA; 207, Babak Tafreshi/National Geographic Image Collection; 209, Imaginechina via AP Images; 211, Emmanuel Lattes/Alamy Stock Photo; 213, Amy Toensing/National Geographic Image Collection; 214, vlapaev/Getty Images; 216 (BOTH), SPL/Science Source; 220, Dirk Wiersma/Science Source; 223, Jack Garofalo/Paris Match via Getty Images; 226, Tim Graham/Robert Harding World Imagery; 230 (LE), The Natural History Museum, London/Science Source; 230 (RT), Science Source; 231 (LE), Science Source; 231 (RT), The Natural History Museum, London/Science Source; 233, Courtesy of Cosmos Studios, Inc.; 237, NASA/JPL-Caltech/Space Science Institute; 239, Courtesy of Cosmos Studios, Inc.; 241, Courtesy of Cosmos Studios, Inc.; 243, NASA/Science Source; 247, The British Library/Science Source; 252, Album/Alamy Stock Photo; 255, NASA/LARC/Bob Nye/PhotoQuest/Getty Images; 257, NASA/JPL-Caltech/USGS; 258-9, NASA/JPL-Caltech; 265, Eric Heller/Science Source; 267, David Parker/Science Photo Library/Getty Images; 269, Leiden University Libraries, sgn. HUG 10, fol. 76v; 272, Russell Kightley/Science Source; 274, Science & Society Picture Library/Getty Images; 275, Science & Society Picture Library/Getty Images; 278, From Flatland: A Romance of Many Dimensions by Edwin Abbott Abbott, 1884. London: Seeley and Co.; 281, David Parker/Science Source; 282, CERN PhotoLab; 285, David Nadlinger, Ion Trap Quantum Computing group, University of Oxford; 288, Universal History Archive/Universal Images Group/Shutterstock; 293, U.S. Army; 295, Henrik Sorensen/Getty Images; 297, Courtesy of Cosmos Studios, Inc.; 300, Science History Images/Alamy Stock Photo; 303, Image copyright © The Metropolitan Museum of Art. Image source: Art Resource, NY; 306, De Agostini/M. Fantin/Getty Images; 307, Universal History Archive/UIG via Getty Images; 309 (UP), © CORBIS/Corbis via Getty Images; 309 (LO), MPI/Getty Images; 313, RBM Vintage Images/Alamy Stock Photo; 318-9, Library of Congress/Corbis/VCG via Getty Images; 320, NASA/CXC/SAO; 325, The doors to the Zoroastrian fire temple, Chak Chak (photo)/Chak Chak, Iran/© Julian Chichester/Bridgeman Images; 327, John Reader/Science Source; 328-9, SATourism/Greatstock/Alamy Stock Photo; 331, Courtesy of Cosmos Studios,Inc.; 333, David Mack/Science Source; 338 (UP LE), Francisco Martinez Clavel/Science Source; 338 (UP CTR), Francisco Martinez Clavel/Science Source; 338 (UP RT), The Natural History Museum, London/Science Source; 339 (UP LE), The Natural History Museum, London/Science Source; 339 (UP CTR), Lawrence Lawry/Science Source; 339 (UP RT), Francisco Martinez Clavel/Science Source; 343, Chronicle/Alamy Stock Photo; 345, Album/Alamy Stock Photo; 346, Asif Ali Khan/EyeEm/Getty Images; 347, The Art Archive/Shutterstock; 348, Insights/UIG via Getty Images; 353, NOAA via AP; 355, Sisse Brimberg/National Geographic Image Collection; 357, Courtesy of Cosmos Studios, Inc.; 360, Colleción Banco Santander/HIP/Art Resource, NY; 362, AP Photo/FILE; 366, Rainer von Brandis/Getty Images; 369, Scientific Visualization Studio/NASA; 371, Courtesy of Cosmos Studios, Inc.; 374, Courtesy of Druyan-Sagan Associates; 376, Courtesy of Cosmos Studios, Inc.; 378-9, Courtesy of Cosmos Studios, Inc.; 381, Courtesy of Cosmos Studios, Inc.; 393, Thomas Marent/Minden Pictures/National Geographic Image Collection.

Whirlpool galaxy art used throughout the book courtesy Cosmos Studios, Inc.

索引

[著者紹介]

アン・ドルーヤン

NASAがボイジャー探査機に搭載したゴールデン・レコードの制作にクリエイティブ・ディレクターとして参加。2005年にロシアのICBMで発射されたソーラーセイル深宇宙ミッションのプログラム・ディレクターも務めた。夫であった故カール・セーガンとともに制作にあたった1980年のテレビシリーズ《コスモス(宇宙)》はエミー賞とピーボディ賞を受賞し、書籍版はニューヨーク・タイムズ紙のベストセラーリストに6回登場した。ワーナー・ブラザースの映画<コンタクト>(ロバート・ゼメキス監督、ジョディ・フォスター主演)では共同クリエーター兼共同プロデューサーを務めている。2014年、フォックスとナショナルジオグラフィックチャンネルのために制作された《コスモス:時空と宇宙》では代表エグゼクティブ・プロデューサーとディレクター、共同執筆者として活躍。181か国で視聴されたこのシリーズは、エミー賞に13部門でノミネートされて賞を獲得、ピーボディ賞、プロデューサーズ・ギルド賞も受賞している。今回エグゼクティブ・プロデューサー、ライター、ディレクター、クリエーターとして指揮をとった《コスモス:いくつもの世界》は2019年初放送の予定。

セーガン(2709)、ドルーヤン(4980)と名づけられた小惑星は、太陽のまわりを仲良く回り、その軌道は永遠の結婚指輪を描いている。

ナショナル ジオグラフィック協会は1888年の設立以来、研究、探検、環境保護など1万3000件を超えるプロジェクトに資金を提供してきました。ナショナル ジオグラフィックパートナーズは、収益の一部をナショナルジオグラフィック協会に還元し、動物や生息地の保護などの活動を支援しています。

日本では日経ナショナル ジオグラフィック社を設立し、1995年に創刊した月刊誌『ナショナル ジオグラフィック日本版』のほか、書籍、ムック、ウェブサイト、SNSなど様々なメディアを通じて、「地球の今」を皆様にお届けしています。

nationalgeographic.jp

コスモス　いくつもの世界

2020年5月19日　第1版1刷

著者	アン・ドルーヤン
訳者	藤井留美
日本語版監修	臼田 - 佐藤功美子
編集	尾崎憲和
デザイン	木継則幸
制作	クニメディア
発行者	中村尚哉
発行	日経ナショナル ジオグラフィック社
	〒105-8308　東京都港区虎ノ門4-3-12
発売	日経BPマーケティング
印刷・製本	開成堂印刷

乱丁・落丁のお取替えは、こちらまでご連絡ください。
https://nkbp.jp/ngbook

ISBN978-4-86313-483-6　Printed in Japan